新文京開發出版股份有限公司

NEW WCDP

新世紀・新視野・新文京 ― 精選教科書・考試用書・專業參考書

New Wun Ching Developmental Publishing Co., Ltd.

New Age · New Choice · The Best Selected Educational Publications — NEW WCDP

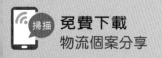
掃描 **免費下載**
物流個案分享

第**3**版▶▶▶

物流管理

◀◀◀ Logistic Management

Third Edition　　張邦 ▶▶▶ 編著

三版序 REFACE

　　物流是所有生產與服務作業活動的往來網路,也是企業競爭力的基礎,更是現代商業社會體系中,相當重要的工作。

　　傳統的物流被定位在狹義且功能單純的運輸與倉儲管理,在傳統的物流觀點中,著重於產品從製造完成到消費需求間的實體活動,包含裝卸、包裝、保管、運送、資訊及流通加工…等物流相關作業活動。近年來,由於資訊與通訊網路技術趨於成熟,在全球化世界經濟體系的蓬勃發展下,全球逐漸融合為一個個體,無論是企業競爭優勢的維持,或是國家經濟成長的規劃,都必須顧及物流與時間、空間及地域的結合,形成即時、精確、效率且低成本的經營模式,因此,物流管理的重要性已是今非昔比。

　　在現代的物流中,涵蓋生產的預測、原料製成產品,經過配送流通到消費者需求的所有活動,並設法降低生產、倉儲及運輸的成本。加上資源有限及多樣少量與即時化需求的影響,從原料取得到生產完成,到配送通路建構過程亦逐漸呈現多元化的現象,組裝、資訊與物流配送結合轉變成供應鏈系統與全球運籌管理,已成為現代物流管理重要的發展趨勢;因此,促進大眾對物流經營觀念的了解,並設法建立完整的物流經營與管理作業系統觀念,已是現代物流管理的發展重點。

　　本書第三版依考選部高考物流與運籌管理之命題大綱撰寫成四篇十五章,其分別為第一篇物流的基本概念、第二篇物流各項機能管理、第三篇物流機能整合管理、第四篇物流及全球運籌管理。期許讀者能在精讀本書後,在校能獲得物流管理的知識與技能,參家國家考試能一舉上榜。

　　物流運籌管理為新興航運行政人員考科之一,舉凡高普考運籌管理、國營事業物流管理,其重要性明顯可知。在整體供應鏈的時代,航運運輸必須和物

流作業進行連結，故將其列為考科之一，在考題出題的內容及範圍上可以與港口及海運相關國際物流作業，如關務、自貿港區等進行連結。

加諸近年來臺灣港口面臨轉型，既有的運輸功能已無法獲得足夠的利益，故必須延伸其對於物品的加值服務。因此物流運籌的能力建置對於港埠管理及經營業者就相形重要。

三版大幅修正是因為想針對學校及高普考做連結，讓學生在學校也能透過學校課程準備國家考試。筆者在志光學盧公職補習班任教 20 餘年，並在台灣糖業股份有限公司擔任物流管理師，並於國立高雄科技大學財務金融博士進修，在理論與實務皆有豐富的經驗。

本書有物流管理基本理論做為基底，並於書末有編排近年來高普考及國營事業的考古題及解題，以及附上 QR Code 免費下載物流個案分享，理論與實務雙管齊下，相信一定能讓學生更熟悉國家考試的題型及答題方式。

本書的完成及再版，必須要感謝新文京開發出版股份有限公司給我這難得的機會得以將自己對物流的學識經驗集結成書，並感謝內人家伶每晚哄兒子品邦入睡，讓我可以利用深晚將此書完成。

然而，本書內容雖經作者多方思慮、取捨，但難免會有疏漏之處，敬祈採用本書的前輩及讀者們，多加包涵，並能提供您的寶貴意見，最後，對多年來我的恩師們及公司長官們的鼓勵與指導，致以最誠摯的謝意。

張邦（張簡復中）

law0800668007@gmail.com

編者簡介 ABOUT THE AUTHOR

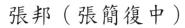

張邦（張簡復中）

學歷

1. 國立高雄大學法律研究所碩士
2. 國立屏東大學不動產管理研究所碩士

經歷

1. 台灣糖業股份有限公司物流儲運處專任管理師
2. 台灣糖業股份有限公司資訊處程式專任設計師
3. 台灣塑膠股份有限公司林園廠教師訓練兼任講師
4. 台灣塑膠股份有限公司仁武廠教師訓練兼任講師
5. 學盧公職補習班運籌管理學兼任講師
6. 志光公職補習班運籌管理學兼任講師
7. 三民公職補習班管理學兼任講師

目 錄 CONTENTS

Part 02 物流各項機能管理

Part 03 物流機能整合管理

目 錄 CONTENTS

Part 04 物流及全球運籌管理

免費下載物流個案分享

Part 01

— Logistic Management —

★

物流的基本概念

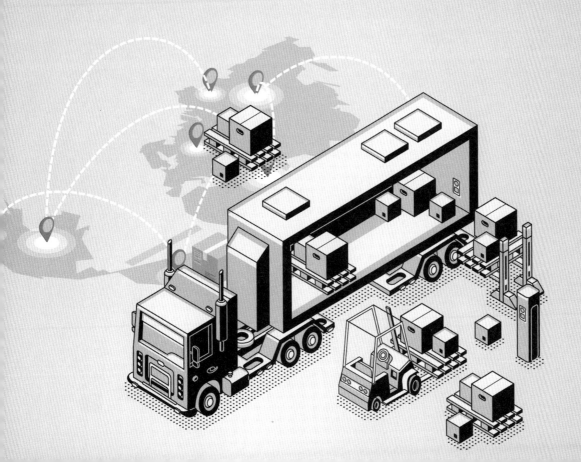

memo

物流與行銷

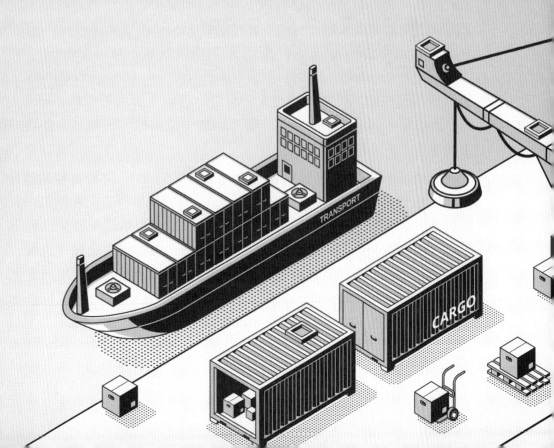

第一節　物　流

一、物流的定義

物流(Logistic)是指「物」的流通，今日物流的「物」必須從廣義的角度加以定義，方能以之為基礎，來建構對企業物流管理發展有意義的系統。「物」可以包括傳統所認知的一般性物品，例如：農、漁、畜、牧、原物料、半成品、零配件、製成品、郵件、包裹…等；以及傳統上的特殊性物品，例如：電力、電子檔案、信用卡、支票、紙幣…等；與一般生活日用品及專業服務，例如：辦公室用品、包裝材料、物流服務、廢棄物處理…等，皆屬於物流所進行物的流通內容物。物的流通，大多藉由商品貿易、服務行銷、物流服務…等方式，透過許多的人員、地點、活動與資訊的搭配及協調來完成。

「物流」，若以傳統的狹義觀念來說，係指商業過程中的倉儲及運輸，現代的物流觀念係於 20 世紀中期才逐漸形成，在國父孫中山先生「建國方略」中所主張的「貨暢其流」，不僅可視為我國物流觀念的濫觴，也充分點出了物流的定義。物流發展至今已有四十多年，但是由於對物流的認知不同，產生了許多不同的商業術語，例如：實體配送(Physical Distribution)、實體配送管理(Distribution Management)、配送管理(Distribution Management)、物料管理(Material Management)、供應鏈管理(Supply Chain Management)…等，這些名詞雖然不盡相同，但本質卻是十分相近。目前在國內對「Logistics」的解釋有「物流」、「運籌」、「儲運」…等不同的中文名稱，不過，這些名詞在使用上逐漸有了較明確的區別。

一般而言，物流係為以運輸倉儲為主的活動，包括實體供應(Physical Supply)與實體配送(Physical Distribution)。在實體供應方面係指原物料的獲得與供應，以及半成品存貨的管理，其目的係為了提供流暢的製造程序；實體配送係指將產品分配到顧客手中的一切活動，包括訂單處理、包裝、存貨控制、倉儲、運輸配送及顧客服務…等。近年來，隨著商業環境的變化，對物流的定義有更寬廣的解釋，主要的形成係以企業物流(Business Logistics)取代並涵蓋實體配送(Physical Distribution)的潮流。

　　由此可知，物流已由傳統的有效率進行商品行銷、倉儲、運輸…等作業活動，轉變到將作業流程、成本控制與資訊整合以滿足顧客需求並創造價值，使得物流活動不再只是無附加價值的商品流通活動；亦即，物流觀念的演進已從早期的尋求市場需求及成本效率均衡、需求與供給的協調、物流成本控制、縮短銷貨循環時間，一直到最近利用物流創造企業競爭優勢，無形中，使物流成為生產過程中的趨勢。

二、物流的演進

　　過去，「物流」這個名詞未被企業及社會眾所知，然而，今日「物流」這個名詞已普通受到採用，並成為經濟脈動與企業管理的主流。物流的演進過程已從傳統的原物料管理演進到企業內部的物流整合，更達到企業與企業間的內外部物流整合。Frazelle(2002)指出，物流的發展包括了工作點物流(Workplace Logistics)、設施物流(Facility Logistics)、公司物流(Corporate Logistics)、供應鏈物流(Supply Chain Logistics)，以及全球運籌(Global Logistics)，其說明如圖 1-1：

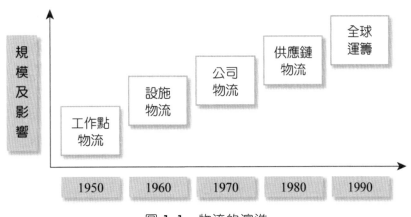

圖 1-1　物流的演進

（一）工作點物流

　　係指單一工作點的物料流動。目的在於使操作某一機器的人員或某一裝配線上的人員工作動作更為流暢，這種物流的相關理論是在二次世界大戰期間發展，現今通稱為「人因工程」。

（二）設施物流

係指同一設施內各工作點之間物料的流動。所謂的設施可能是指一個終點站、倉庫、工廠或物流中心，此類物流常被稱為物料搬運。1960 年代，物料搬運、倉儲以及運輸部門常組織起來成為實體配送的單位，而採購、行銷及顧客服務則成為企業物流單位。

（三）公司物流

隨著管理架構及資訊系統不斷的發展，部門逐漸彙整成為功能性單位。1970 年，企業發展出全面性的物流，公司物流成為公司的重要流程，來協助達成顧客服務的目標，同時控制總物流成本在最低的水準，例如：對製造商而言，物流作業發生在工廠與倉庫之間；對批發商而言，物流則是在其不同的配銷中心之間；對零售商而言，物流則是在配銷中心與零售點之間。

由於資訊技術迅速發展，使得 1960 年代發展出來的物料需求規劃(Material Requirements Planning, MRP)觀念，已成為生產和存貨規劃的主流。在 MRP 的管理觀念裡，企業得以從採購原物料到產品配送的整個流程，來進行有效的整合；當時所強調的是企業內部資源整合，因此，在物流上注重如何從採購原物料到將產品送到顧客手中的整個流程有效的整合，因而有 JIT 管理模式的產生；此時，企業為顧客提供的服務品質有了明顯的改善。

（四）供應鏈物流

供應鏈物流係指在公司與公司之間，物料、資訊及資金的流動，使得物流體系又進入新的境界；此時，企業逐漸與特定的供應商及顧客之間建立密切的分工關係，以改善作業效率，將對供應商與顧客的需求及能力納入企業策略規劃，以延伸企業的有效控制領域。企業為了因應環境的變化以及競爭方式日新的影響，積極與上下游廠商合作，來追求整合的機會，此即供應鏈管理。

（五）全球運籌

全球運籌係指在國家與國家之間，各種物料、資訊或金錢之間的流動。由於顧客水準的提升、產品生命週期的縮短、產業全球化、企業間整合…等新的發展趨勢下，供應鏈開始走向與顧客、與供應商，以及其他相關組織的跨國界、跨組織間，尋求密切的合作關係，形成一個生命共同體，來分享彼

此之間的資訊，以達到全球通路的成本效益。此時，產品的經營範疇不再侷限於某一區域裡，必須是跨國界、跨洲的全球性活動，舉凡產品從原料採購、生產、儲存、配送、行銷到售後服務與產品生命週期的管理工作…等流程，必須藉由以往企業物流，進一步提升到全球運籌管理。

三、 物流的重要性

物流在企業中始終扮演一個重要的角色，現今更由於供應鏈整合的發展，促使企業的物流成為企業主要的管理重心，其主要乃是物流具有以下的特性：

(一) 整合上下游業者的特性

物流扮演著生產製造部門與零售銷售部門的中介機能，因此，舉凡從事將商品製造商送到零售商的中間流通業者，其具有連結上游製造業者到下游消費者，滿足多樣少量的市場需求、縮短流通通路及降低流通成本等關鍵性機能，其主要的營業項目為物流中心相關業務，例如：商品的配送、暫存、揀取、分類、流通加工、保管、採購及產品設計開發…等，其中，商品的配送為現階段認定物流中心的基本營業項目；因此，消費市場的真正順暢流通，物流中心有決定的影響。

(二) 物流策略的特性

物流的目的在於將產品及服務適時、適地的交付給顧客，由於資訊科技的應用，使物流活動從傳統功能的訂單、倉儲、配送…等實體配送機能，逐漸提升為策略性機能，而其特色在於整合，亦即所謂的供應鏈的整合管理行銷機能，以支援產品及服務行銷的策略性需求。

(三) 強調時間及空間效率化的特性

物流所追求的目標在於貨暢其流，亦即如何使商品精確、有效且低成本的由供應商移動至零售部門，使之如流體般的流動，形成管道管理的現象能實現虛擬組織或虛擬公司的目標，亦即整體供應鏈的充分密切配合，如同一家公司或同一部門的操作，能夠發揮節省時間來縮短空間與距離的特性。

（四）少量多樣高頻率配送需求的特性

存貨成本的降低一向為產業部門個體組織所追求的目標，因此，個別廠商均期望在不缺貨且足以滿足顧客需求的前提下，保持最低存貨水準；因此，物流的角色必須隨著顧客的需求而調整，採用高頻度配送，且輔以少量多樣商品的理貨方式，俾符合車輛載貨率提升的經濟性需求，形成了少量多樣高頻度配送的特性。

（五）具有專業能力與中立立場的特性

由於物流的策略角色日趨重要，且逐漸追求效率精確的目標，使得物流的經營朝向專業發展，具備許多經營管理的能力，同時，運用許多的機械設備與資訊科技，來設法提升專業素質；除此之外，由於其中介特性，且掌控了產品銷售的通路資料，因此，物流的中立立場與對待所有顧客的公平客觀角色成為其重要的特色之一。

物流在現今的商業活動中的地位益形重要，將物流透過有效的物流管理所產生的效益，分述如下：

（一）對供應鏈成員

1. 縮短交貨時間

21 世紀，顧客對產品的要求是高品質、低價位且即時取得，因此，企業採行物流管理可以有效的縮短交貨期並達成及時交貨的目標，目前台灣的電子產業即是透過物流的運作，做到 955、973、982 的目標，955 亦即 5 日內完成 95%的交貨率；973 亦即 3 日內完成 97%的交貨率；982 亦即 2 日內完成 98%的交貨率。

2. 提高企業獲利及競爭力

從事企業經營主要的目標在於獲取最大利潤並能維持最佳競爭力以達永續經營的目的，因此，提高獲利率及競爭力成為企業最主要的重點工作。物流管理正符合這個目標，其係以全球產銷管理為著眼點，透過迅速有效的管理模式使企業無論在產品價格、營運成本、交貨速度及生產規模…等各方面均較具有市場競爭力，進而提高企業的獲利及增強企業整體產能與效益。在現今科技進步的年代，運籌管理已是潮流的趨勢，業者若未著力於此部分，不但無法提高獲利及競爭力，可能會被快速淘汰。

3. 降低物流成本及庫存壓力

降低物流成本及庫存壓力可使企業獲利提升，並能降低風險，近年來由於新式的接單後生產觀念的興起，藉由國際物流基本理念與全球供應鏈中個別組織結構的重整，使得產業能有效降低物流成本及庫存壓力，以提高企業的營運績效。

4. 擴大生產線的聯結

全球運籌管理的參與者相當多，經由供應商、製造商、批發商、零售商、國際貨物運輸業者、貨物承攬業者、報關行、銀行與第三者國際物流公司的密切配合，使生產線與配銷通路密切結合並使產銷更具效率，其有助於企業競爭力的提升及市場占有率的擴大。

（二）對消費者

1. 可獲得高效率、高品質的服務

藉由物流管理的運作可以達成快速交貨而達成顧客服務最佳化，亦即獲得高效率、高品質的服務。

2. 可取得標準化、個性化、特殊化的產品

在科技日新月異的 21 世紀，顧客對商品的需求走向多樣化，廠商可以運用核心科技，來生產標準化產品來行銷全球；亦即，廠商可以因應地區性及顧客個別性的需求，以提供個性化、特殊化的產品，以滿足顧客標準化或多樣化的需求。

四、 物流的活動

物流活動，就是物的流動，無論是原料、半成品或製成品，都必須經過運送到製造廠、批發商、零售商到消費者手中，這一連串動作的形成，即稱為物流活動。物流活動，亦可說是「適時、適地的將產品由供給點送達消費點的相關活動」，因此，整個商業物流的活動包括顧客服務、訂單處理、物流需求預測、物流資訊及通信、輸送、倉儲、存貨控制、採購、裝卸、包裝、物料搬運、物流設施選址、零件及服務支援、流通加工、退貨處理、廢棄物處理…等，其中輸送又包含大量的「運輸」及少量的「配送」，流通加工則是依顧客的要求，改變商品的包裝，甚至黏貼價格標籤…等工作。

因此，物流是由裝卸、包裝、保管、輸送等四個基本機能活動與流通加工、資訊等輔助機能活動所構成，其分述如下：

1. 物品的移動，需使用搬運的工具、設備，而有裝載、卸貨的活動。

2. 在裝載之前，需有集貨、理貨、包裝的活動。

3. 在移動之前，可能需有暫時停留、儲存的活動。

4. 輸送是指大量運輸或少量配送兩項活動。

5. 流通加工是指依照顧客的要求，對製成品的包裝狀態加以改變，包括：替顧客在商品上做標價、或依顧客指定的個數重新包裝。

6. 資訊為物流機能中最重要的支援活動。

物流機能所包含的六項活動，必須藉由物流資料庫的建立與資料傳送，導入科學方法的應用，以進行管理、評價、追求效率改善…等活動，其關係如圖 1-2 所示：

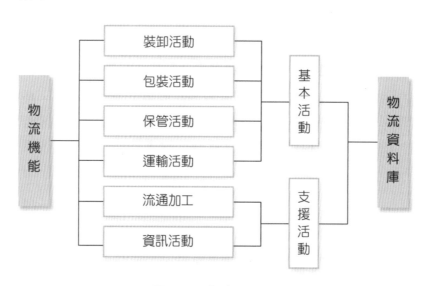

圖 1-2　物流的機能

現代物流的精髓在於實際銷售資訊的即時掌握，並將資訊透過電腦的處理與網路通路的傳輸，以資訊的一體化，促 0 成「供應鏈」的上、中、下游運作來達到追求效益，以及滿足顧客需求的目的。

　　企業的物流使命是為了配合銷售業務的推廣，提供最適當的物流服務，同時創造企業及其上下游供應鏈夥伴間的最佳價值；因此，物流工作在企業的流程中占有相當重要的地位，同時，在企業內部的主要活動可分成實體配送的基本活動與支援活動，其二者皆具有一定的複雜性，再者，物流活動亦涉及生產、行銷、銷售、財務、資訊…等功能，若沒有良好的物流支援活動，物流作業將無法順利達成其任務；而且，物流活動存在的功能是在於使庫存原物料、半成品、成品能夠以最低的成本在適當的時間內，配送到指定的地點；所以，企業內的物流活動需要產品包裝、行銷活動及即時資訊的配合才能突顯其物流附加價值，亦需要其他功能單位的支援，例如：財務部門、資訊部門及研發部門的配合，才能發揮企業物流的綜效。

　　由此可知，物流活動介於原料、生產與銷售之間，也就是說，雖然物流活動在觀念上，對其他企業機能來說是獨立的，但是其活動與企業機能卻是具有相互關聯性的。事實上，物流與資訊、生產、行銷與財務之間的關係是相當密切的，如圖 1-3。物流在整個商業活動的定位，是以商品的實體供應暨實體配送為主，但是其卻可以同時成為行銷、生產與財務上的溝通介面；換言之，從資訊流的角度來看，物流與資訊、行銷、生產及財務是相通的，舉例來說，就物流的實體配送來看，從物流中心配送出去的貨物，可以從資訊系統中得知每個月，甚至每天各種貨品的銷售狀況。同時，就實體供應來看，從物流中心每個月的進貨與存貨，就可以得知各項產品的產量及產品的庫存量。亦即，物流部門所擁有的資訊可以同時供給生產、行銷與財務部門營運方針，並可藉此擬定更佳的行銷、生產策略及財務規劃。

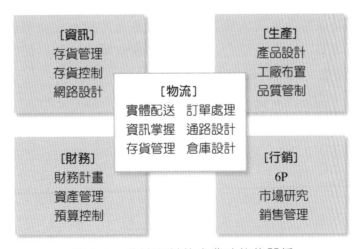

圖 1-3　物流與其他企業功能的關係

五、 物流的作業

物流包括顧客回應、存貨規劃管理、供應鏈管理、運輸管理與倉儲管理五種作業，這五種作業具有相互的關聯性，其分述如下：

（一）顧客回應

顧客回應係為連結公司外部的顧客與公司的行銷業務部門的工作，重視顧客回應工作，因為一個好的顧客服務政策能夠讓公司的訂單流失率、存貨持有成本，以及配銷成本都降到最低。其包含下列五項重要工作：

1. 發展並維繫顧客服務政策。

2. 掌握並監督顧客滿意度的變化。

3. 訂單輸入。

4. 訂單處理。

5. 收據及帳款的收取。

（二）存貨規劃管理

存貨規劃管理能夠決定在符合顧客服務政策要求之下，公司需維持的最低存貨水準，其包含：1.存貨預測。2.存貨數量計算。3.服務水準的最佳化。4.補貨計畫。5.存貨部署。

（三）供應鏈管理

供應鏈管理係透過製造或採購，將存貨數量維持在存貨規劃中既定的水準；供應鏈管理的目標是要符合公司顧客服務政策中所制訂的回應時間、需求數量及可取得性，同時將總取得成本降到最低，其包含：

1. 發展與維持「供應商服務政策」。

2. 貨源搜尋。

3. 供應商整合。

4. 採購單處理。

5. 購買及付款。

（四）運輸管理

運輸管理是將供應商及顧客之間實際串連起來的功能，其在「顧客服務政策」中制定出配送及回應時間需求的標準，並在「供應策略」中決定出各種品項的收取地點，以發展出公司的運輸計畫。運輸管理的目的在於將顧客服務政策規定的回應時間需求及運輸架構的限制之下，以最低的成本將貨物的集散動作完成，其包含：

1. 網路設計與最佳化。

2. 運輸管理。

3. 車隊及貨櫃管理。

4. 運輸業者管理。

5. 運費管理。

（五）倉儲管理

倉儲管理可以大大降低對倉儲的需求，同時，這部份也可以委外處理；此外，一個好的倉儲計畫融合了以上各項物流作業的執行，也代表了整個供應鏈的效率。倉儲管理必須要能夠符合顧客服務政策所制訂的週轉時間，以及運送的準確率，也符合既定的存貨空間能量，且將勞力、空間及設備成本降到最低，其包含：

1. 進貨。

2. 入庫。

3. 儲存。

4. 揀貨。

5. 出貨。

六、 物流人員的工作內容及應具備的專業知識與技能

管理功能包括規劃、組織、用人、領導、控制。物流人員必須運用這些管理功能來處理物流相關的決策。具體的物流決策包括了存貨、運輸和設施選址決策三項基本決策，如圖 1-4，其中顧客服務的目標便是這些決策所產生的結果。

圖 1-4　物流決策三項基本政策

　　物流管理人員必須具有做出正確決策的能力，並且能夠有效的配置資源，以建立可長期運作並具備效率的物流運作功能。

　　當前的物流經理人面臨一個與十年前迥然不同的經營環境，這些變化主要表現在電腦化和全球化，也因而使得物流的專業能力受到了顯著的影響；此外，物流管理人員必須採取適當的策略，以因應環境中的變化，使組織能夠永續經營。

　　物流的經營管理者必須具備的技能，在商業技能方面，約略需具備運輸、物流能力、商業倫理、人力資源管理、廣泛的管理能力、資訊能力；在物流技能方面，其重要性，約略為運輸管理、顧客服務、存貨控制、需求預測；在管理技能及個人特質方面，被認為重要的技能，包括個人操守、規劃能力、適應變化的能力、問題解決能力、自我激勵、組織能力、管理控制、熱忱、分析推理能力，時間管理能力、激勵能力、作業知識辨識能力、人際關係能力、系統化能力。

　　由於經營不斷的變化，物流的原則也隨之改變，隨傳統的作業性導向，轉變成為策略性導向，物流經理人必須擔負起比過去更重的責任。亦即一位物流管理者必須具備管理通才而非物流管理專家，並能配合良好的資訊系統運作，才能因應物流業務本質不斷擴展的經營趨勢；同時，顧客服務的重要性，已超越了大部份的傳統物流技能。

七、 物流最佳化

　　在妥善處理物流問題時，必須發展出一組最佳化的技術、知識、最佳實務運作以及組織運作的組合，以執行各種可行的解決方案。這些通常都已存在於組織內，缺乏的是解決問題、建立模型的過程中所需的分析性資源。

物流的問題通常非常複雜，且牽涉到多種組織功能，因此，應該使用最佳化的技術來發展並分析各種理想的解決方案；如果執行得當，最佳化的過程必須追求最高的公司績效；同時，最佳化亦是發展物流計畫中的關鍵因素。

物流最佳化的技巧，包含顧客服務政策的最佳化、最佳訂購量的計算、最佳物料來源的決定、最佳配銷中心的選擇，以及倉庫中各項產品的最佳儲存位置。在各種運用中，基本原則都是相同的，亦即必須先有一個數量化的目標函數，並求其最大化／最小化，再加上限制條件，使得目標函數得以很快的完成最大化／最小化。

最佳化的過程應該依照不同的品項及顧客分別進行分析，因為每一個品項及顧客的需求都會有非常大的差異。為了要決定出最佳的顧客服務政策，目標在於追求總物流成本，總物流成本包含存貨持有成本、回應時間成本，以及訂單流單成本。其中的限制在於存貨的供應能力及回應時間的要求，這是顧客服務政策中的重要核心，在追求成本極小化的目標中，可以下列數學式來表示：

總物流成本＝存貨持有成本＋回應時間成本＋訂單流失成本

其限制則為：

1. 存貨供應能力＞顧客服務存貨標準

2. 回應時間＞顧客服務的回應時間標準

第二節 行 銷

一、行銷的定義

學者 Kotler 認由行銷是一種社會性與管理性的過程，個人與與群體可經由此過程，透過彼此及交換商品與價值，來滿足滿足其需要與欲望。

二、行銷管理的涵意

組織為了開發、建立並由由維持與目標買主的互惠關係，以達成組織獲利、銷售成長及市場占有率等目標，而擬定出規劃、執行與控制的各項計畫。

三、行銷的目標

（一）行銷是為了滿足消費者的需求

1. 需要(need)

係指個人感學被剝奪的一種狀態，其產生的時機是當人類的心理或生理狀態未滿足，而導致空乏狀態時，便產生了需要。馬斯洛需求層級理論提及，人類的五大層級需求為：

(1) 生理需求：人們對於需求會先以自己生理上的需求為基本。

(2) 心理需求：在滿足生理上的需求後，人們會追求心理上的滿足。

(3) 社會需求：在滿足生理和心理需求後，人們會追求社會地位的追求。

(4) 自尊需求：在滿足生理和心理、社會需求後，人們會追求被尊重的需求。

(5) 自我實現需求：在滿足生理和心理、社會、自尊需求後，人們會追求自我理想實現的需求。

2. 欲望(want)

是指人類滿足需要的一種渴望。

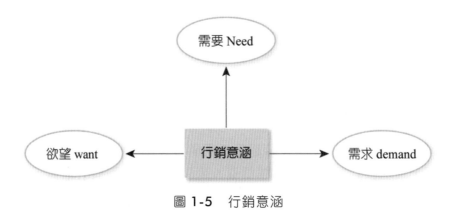

圖 1-5　行銷意涵

3. 需求(demand)

係指對特定產品的欲望，且有能力與意願去購買，即當一個人擁有購買力時，其欲望便有可能變成需求。

（二）市場的需求

1. 負需求(negative demand)

當市場的主要消費者不喜歡該產品，也不願意支付價金來購買該產品時，稱為負需求。

2. 無需求(no demand)

消費者對產品沒有興趣，也不會支付價金來購買。

3. 潛在需求(latent demand)

消費者對某產品有強烈的需求，但現有的產品無法完全滿足其需求。

4. 衰退需求(falling demand)

消費者對該產品的需求減少。

5. 不規則需求(irregular demand)

由於市場需求，具有波動性或不規則性，而導致廠商的產能有閒置或不足的情形發生。

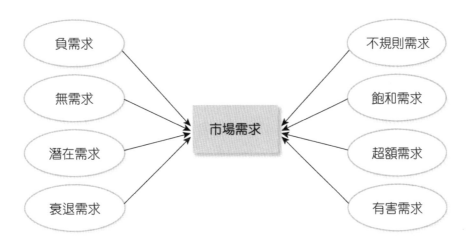

圖 1-6　市場需求

6. 飽和需求(full demand)

當廠商的供給與市場的需求達到一致時，便處於飽和需求的狀態。

7. 超額需求(overfull demand)

當市場的需求水準超過廠商所能提供的水準時，便產生了超額需求。

8. 有害需求(unwholesome demand)

指對人然或環境等有害的需求，因此，廠商應致力於阻止該需求。

（三）行銷的演進

1.「生產導向」時期

該時期的商品，只要生產出來就有消費者會購買，當時處於供給小於需求的市場。

2.「產品導向」時期

該時期的商品，必須經過設計，符合消費者的需求，消費者才會購買。

3.「銷售導向」時期

該時期，必須運用人力將公司產品做推銷，來增加產品的銷售量。

4.「行銷導向」時期

該時期，必須運用行銷方法，吸引消費者的購買欲。

5.「社會行銷導向」時期

該時期，運用行銷方法時，必須兼顧社會成本的增加與否？

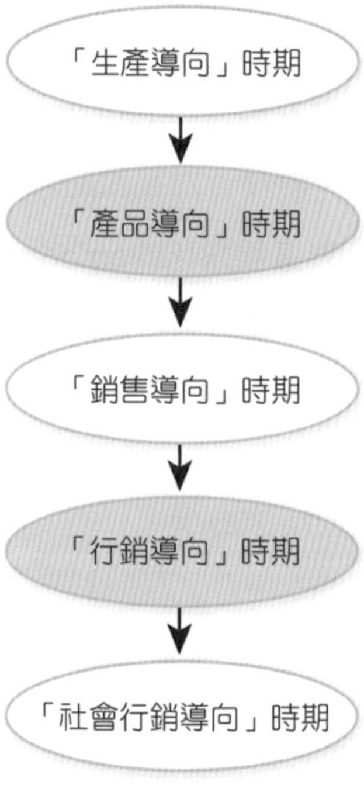

圖 1-7　行銷演進

（四）行銷 6P

1. 商品(Product)

設計符合消費者需求的商品，透過銷售來獲取利潤，該商品的設計必須是消費者所信任及喜愛。日為如果不是消費者所信任、喜愛且不願使用的產

品，消費者不但不會購買，也不會推薦給身邊的其他消費者。

2. 價格(Price)

對於每項產品，必須訂立符合消費者及市場的價格。因為最好的定價是消費者可以接受的最高價位。

3. 通路(Place)

必須為商品舖設通路，來將商品從製造商手中交付到消費者手中。通路有大盤商、中盤商、零售商。

4. 促銷(Promotion)

促銷是指運用推式和拉式的行銷方式，刺激消費者前來購買。推式係指將商品推銷給消費者，拉式係指運用行銷方式，吸引消費者前來購買。

5. 權力(Power)

菲利普・科特勒(Philip Kotler)提及，行銷應加上權力與公共關係，所謂的權力係指公司管理人，利用其影響力來為公司產品做行銷，以拓展公司產品的市場。

6. 公共關係(Public)

運用傳播媒體來協助公司產品做推廣，甚至使用事件行銷來拓展市場。

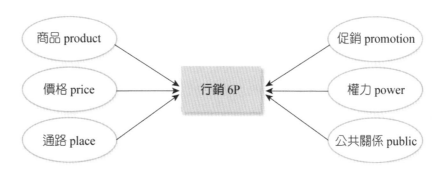

圖 1-8　行銷 6P

（五）行銷的方法

1. 推式

運用推式策略來拓展公司的產品，例如：人員推銷。

2. 拉式

運用拉死策略來拓展公司的產品，例如：廣告行銷。

（六）行銷的目標

行銷的目的在於交換，係指自他人取得所想要的標的物，同時以某種物品做為交換的行為。在交換方面，必具備下列五項條件：

1. 至少有雙方當事人。

2. 雙方皆有對方認為有價值的物品。

3. 雙方皆能進行溝通與運送彼此所需的物品。

4. 雙方皆有接受與拒絕對方所提供物品的自由。

5. 雙方皆認為與對方交換是適當且符合所需。

第三節　物流與行銷

物流以往被認為是後勤支援，將物流定位在生產和銷售後的處理過程。物流則是以顧客滿意度為大前提，希望整合整體上中下游供應鏈體系中的作業流程，強化彼此間的合作關係。

就目標而言，行銷的目標在如何將行銷 6P 做一完善的組合及分配，使長期下經營利益達到最大化。物流的目標在於追求一定的顧客滿意下，如何達成物流成本最小化，透過後端的物流來支援前端的行銷，使商品銷售達到最大化，不致因缺貨而使消費者無法購買到商品而失去獲利的機會。

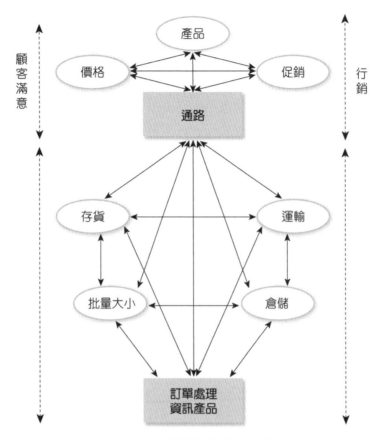

圖 1-9 行銷與物流的關係

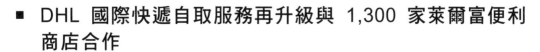

物流個案

- DHL 國際快遞自取服務再升級與 1,300 家萊爾富便利商店合作

memo

Chapter 02

商業通路與
供應鏈

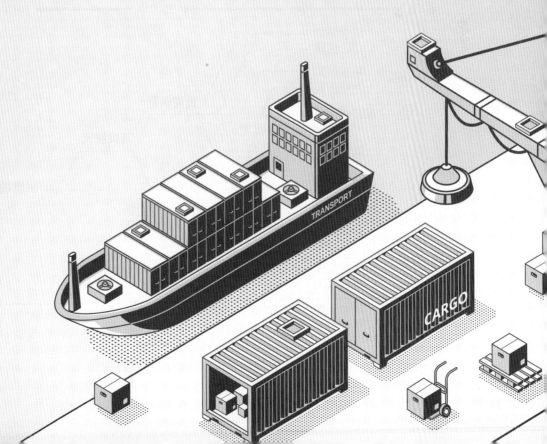

 第一節　商業通路的流程

商業物流活動可分為實體供應(Physical Supply) 及實體配銷(Physical Distribution) 先後兩個主流程。

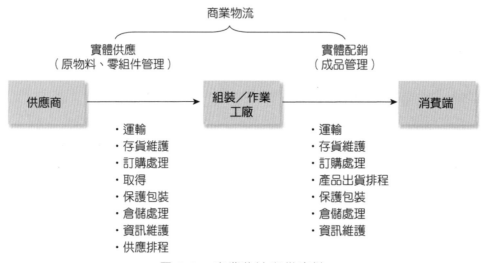

圖 2-1　商業物流與供應鏈

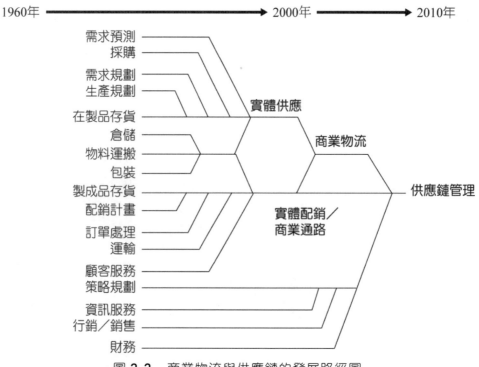

圖 2-2　商業物流與供應鏈的發展路徑圖

第二節 商業通路與供應鏈管理

一、商業通路的型態

在產品由原始所有者轉移到最終買者行銷過程中，擁有產品或促進產品交換的一群公司所組成互惠性組織。

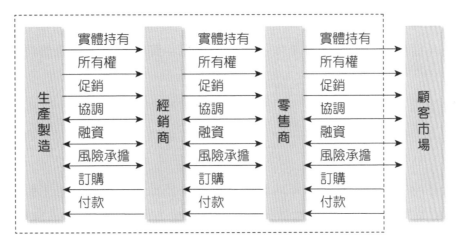

圖 2-3 商業通路子流程圖

（一）中間商存在的原因

1. 改善交換過程的效率。

2. 調合生產者與消費者間產品搭配的義異。

3. 提供交易的例行化交易，以提升效率。

4. 讓供需的搜尋過程變成容易。

5. 中間商經由創造持有效用、空間效用、時間效用，使產品人服務的流動更順暢。

6. 中間商提供的分類功能，可克服生產者與消費者需求在產品搭配間的差異。

7. 中間商經由其經驗、專業、規模，提供其他通路成員無法達到的成效。

8. 中間商在不同的通路流程，扮演實體持有、所有權、促銷、協商、融資、風險承擔、訂購、付款等不同的角色。

（二）商業通路常見的型態

1. 零階通路

商品從製造商直接銷售到消費者手中。

2. 一階通路

商品從製造商到消費者手中，會經過一個中間商，常見為零售商。

3. 二階通路

商品從製造商到消費者手中，會經過一個中間商，常見為零售商、經銷商。

4. 三階通路

商品從製造商到消費者手中，會經過一個中間商，常見為零售商、大型經銷商、中型經銷商。

階層越多，優點是可以幫助製造商承擔更多風險，缺點是將來製造商若有意採取與特性上相近的低階層產業通路合作時，在初期的進入障礙較高。

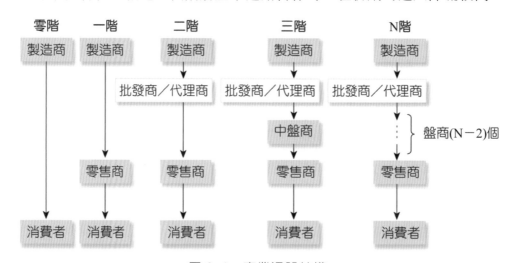

圖 2-4　商業通路結構

（三）商業通路成員的種類

1. 主要通路成員

製造商、經銷商、零售商。

2. **專業化通路成員**

  (1) 功能性專業公司

    提供各種不同功能的服務，常見為運輸公司、倉儲公司、裝配公司、行銷公司。

  (2) 支援性專業公司

    提供各種支援性的專業服務，常見為顧問公司。

（四）通路結構

1. 通路的長度

  係指中間商的層級數目。

2. 通路的寬度

  係指廠商的產品有幾種類型的通路可供選擇。

3. 通路的密度

  係指行銷範圍的策略，亦即廠商的配銷政策。

（五）通路結構分析與設計

1. 新廠商在進入一個既有的消費市場中，從事當地或地區性的經營銷售，通常會利用現有的中間商組成的商業子系統。

2. 它可能開始拓展新市場，亦即消費者子系統，公司可能在不同市場中使用不同型態的商業通路。

（六）商業通路的界限

1. 地理界限

2. 經濟界限

3. 人力界線

（七）通路結構決定

1. 空間便利性

2. 批量大小

3. 不同的等待或運送時間

4. 產品多樣性

5. 後援服務

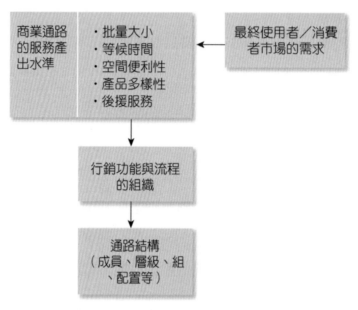

| 商業通路的服務產出水準 | ・批量大小
・等候時間
・空間便利性
・產品多樣性
・後援服務 | 最終使用者／消費者市場的需求 |

行銷功能與流程的組織

通路結構（成員、層級、組、配置等）

圖 2-5　商業通路結構的決定流程

（八）商業通路關係

1. 單一交易通路

2. 傳統通路

3. 管理體系

4. 夥伴關係

5. 策略聯盟

6. 契約關係

7. 合資關係

（九）商業通路績效

1. 商業通路之成效(Performance)決定於服務產出。而服務產出的程度，直接受到所有資源、成員執行能力及使用者需求的影響。當使用者之服務需求越高時，越有可能需要更多中間者被納入通路中。

2. 服務產出增加時，成本將會同時增加。而高成本將反應於對使用者之高售價上。

3. 公司可能將其部分功能／流程交與（委外）專業批發者或相關業者執行，而本身僅從事非常有效率之業務。藉由將部分功能／流程交與較有效率之成員，將可提升整個通路之競爭力。

（十）結語

1. 企業藉由商業通路來執行其行銷決策，而商業通路的選定則是企業最重要的決策之一。

2. 企業選擇通路類型時，可將公司過去經營所累積的經驗、現今的通路型態及本身的資源一併考慮之後做決定。不同企業條件、不同產品特性、不同產業結構，對通路策略的運用會產生不同的影響。

3. Kotler (1991) 認為有效的通路規劃應事先決定所要公司的目標市場，再依各個市場的特性，尋求最佳的產業合作通路類型。因此，選擇一至二種行銷通路的形式作為公司產品銷售之目標管道。

二、供應鏈管理

一群公司或組織網路，透過物品、資訊及財務流程的整合及加值過程，將產品及服務從起源點逐步配交給終端消費者。

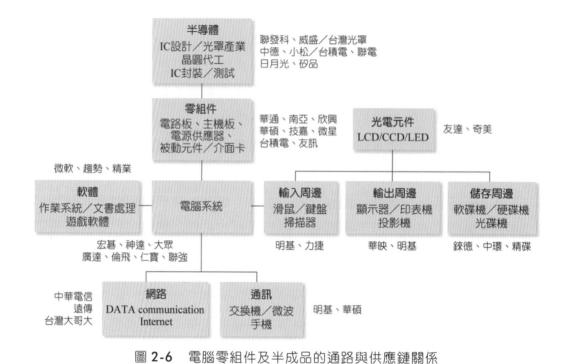

圖 2-6　電腦零組件及半成品的通路與供應鏈關係

（一）供應鏈管理的定義

在最基礎的層面上，**供應鏈管理(SCM)**指的是從原物料的採購到最終產品的交付，與產品或服務相關的商品、資料和財務流程的管理。儘管有許多人將供應鏈視為與物流相同，但物流實際上只是供應鏈的一部分。現今的數位型 SCM 系統包括物料處理和軟體，可用於產品或服務建立、訂單履行和資訊追蹤的所有相關方，例如供應商、製造商、批發商、運輸和物流供應商以及零售商。

供應鏈活動涉及採購、產品生命週期管理、供應鏈計畫（包括庫存計畫以及企業資產和生產線的維護）、物流（包括運輸和車隊管理）以及訂單管理。SCM 還可以擴展到涉及全球貿易的活動，例如全球供應商的管理和跨國生產流程。

（二）供應鏈的歷史

供應鏈自古以來就存在，始於第一批產品或服務的建立和銷售。隨著工業化的到來，SCM 變得越來越複雜，使公司能夠更有效地生產和交付商品和服務。例如，Henry Ford 的汽車零件標準化就是一項顛覆傳統的例子，它使商品的批量生產能夠滿足不斷增長的客群需求。隨著時間的推移，日新月異

的變化（例如電腦的發明）為 SCM 系統帶來了更多的複雜性。但是，對於幾代人來說，SCM 本質上仍然是線性的，孤立的功能，由供應鏈專家管理。

網際網路、技術創新以及需求導向的全球經濟爆炸成長改變了這一切。現今的供應鏈不再是線性實體。而是可全年無休存取的各種不同複雜網路的集合。這些網路的核心是消費者期望他們的訂單得到滿足：當他們需要時以他們需要的方式取得。

我們現在生活在前所未有的全球商業和貿易時代，更不用說持續的技術創新和快速變化的客戶期望。現今最佳的供應鏈策略需要建立一種需求導向的營運模型，該模型可以使人員、流程和技術成功地將整合功能彙整在一起，從而以非凡的速度和準確性交付商品和服務。

儘管 SCM 一直都是企業的基礎，但如今的供應鏈比以往任何時候都更為重要，它是企業成功的標誌。那些能夠有效管理其供應鏈，以適應當今瞬息萬變且技術導向商業環境的公司將生存並蓬勃發展。

（三）工業 4.0 和供應鏈管理

在激進的新技術應用於製造業的過程被稱為工業 4.0 或「第四次工業革命」。在這一最新的工業化迭代中，人工智慧、機器學習，Internet of Things、自動化和感測器等技術正在改變公司的製造、維護和分配新產品和服務的方式。意即，工業 4.0 的建立基礎就是供應鏈。

在工業 4.0 中，企業將技術應用於供應鏈的方式與過去的應用方式在本質上有所不同。例如，在維護功能內，企業通常會等到機器出現故障才能對其進行修復。智慧化技術已經改變了這一點。現在，我們可以在故障發生之前進行預測，然後採取措施防止故障發生，以便供應鏈可以不間斷地繼續前進。現今的 SCM 能使用技術使供應鍊和企業變得更智慧化。

與傳統的 SCM 相比，工業 4.0 SCM 還具有顯著優勢，因為它可以提供一致的計畫並加以執行，同時節省大量成本。例如，在「計畫到生產」模式下營運的公司（必須將產品生產與客戶需求盡可能緊密地連結在一起）必須建立出準確的預測。這涉及到處理大量的情報輸入，以確保所生產的產品能夠滿足市場需求而又不會超出需求，從而避免了高成本過度庫存。SCM 智慧解決方案可以幫助您同時滿足客戶需求和財務目標。

　　智慧化 SCM 也具有其他優點。例如，它可以釋出供應鏈員工的時間，讓他們以增加價值的方式為業務做出貢獻。更好的 SCM 系統可以自動執行常規性任務，為供應鏈專業人士提供得以成功交付其設計之產品和服務所需的工具。

（四）供應鏈與消費者

　　SCM 過去一直在提高效率和降低成本。儘管這些需求沒有改變，但改變的是，客戶現在是設定 SCM 優先層級中的中心角色。有人說：「客戶體驗是供應鏈中生死存亡的關鍵」。

　　客戶忠誠度取決於企業能否快速準確地滿足客戶期望。您必須協調原物料、製造、物流和貿易以及訂單管理，以在合理的時間內將指定的品項提供給客戶。為此，公司必須以客戶的眼光審視自己的供應鏈。這不僅僅是按時向客戶下訂單，而是能不能在正確時間（在訂單交付之前、期間與之後）進行所有作業的問題。

1. 對靈敏性的需求

　　現今的供應鏈廣大、深入且不斷演進，這代表您需具備靈敏性才能發揮效益。在過去，供應鏈使用一條龍模式來滿足企業和客戶的需求，這種模式在很大程度上不會受到變化的影響。消費者現在可以在商店、網路等其他通路中選擇多種購買方式。他們也期待客製化水準能有所提升。靈敏的供應鏈可以實現這些期望。

　　不僅如此，供應鏈採購也變得非常靈活。例如，地緣政治和經濟發展會嚴重影響製造業供應鏈。如果製造商需要鋁材，但由於貿易政策而無法從某一供應商取得，那麼該製造商必須能夠迅速採取行動，從其他地方採購。能否快速重新配置您的供應鏈，是能否成功解決此類情況的關鍵。靈敏度是能否實現這類的即時重新配置任務的關鍵。

　　供應鏈中的挑戰不僅限於效率和成本管理問題。情況的變化也會影響合規性。您的 SCM 系統必須足夠靈活，才能減輕供應鏈變化（包括變化和法規變化要求）產生的所有影響。智慧化 SCM 系統可以幫助您提高效率並降低成本，同時又能滿足各種日新月異的法律要求。

2. 供應鏈和雲端

透過現今的 SCM 參數，雲端是您最容易取得的夥伴，部分原因是雲端型應用程式在本質上更加靈活，並且能夠適應變化。為了適應當今企業環境中經常發生的波動情況（例如意外的採購問題），您很難調整本機和自訂編碼的應用程式。雲端解決方案也具有內建架構，您可以更佳利用工業 4.0 模式中日益普及的技術。為了將這些技術可以在舊版應用程式上執行而改造環境既複雜又昂貴。

將雲整合到您的 SCM 系統中的另一個重要好處是，您可以根據自己的特定業務需求採用基於雲的 SCM 元素，而無需進行全面遷移。許多公司發現有短期移轉至雲端的合理需求。最佳 SCM 系統可以幫助您從當前資產中獲取更多價值，並自訂雲端整合以滿足現在和將來的 SCM 需求。

3. 區塊鏈的可追溯性、拒絕履單性和信任度

在需要隨時了解供應鏈各方面的情況，智慧化的 SCM 解決方案可為我們提供該功能。當我們考慮 SCM 解決方案時，需尋找一個使用區塊鏈的系統，方法是將這些功能直接建構在 SCM 流程中，使我們輕鬆獲得能見度和洞察力。這樣可以確保整個供應網路的可追溯性、拒絕履單性和信任度。

特別是食品工業將從 SCM 類型中受益匪淺，例如；它有助於 LiDestri Food and Drink 管理非常複雜的供應鏈以提高能能見度，更準確的預測和更高的盈利能力，同時在公司與客戶之間建立更深的信任。

當今最先進的 SCM 系統是端到端產品套件，可幫助企業將其供應鏈作為一個完整的生態系統進行管理和最佳化。由於它們是完全整合的雲端技術，因此這些系統可以在整個供應鏈中實現 100%的能見度，並且可以根據市場實際情況進行擴展或縮小。透過需求導向的現代化供應鏈，可以因應客戶期望值提高、產品生命週期縮短以及需求波動的挑戰。

4. 供應鏈的未來

未來的供應鏈均與響應能力和客戶體驗息息相關，您將在網路而非線性模式中理解和管理。網路的每個環節都必須調整並適應消費者的需求，同時還必須能夠解決諸如採購、貿易政策、運輸方式等因素。

越來越多的先進技術將用於提高整個網路的透明度和能見度，並進一步實現連線性和 SCM 的利用率。考慮到消費者需求，整個 SCM 規劃功能將變得更加智慧化。適應能力將是強制必備的能力。

在過去，供應鏈計畫一直是定期的業務活動。在未來，它將是持續不斷的活動。未來的 SCM 系統也會使計畫和執行之間的關係更加緊密，這對於大多數企業而言並非現下情況。SCM 中對速度和準確性的需求只會增加。透過智慧化的 SCM 系統支援，確保您的供應鍊為未來做好準備。

物流個案

■ 中華郵政與宅配通合作超過 2,000 座『i 郵箱』走入大型社區

物流與運籌管理發展趨勢

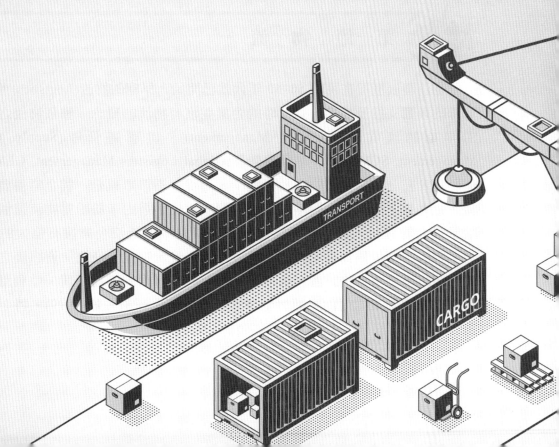

　　物流是一個很寬廣的用語，本章將主要著重在不同層次的介紹，例如：各業種之物流通路、企業物流管理、全球運籌、全球運籌管理個案與應用⋯等。在首章中介紹物流與運籌的定義及相關名詞，且介紹物流產業與運籌之發展，涵蓋許多主題。

　　本章主要目標在說明兩點：一、物流與運籌觀念及用語，二、了解國內物流產業涵蓋有哪些部分，讓我們更清楚明白物流及運籌這兩個名詞不同之處，此將有助於讀者了解物流與運籌的過去以及未來的發展，且了解國內物流產業的種類與未來趨勢，而其他各個物流的不同層次內涵將在各個章節內說明。本書以運籌角度闡述企業物流在物流上之需求與原理，最後將針對全球運籌管理個案與應用加以詳細說明。

　　由於商業型態逐漸由大量生產轉變成為強調個人化的需求，少量多樣高頻率配送需求的產生，也使得物流功能與角色變得日益重要。加上國際分工體系的形成與全球貿易熱絡化，物流隨著時代而進化，在因應產業、社會、經濟環境的變化下，無論是資訊科技應用進步或是新型態交易行為，均會對未來物流發展產生不同的影響。

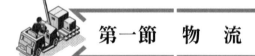

第一節　物　流

　　物流發展歷程在民國 50~60 年代就已開始，早期的物流(Logistics)應用在軍隊的後勤支援及補給，且當時的企業並沒有物流的概念，整個物流之發展由早期物流管理 (Logistics Management)、供應鏈管理 (Supply Chain Management, SCM)、到全球運籌管理(Global Logistics Management, GLM)整個歷程。充分顯示物流的成長與進步，而現今不單單只是一個企業需要做物流，企業為了降低成本與縮減物流時間、增加競爭力，紛紛對物流這個部門給予重大的責任，認定只要能夠掌控物流成本就能使企業擁有強大的競爭力。物流進而延伸到國家與國家之間，如金流、物流、商流、資訊流之相互流動。本書將為各位讀者在後續導出各個物流層面的不同管理，並利用實際案例來說明企業如何因應面對全球競爭的影響。而詹政峰(1999)，將全球運籌管理發展歷程分為 4 個階段，如表 3-1 所示：

表 3-1 全球運籌管理的演進表

	第一階段 夥伴／關係	第二階段 後勤管理	第三階段 供應鏈管理	第四階段 全球運籌管理
重點	建立良好關係	執行控制由始點到消費者的資訊流與物流	強調以速度、彈性重塑企業流程	焦點在跨國界、跨組織間流程活動的整合
牽涉的成員	只有 2~3 個成員如供應商、買主、配銷／零售商及顧客服務處	由供應商經配銷商到消費點整個供應鏈中所有成員	由供應商到消費者鏈上所有成員	由本國供應商至國外最終使用者間所有成員
關係	買方與賣方、行銷商與配銷商	由生產到服務，重點在由原料到成品至配銷的後勤作業	所有成員應與從原料到最終使用者及流程有關	焦點在使國內供應商與國外顧客間合作，形成共生聯盟
最主要利益	良好的關係才能降低成本提供好的品質良好庫存周轉率	著重資訊流與物流的後勤管理可節省價格、提高品質和庫存	有效率的企業流程可增加對顧客服務的反應、速度、品質、交期彈性	除降低成本增加利潤外、可藉由聯盟間的相互學習，創造知職，打造雙贏，降低全球經營風險、共創市場利基

資料來源：詹政峰（民 88）

　　物流一詞，包含著「物」盡其用，貨暢其「流」的理想。因此在了解物流業前，應先認識「物流」的廣義範圍與狹義面。就廣義而言，物流包含有原料物流、生產物流及銷售物流等三種，如圖 3-1 所示：

　　狹義而言，物流僅針對「製成品的販售」。亦即從工廠生產製造出成品，透過一個對集貨、理貨、庫存、配送⋯等具專業運作之單位，配送至零售單位，以求降低後勤作業的成本，並提高後勤支援的效益。此一過程稱為販賣物流，從事販賣物流的單位被稱為 Distribution Center，即所謂之「物流中心」、「配送中心」、「發貨倉庫」等等。

　　國內目前所指的物流業，即是指狹義面中滿足「銷售需求」的物流中心。是故物流業的定義，是指物品流通過程中提供支援服務的行業。更進一步申述，其任務是將貨品或產品，由製造業送至零售業或使用者的流通過程中，提供了產品集散、產品開發、產品計畫、管理、採購、保管、流通加

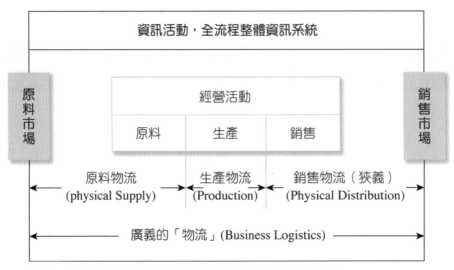

圖 3-1　廣義、狹義的物流領域範圍

工、暫存及配送等功能。因此物流業不僅涵括了傳統的「倉儲業」、「運輸業」，亦替代了傳統的批發商及營業所的功能。

製造商整合上游原物料，經製造後經下游通路商將商品送至消費者手中，滿足消費者需求的過程。物流為供應鏈程序之一部份，將起點到消費點間產品、服務及相關關係，包括正向及逆向物流及儲存，做有效率、有效益的計畫、執行與控管，以滿足顧客的要求。

中華民國物流協會(Taiwan Association of Logistics Management)『1996』對「物流」所下的定義為：物流是一種物的實體流通活動的行為，在流通過程中，透過管理程序有效結合運輸、倉儲、裝卸、包裝、流通加工、資訊等相關物流機能性活動，以創造價值、滿足顧客及社會的需求。而運籌與物流關係相當密切，運籌是跨部門的經營思想，而物流本身是一種整合活動，如圖 3-2 所示：

圖 3-2　物流與運籌關係圖

資料來源：張有恆（民 87）

第二節　物流的相關名詞

一、運籌(Logistics)之定義

中華民國物流協會(Taiwan Association of Logistics Management)認為運籌是一種戰略，是一種經營思想，它是在整個產銷過程中，對於物的流動方式進行適當的安排和控管，因此運籌是超越生產、銷售、物流等部門，以整個公司的利益為出發點的思考體系。所以物流思考的是「部門最適」，而運籌追求的是公司的「全體最適」。

運籌是一種經營戰略或經營思想呢？譬如說少量、少樣、高頻度的配送成本非常之大，如果站在物流部門節省成本的立場，這樣子做是很不智的，但運籌是跨越部門層級，是以整個公司的觀點來看的，公司要服務顧客、要做到物流服務差異化、要在市場上保持競爭優勢，也許多花費成本亦在所不惜，這就是戰略的考量。又如公司雖然有物流部門，但做得不是很專業，為了追求更高的效率，將物流業務外包(outsourcing)給專業的公司來處理，可能是更為聰明的抉擇，運籌即是站在公司整體最有利的立場，來做這種戰略上的判斷。

以企業運作中，對於物的流程的計畫、執行、控管來講，運籌與物流有相同含意，故相對於僅重視銷售物流的狹隘觀念，有人認為運籌可以說是廣義的物流。從這個說法大概沒錯，因為隨著時代變遷及經濟發展的複雜化，物流的意涵也是一直在進化及豐富化。尤其在對於顧客服務來講，運籌與物流的課題都是在於：對於顧客的訂貨能夠確實、迅速的受理、對於交貨的日期和時間能即時而正確的回答，貨物處理的前置時間(lead time)能夠儘量的縮短、對於顧客所訂的貨品能夠迅速而確實的送達、對於貨物的追蹤情報能夠有效率的提供、對於物流的相關資訊能夠與顧客共享等等，以達到顧客的預期和滿意，這兩者是一樣的。

運籌與物流仍有一些不太一樣的地方。運籌基本上還是較屬於決策階層在做的，是跨部門的，追求的是公司的最大利益。而物流較屬於一個部門，主掌物的流程的管理，主要追求的是效率和降低成本。此外，一般講物流較少講廢棄、回收，而提到運籌，則很重視這個部分，認為是企業應盡的社會責任。如果要讓人比較能夠信服可以簡單的說由前述的物流概念演變為運籌概念的整個發展過程中，可知各別的物流機能活動因環境的改變而形成物流

的系統化，後又因市場的需要產生了運籌的思考，以創造顧客滿意、提升企業整體競爭優勢。

二、運籌管理(Logistics Management)之定義

美國供應鏈管理專業協會(CSCMP)對運籌管理的定義為：針對顧客需求，有效且經濟的規劃、執行與控制產品從原料、在製品存貨、成品、及相關資訊之流動與儲存的整體管理流程；即生產和行銷過程中，與原料、設備和製品運輸有關的一切經濟活動，包括訂單處理、物料、存貨管理、包裝、配銷、顧客服務、倉儲和運輸等活動的管理行為，其目標在最低的成本下，提供顧客最佳的服務。

簡單來說運籌管理是所謂整合物流與供應鏈之系統所有活動及最終消費端之產品加值與行銷活動。主要目的是妥善利用全球運籌資源妥善運用，形成產業專業分工機制，創造組織物流、商流、金流與資訊流之自由流通環境，以滿足顧客對於產品之快速與低價的需求，進而達成組織在全球市場上具備持續競爭之優勢。以下彙整國內外專家學者所定義的運籌管理，如表 3-2 所示：

表 3-2　運籌管理定義彙整表

作者	定義
Cooper(1993)	從產品特性的角度切入全球運籌的挑戰，界定其物流作業可及於全球市場的範圍來探討產品的價值密度(Value Density)、產品品牌(Branding)、產品樣式(Formulation)及週邊作業(Peripherals)，以決定因應全球運籌採行之策略。
Christopger(1992)	運籌是透過組織及行銷通路的幫助，將原料、零件及半成品的存貨和相關資訊的移動，儲存的策略管理流程。以有效的成本優勢來履行訂單以達現在及未來獲利的極大化。
陳信宏(2000)	全球運籌模式訂單的廠商不單只是把工廠的貨品交委託客戶的手上而已，而是從設計、進料、生產、製造、交貨到售後服務與技術支援等，為客戶執行到最有利且具成本效益的產銷流程及後勤配置地點。
王光燦(1999)	企業進行全球市場行銷、產品設計、生產、採購、後勤補給、顧客服務、供應商及庫存等整體管理體系的運作。其強調的精神，就在快速回應市場的變化及顧客需求的同時，降低經營成本、庫存壓力與風險，提升整體經營效能。

表 3-2 運籌管理定義彙整表（續）

作者	定義
王裕仁(1999)	全球化的市場，從供應商到消費者，從生產點經配銷點到消費點，物流的價值一環接著一環，不同國家、地區的差別使企業因區域的不同、供應商與顧客的要求不同，而做不同的配合與調整。
陳慈暉(1998)	該公司進行全球市場的行銷產品設計、顧客滿意、生產、採購、後勤補給、供應商及庫存等管理體系的運作，其涉及成員由本國供應商到國外最終使用者，其核心精神在如何快速因應市場變化和回應顧客需求，並將其經營成本、庫存量及營運風險降至最低，進而將其經營績效創造至最大。

資料來源：陳青玉（民 91）

　　隨著時間的改變，運籌的定義也就隨著改變，隨時間與角度上的不同而有不同之定義。而近年來產業界面臨到的挑戰越來越嚴苛，不只是國內市場、區域市場，而我們是到了全球競爭的時代，因此全球運籌成為很重要而緊迫的課題，如何採購到好又便宜的原材料、在哪裡生產最符合成本、又如何正確而快速的送到顧客手中，在在都需要很強的運籌能力才可以。如何降低生產、流通成本以使公司獲利，如何提供差異化的物流服務、以獲得顧客的肯定和繼續支持，如何做好廢棄和回收物流，以做好環保、善盡企業的社會使命，也在在都需要很強的運籌能力才可以。每個時代、每個階段都有不同的課題，在這變化萬千、全球競爭的時代，物流的系統化、效率化只是最基本的條件，我們應該進到運籌的時代，才能提升企業的競爭力，而能永續經營。以下彙整國內外專家學者對運籌管理類型的分類，如表 3-3 所示：

表 3-3 運籌管理類型

學者	分類方式	分類型態
Bowersox(1996)	國際物流	1. 傳統型 2. 直接配送型 3. 轉運型 4. 國際配送型

表 3-3　運籌管理類型（續）

學者	分類方式	分類型態
Chopra,S.(2003)	供應鏈網路配送	1. 製造商儲存並直接配送 2. 製造商儲存、透過運輸業者轉運 3. 分配商或零售商儲存，並透過運輸業者配送 4. 分配商至靠近消費端儲存後配送 5. 製造商／分配商透過越庫 DC 配至取貨區或零售商倉儲儲存、消費者取貨 6. 零售商儲存，顧客取貨。
行政院經濟建設委員會(2000)	運籌管理配送模式	供給面： 1. 直接運送模式 2. 發貨中心模式 3. 海外組裝模式 需求面： 1. 直接運送模式 2. 物流配送模式
柯德臨(2002)	運籌管理配送模式	1. 全球運籌直接運送模式 2. 全球運籌當地補貨模式 3. 全球運籌海外組裝模式

資料來源：作者整理

三、 供應鏈管理(Supply Chain Management, SCM)之定義

　　供應鏈管理就是利用一連串有效率的方法來整合供應商、製造商、倉庫和商店，使得商品可以正的數量生產並在正確的時間配送到正確的地點，為的就是在一個令顧客滿意的服務水準下使得整體系統成本最小化。

　　因為產學界對供應鏈管理的重視，同時間投入這個新興管理領域的研究與探討的專業人事非常多，所以供應鏈管理的定義也非常的多，因而造成不少觀念上的混淆。在諸多定義中，有不少定義十分相似，較值得一提的幾個定義，將其整理成下列中、英文敘述，並彙整詮釋之：

表 3-4 供應鏈的定義

作者	定義
David F.Ross(1997)	供應鏈管理是正持續演進中的一種管理哲學。供應鍊管理試圖連結企業內部及外部聯盟企業夥伴相關企業功能之集體生產能耐與資源，使供應鏈成為一具高度競爭利即使顧客豐富化的供應系統，俾其得以集中力量發展創新方法並使市場產品、服務與資訊同步化，進而創造獨一個別化的顧客價值來源。
Hau Lee (2000)	一群公司或組織網路，透過物品、資訊及財務流程的整合，將產品及服務生產出來，並從起點配送給終端消費者。
David Sim chi-Levi, 蘇雄義 etc. (2003)	供應鏈管理是利用一連串有效率的方法，來整合供應商、製造商、倉庫和商店，使得商品可以正確的數量生產，並在正確的時間配送到正確的地點，為的就是在一個令顧客滿意的服務水準下，使得整體系統成本最小化。
美國供應鏈管理事業協會(2005)	供應鏈管理指的是涉及搜源、採購、轉換（生產）及物流等所有活動的規劃與管理。重要的是供應鏈管理包含與通路夥伴間（可能是供應商、中間商、物流商或顧客）的協調與合作。本質上，供應鏈管理整合了企業內部與企業之間的供應與需求管理。供應鏈管理是一項整合性的功能，他的主要任務是在連結企業之內與企業之間的主要企業功能與企業程序，已形成一堅實、高績效的企業經營模式。它包含了上述所有的物流活動，以及製造作業，同時他亦驅動了與行銷、銷售、產品設計、財務與資訊科技等程序與活動間的協調。
蘇隆德(2019)	認為供應鏈管理的主要精髓在於「速度」與「成本」，主要工具乃是「資訊整合平台」與「實體物流網絡」，這些都將投入眾多資源，對一般企業而言，企業自行導入整合性物流系統往往所費不貲，21 世紀專業的物流企業因而崛起，讓企業內部物流組織，成為對外連結物流服務提供者(LSP)的主要窗口。 供應鏈管理系統提供企業對於整個供應鏈的全面工具能力，有效地整合供應鏈中的合作廠商，從原料供應，合作廠商間的製造生產排程，到最後的配銷作業皆透過 IT 技術在正確的時間、地點以最有效率的方式及最低成本，提供客戶正確數量的產品。 企業與供應商、客戶間，建立市場預測、市場研究、產品研發、訂單、生產、庫存、交貨、生產排程、資源規劃、交貨配送等一系列相關資料連繫與物流流通的供應鏈管理制度。目的為使產銷供應關係更為穩定與有效，需求反應速度更快時，因應消費需求變化所需的各種管理方法或資源整合，產品與服務的提供更為經濟。

資料來源：作者整理

四、全球運籌管理(Global Logistics Management, GLM)

以多國規劃並執行企業運籌管理活動,透過交換過程,以提高顧客滿意程度和服務水準,並降低成本,以增加市場競爭力,進而達成企業之利潤目標。全球運籌管理模式是將物流、資訊流、商流、資金流透過供應鏈管理,使製造、銷售與維護管理均能從全球性的眼光找到最佳組合的生產管理模式,並透過快速回應系統掌握下游消費市場資訊、通路資訊,以有效掌握商機並提升競爭力。

臺灣全球運籌發展協會(The Global Logistics Council Of Taiwan, GLCT)認為必須對「全球運籌」有更清楚的詮釋,乃邀集專家學者集思廣益,提出了協會對「全球運籌」之定義:

企業為因應全球化之趨勢,以「營運總部」之概念,運用通訊與資訊科技,驅動物流機制,整合區域與全球資源,並強化核心能力,形成一堅實的供應體系,用以快速生產、及時交貨,並分享衍生的資訊情報,滿足顧客需求、創造價值的一種經營模式。新世紀的全球市場競爭圍繞著「跨域」與「爭快」進行。「大魚吃小魚」已讓位於「快魚吃慢魚」。快速回應、快速運作、快速周轉、少儲存、少占地、短位移、企業資訊化、商務電子化、企業虛擬化、生產敏捷化、營銷網路化加上日新月異的資訊技術的支撐,便圍繞在速度與成本上做文章,特別是供應鏈管理的觀念成為企業管理核心之後,無不滲透著物流所起的舉足輕重的作用。物流成為供應鏈管理整合的主要介面,如何讓供應鏈成員的步調一致,而能去快速回應客戶,快速占領市場。誰反應快誰就贏得市場,誰反應快誰就贏得生存。

因此這一定義係以全球化環境為架構,包含對時空、物質、人力等資源,透過科技運用,追求投產最佳化,並在成長夥伴關係鏈中,分享各自所創造的價值。亦即從新經濟思維下,探討物流經營管理的新方向。因為透過全球運籌管理(Global Logistics Management)創造真正的「利潤」國外大型企業正在全力發掘。

近年來電子商務的發展快速,改變了商業的交易型態,同時也帶來無限的新機會與新挑戰。根據聯合國 UNCTAD 的研究報告顯示,預測到 2003 年底時全球電子商務將成長到 3.9 兆美元的規模,2006 年則為 12.8 兆美元,而2006 年時,全球商務交易中,電子商務將占其中 18%的交易量。再根據經濟部商業司所發表的調查結果顯示,2003 年我們電子商務市場規模達新臺幣

220.9 億元，較去年的 157.5 億元成長近 40.3%。電子商務交易的特性具有跨國界、不受時間性影響的特性，因此在如此龐大交易的背後，需要有一套完善的物流系統來完成全球配送的工作，物流市場的機會與競爭，也將邁入國際化。在過去企業利用第三方物流(Third Party Logistics; 3PL)來達到配送服務，而大多數的第三方物流的服務範圍也都僅止單一國家地區。但現今電子商務的交易量逐年增加，且交易範圍概括全球，而各國加入 WTO 後加速企業競爭全球化的影響，全球運籌工作更需要具有整合不同國家地區 3PL 功能的第四方物流(Forth Party Logistics; FPL)來完成整個商業交易的配送過程。這意味著國外業者大舉進入臺灣與中國大陸的市場所帶來的威脅，但這又何嘗不是臺灣的物流業者提昇競爭優勢邁向國際市場的機會？在全球化的趨勢下，物流產業的發展有可能代替商流成為經濟發展的龍頭，因此唯有高效率低成本的物流才能解決實體交易中，生產者與消費者之間的時間與空間障礙。現代物流已成跨部門、跨行業、跨地域，以現代科技管理和資訊科技來支撐的綜合性物流服務。

五、 全球供應鏈管理(Global Supply Chain Management, GSCM)

全球供應鏈管理是規劃「企業、客戶、及供應商」之間的全球資源管理規劃技術，他著重於透過資訊流之透明化與整合來達到提高客戶滿意度與降低整體供應鏈之庫存水準的目標。簡單的說是將主要商業程序的整合，從國內、外的最終消費者到提供產品、服務和資訊的原始供應商，這種整合可增加顧客和股東的價值。供應鏈管理到最後將會趨向國際間產業分工及整合。

六、第三方物流(Third Party Logistics, TPL or 3PL)

第三方物流簡單的說，就是買、賣雙方以外，安排物流活動的第三者，就是透過一家外部公司來執行公司的物流管理或產品配銷的部分。一般而言，第三方物流的關係比傳統的物流供應商關係來的複雜，而現代的第三方物流往往也涉及長期的承諾以及多種功能或程序管理。以效率，提供這些在該組織可能沒有的利益或服務，範圍包括倉庫以及使用大眾或合約的運輸工具，並提供該組織團體使用最好的物流廠商，已達到她們的需求。

七、第四方物流(Forth Party Logistics, FPL or 4PL)

第四方物流被認定為是下一代的物流服務方式(Next-generation logistics)，係由第三方物流利用資訊科技轉化為虛擬物流服務公司(Virtual logistics provider)，專用負責各公司之各項物流活動，並擔任總承包商之角色(general contractor)。

因此，第四方物流是指專業物流公司將複雜的資訊技術與企業的製造、行銷數據進行連接，對客戶的供應鍊業務提供專門化的管理。這除了對顧客的特定物流活動進行控制和管理外，並針對物流流程提出規劃方案，透過電子商務彙整整個流程，集合供應鏈上能力最佳的組織，達成組織間資源共享、供應鏈整合的功能，使第四方專業物流成為提供專業物流服務聯盟的自主性團隊。這種新的做法可以有效地實現企業供應鏈的全盤管理，並使企業與客戶之間的夥伴關係，得以有效地建立和穩固。

第四方物流之定義與內涵　這類業者既不是買方也不是賣方，也不是第三方提供物流服務的專業物流公司(Third Party Logistics, 3PL)，而是更上層次整合前述三方以進行供應鏈整合的服務業者，所以也稱為「供應鏈整合業者」。因為第四方物流業者利用網際網路強大的資訊仲介功能與快速的處理能力，加上供應鏈管理顧問所涵蓋的範圍與複雜度很高，因此這類業者可能並不具備基礎的物流核心功能，而是以資訊連結與控制來提供高附加價值的物流與財務管理工作。

第四方物流或簡稱 4PL 即為物流業中的物流業，其營運能耐不在傳統物流業的實體物流資產上發揮，如倉庫、場站、設備、貨車等，而是在提供有效物流需求解決方案與執行上，並專注核心能耐在善用資訊科技力量進行物流資源整合之規劃、執行與控管，累積與運用整合經驗與知識資產以為顧客創造更高價值。

第三節　物流相關產業

在消費者的消費行為發生重大變革及國際市場競爭激烈等因素下，產業要保有既有的顧客或甚至要開創新的顧客源，必須能及時地反應顧客所需，此即時性的要求，乃包含貨品運送的效率。因此，越來越多的公司引進資訊

技術進行物流之監控與管理，在現今的電子化世代中，物流相關產業所扮演的角色越形重要。本節內容將以臺灣物流產業的種類與重要性為主要探討方向。物流產業細分為汽車貨物運輸業、海運貨物運輸業、空運貨物運輸業、鐵路貨物運輸業及新興物流產業（即快遞業與宅配業），由於物流中心的存在乃為支援物流通路之運作，基於不同類型產業與產品，其物流通路的特質亦不同等緣故，本節乃依不同產業別（含通訊產業、家電產業、資訊電子產業、圖書出版產業、醫藥產業、日用雜貨業），說明其物流通路架構與特色。

　　國內物流業者應面對全球運籌新需求，除了政府相關法令配合外，最好從地理環境面、操作設備面、配送運輸面、執行制度面、資訊應用面及營運體系面方向進行物流體質改善，並針對不同產業通路特性，發揮物流的最大效能。

　　由於國內物流產業不明顯，而物流產業大都與運輸有關。目前有主計處、經濟部許可登記與法令條文規定的物流業者層面甚廣，可依不同的角度來加以分類。此節僅就一般物流業分類法，將國內物流產業分為以下幾大類型，如表 3-5 所示：

表 3-5　物流服務產業種別

行業	主計處行業定義	經濟部許可登記	法令條文規定
航空貨運承攬業	●	●	●
海運承攬運送業	●	●	●
物流中心	●	●	●
保稅倉庫	●		●
進出口貨棧	●		●
快遞業	●		
汽車貨運業	●	●	●
汽車路線貨運業	●	●	●
汽車貨櫃貨運業	●	●	●
鐵路運輸業	●	●	●
航空貨物集散站經營業	●	●	●
貨櫃集散站經營業	●	●	●

表 3-5 物流服務產業種別（續）

行業	主計處行業定義	經濟部許可登記	法令條文規定
民用航空運輸業	●	●	●
海洋水運服務業	●	●	●
船務代理業	●	●	●
報關業	●	●	●

資料來源：臺灣物流發展前瞻研討會（民 2005）

　　不難發現我國快遞業並沒有經濟部許可登記也無法令條文規定，所以目前市面上的快遞業將都是無法可管，政府應當立即協商立法。

　　我們也可將物流產業分為物流業性質分類去做區別，如表 3-6 所示：

表 3-6 物流服務產業分類

物流業性質分類	行業名稱	
核心物流服務	＜貨物處理服務業＞ 貨櫃集散站經營業 航空貨物集散站經營業 倉儲服務業 物流中心 保稅倉庫 進出口貨棧	＜運輸代理服務業＞ 航空貨運承攬業 海運承攬業運送業 船務代理業
相關物流運送服務	貨物運輸業	其他相關物流業
其他相關物流服務	海洋水運服務業 民用航空運輸業 鐵路運輸業 公路運輸業 -汽車貨運業 -汽車路線貨運業 -汽車貨櫃貨運業	快遞服務業

資料來源：作者整理

第四節　物流的重要性

一、物流業上下游整合之「承上啟下」的特性

　　物流中心主要的機能，就是配合上游流通業者，開發下游零售通路，以批發方式銷售商品到下游流通業者，其間所必須扮演的角色包括商情傳輸、促銷服務、倉儲配送及貨款回收等，由此可知物流中心業者在流通業中扮演著承上啟下的橋樑功能，消費性的商品能否在消費市場真正順暢流通，物流業者握有決定性的影響力。

二、少量、多樣、高頻率配送要求的特性

　　房租高漲的壓力下，為了讓商店的每一寸空間皆充分利用，致使商店裡沒有多餘的空間來放存貨，而存貨的堆積就等於成本的堆積和浪費，對企業運作來說是缺乏經濟效益的，所以現代商品必須追求最適當的少量庫存。為了維持最少量的庫存量，就必須有很好的物流體系來做支援，現代商店會依自己的需求來要求製造商和物流配送業者，能夠符合「多樣少量」的配送要求，為配合此要求，物流業者唯有採用高（多）頻率的配送，方能滿足客戶的要求，在這種情況下，物流配送成本必然增加，如何降低配送成本，乃是業者必須正視及解決的問題。

三、強調時間及空間，追求大致率化的特性

　　現代物流不應該只強調在倉管、內部撿貨或如何出車，更不是比較屬於落地式的中心功能，而在強調「流」－國父民生主義所講「物」盡其用，貨暢其「流」。因此物流中心最大的追求效果，應該著重在強調「時間」和「空間」，意指在空間上應如何陳列、布置、進倉、搬運以期做最大效果發揮，同時在時間上，從接到單子到出貨到商店之間，如何將時間的距離縮到最短，這都是追求效率化的不二方法。

四、全方位功能之特性

在正確的時間內，將正確的產品及數量，以最好的產品狀態與服務品質在最低的運送成本之下，送到正確的場地給正確的客戶。全方位的物流中心，是指能提供滿足物品流通過程中所需管理活動之場所，此場所經過事情合理的空間規劃，利用電腦、網路、自動化或省力之機具設備及技術、整合物品實體、資訊情報，以達成商品之批發、儲存、配送並具有績效(Profltablity)之功能者，且具有倉儲業之基礎、貨運業的配送實力、資訊業的情報整合力，更在管理力與技術力上不斷開發，方足以應付激烈變化的商業活動。

五、擁有專業能力且立場中立之特性

不論是聯合物流或者共同配送，其主要用意在於節省不必要的資源浪費，目前成立的許多大型物流中心都面臨相同的問題，那就是送貨量不足，可是各企業體又不願將自己的貨品交由中立的共同配送中心來送，除了怕他人掌握了通路外，且配送品質也無法自己掌控，縱使自許為獨立的共同物流配送中心，也常常因為難以取信其他企業而導致配送量未達經濟效益。目前在這方面較不引起爭議的僅有貨運公司成立的物流中心，因為其角色與通路成員有互補之作用且無利益衝突，只要於契約中明定，立場相較其他型態物流中心更中立。

第五節　物流產業未來趨勢

國內物流產業的發展率牽繫於諸多因素的影響，其中最具有影響力的莫過於企業對物流革新之關注及支持。另一方面，在面臨物流成本不斷上升的壓力之下，企業必須不斷培育物流的專業人才，並採行先進科技，以供未來物流變動趨勢之需。而在物流系統之建立與運作方面，企業需要投入相當大的人力、物力及財力。

臺灣發展產業從早期農業的耕作及灌溉，至漁業的捕撈讓我們漁產業成為全世界第二大國，僅略輸日本，再到工業的新起讓我們漸漸有初級產業與深層加工的技術，最後電子高科技讓我國成為代工大國，全球 IC 產業代工幾

乎都是由我國高科技產業來做，近年來中國大陸的崛起讓我們漸漸失去代工優勢，轉向的是臺灣接單，大陸生產的新興模式，物流產業開始受到重視，為了尋求物流最低成本和高經濟效益。也因此隨著個人電腦的普及及強化，資訊取得越來越方便且大量，因此物流發展快速朝向網路化與自動化時代，而電子商務時代的來臨，消費者的消費行為發家以土地使用率在臺灣已達飽和，土地取得相當不易，所以，企業在資源投入時應審慎評估其整體資源的分配是否恰當，並積極尋求政府的財務補助。一般而言，大型企業因擁有廣大的財源，故在土地取得與導入資自動畫物流設備上，較不懼投入資金的額度；雖然如此，國內中小型企業以占了 80%的務流量。是故，輔導中小型物流業者進行組織化、共同化，建構具經濟規模的共同配送體制，以提升國內中小型物流業者的鏡爭力，將是未來我國物流產業的發展關鍵。

第六節　運籌管理發展趨勢

一、物流之活動與發展

從早期物流管理(Logistics Management)、供應鏈管理(Supply Chain Management, SCM)、到全球運籌管理(Global Logistics Management, GLM)整個歷程。逐漸發展成唯一一門新興學問。一般而言，物流可分為四個發展階段，從一開始發展夥伴關係、後勤管理、供應鏈管理、全球運籌管理。最後將朝向全球運籌與全球供應鏈管理的方向發展。

二、物流與運籌之定義

自 1960 年代乞今，眾說紛紜，但已逐漸達成共識。簡單的說運籌基本上還是較屬於決策階層在做的，是跨部門的，追求的是公司的最大利益。而物流較屬於一個部門，主掌物的流程的管理，主要追求的是效率和降低成本。

三、物流產業的一般性通路

為物流產業作全面之介紹，釐清一般物流產業的服務對象與配送通路，並說明以層級區分的不同類型通路。最後，描述物流產業通路近期與未來發

展趨勢，強調物流通路已擺脫傳統以實體運送時效為主要考量依歸的型態，轉變為政府與法令上規定的新趨勢。未來物流產業的發展將搭配應該讓法令規範物流產業由哪一個部門來管理，來讓業者能夠清楚了解。而業者也應從資訊技術與網際網路技術，簡化通路層級，使實體貨品之供需者皆能以單一介面取得各項配送資訊，提升物流服務效率與品質。雙向進行方能為我們國內物流產業朝向國際化發展。

  延伸學習

物流個案

■ 從數字看臺灣物流與流通業營運報告

Part 02

— Logistic Management —

★

物流各項機能管理

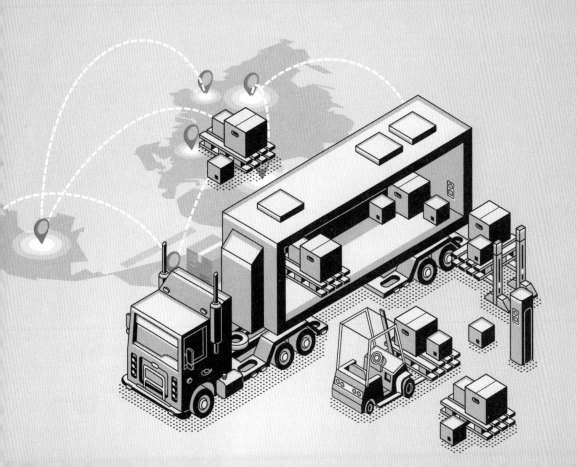

memo

存貨與倉儲管理

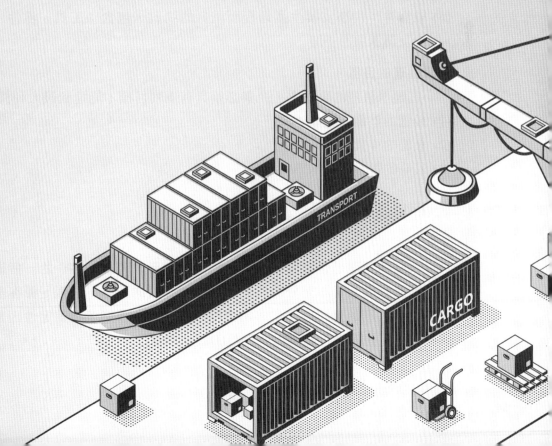

第一節　存貨管理

一、物流存貨管理

（一）存貨的概論

1. 存貨的定義

　　根據 APICSC 對存貨定義，其認為：「存貨是用於支援生產或生產相關活動及滿足顧客需求時所需使用到的料件。」在存貨的種類上，若以物料在製造工廠內的流進與流出做為分類的依據，其包括：

(1) 原物料：原物料是指尚未進入生產程序前的購入品項，包含：外購的材料、零件及半組裝品。

(2) 在製品：已經進入製造程序的原物料，且是正在加工中或是等待被加工的物料。

(3) 成品：經過生產程序後等待銷售的完成品，它們也許存放在工廠、倉庫或在流通系統中的任何一點。

(4) 配銷庫存：在配銷系統中的成品。

(5) 維修件：用來支援生產過程而消耗的物料，包含：工具、零件、潤滑油及清潔用品…等。

2. 存貨管理的目標

　　在競爭激烈的環境中，企業必須具有下列目標才能達到最大利潤：

(1) 最低的整體營運成本。

(2) 最低的存貨投資成本。

(3) 最高的顧客服務水準。

（二）存貨產生的原因

1. 定義

　　供應鏈管理是整合製造商、零售商、供應商和最終客戶的一個網路系統，網路間彼此資訊充分的流通，以減少存貨的積壓，並滿足顧客需求，使得整理供應鏈獲利最大化。由於供應鏈中存在著許多不確定性因素，造成存貨，這些因素可分成以下三類(Davis,1993)。

(1) 供應的不確定因素：供應商無法在允諾的時間內將原物料送達，其原因可能是天災或者是機器損壞的原因所造成，此外，原物料的品質也是供應不確定因素中，重要的因素之一。

(2) 製造的不確定因素：在產品的製造過程中，由於機器的當機造成生產的停頓、電腦系統的出錯造成製程的混亂、製造流程的設計不良導致瓶頸問題或產生不良品等，這些問題會造成交貨期限延遲與服務水準下降的問題。

(3) 需求的不確定因素：顧客的需求是供應鏈管理中主要的不確定性因素來源，顧客會因其偏好、季節或經濟環境的改變等，在不定期的時間訂購不規則的數量。導致需求預測誤差，而造成存貨成本的增加或獲利的損失。

縱上可知，供應與製造的不確定性因素會造成生產排程的延遲與停頓，影響產品品質的穩定，導致交貨期限的延遲，使得服務水準降低，因而無法滿足顧客的需求；而需求的不確定因素會影響主生產排程規劃範圍的預測值與存貨數量發生改變，使得實際生產的時間及數量產生變化，導致存貨的堆積或需求不足。

2. 長鞭效應

長鞭效應(Bullwhip Effect)也是最常被認為造成供應鏈存貨原因之一。Fonester(1961)以系統動態學(System Dynamics)描述通路系統時，即以控制理論的結果得出，由於處理程序的延遲，會造成上游廠商產品需求變動量被放大。

P&G 公司在檢視它的零售商、通路商以及本身對上游供應商的訂貨資料時，發現越往上游，其訂貨歷史曲線的波動越大，P&G 稱這個現象為「長鞭效應」，即供應鏈中某一成員產生波動時，連帶造成供應鏈其他成員也發生波動，且距離產生之來源越遠，波動就越劇烈。

由此可知，長鞭效應的結果將會造成上游存貨處於短缺或是過剩的震盪狀態，上游供應商不是存貨跌價損失，就是沒有存貨可滿足下游廠商的需求；同時長鞭效應也會使得製造商或是通路商無法穩定的使用產能或是儲位，使得在廠商拼命擴充產能後，或通路商擴大規模後，卻發現產能利用率超乎預期的低。一般而言，造成長鞭效應可能的原因如下：

(1) 短缺之預期心理：預期供給短缺時，為得到實際需求量，廠商之訂貨量會超過實際需求量，而在供給恢復平穩時，訂貨量大減，造成訂貨量之波動。

(2) 批次訂貨：由於成本的考量以及習慣的因素，或是 MR 系統的使用，廠商通常會累積到一定數量或是固定在某一時間點訂貨，而造成上游會有訂貨數量與訂購量突然增加的現象。

(3) 配給與缺貨賭注：當市場需求大於供給而使得供應商不得不採取配給的做法時，下游廠商會以加大訂貨量的方法來爭取配給的機會及數量，使得訂貨數量大於實際銷售數量。

(4) 價格波動：某些促銷以及數量折扣的活動，會造成預先購買(Forward Buy)的行為，使得原本平穩的需求曲線變成波動的結果。

(5) 需求預測更新：供應鏈中各階層單位的預測資料不夠充足且各階層資料均不一，再者，其使用預測方法不一致，導致預測誤差的產生。

（三）存貨功能

供應鏈中不確定性與長鞭效應，將會導致了對存貨需要的增加；因此，存貨的目的乃是在供給者和需求者之間的緩衝。

一般而言，存貨的功能如下：

1. 預期存貨：根據預測或以往之經驗，或由於季節性因素、促銷活動，預期未來需求可能會增加，以及預期未來供給價格將上漲等因素，而預先購入之存貨。

2. 避險存貨：其係為因應成本的折扣優惠或避免物價上升而預先建立的存貨。

3. 波動存貨：為因應市場需求以及供應來源的不穩定性與波動而預先建立的存貨，這部分所產生的存貨數量稱為安全存貨。

4. 批量存貨：由於生產和需求速率的不穩定，以及訂購成本因訂購數量大小而不同，所以批量生產或採購經常被採用。

5. 在途存貨：物品在不同階段的轉運，由工廠到各地區倉庫所花的時間可能達數天以上所造成的存貨，稱之為在途存貨。

6. 安全存貨：由於無法完全掌握未來需求的變化，必須保持一定的存貨數量，以應付未來突發因素所造成之需求增加。

（四）存貨成本

　　企業基於利益之考慮而持有存貨，然而，其亦需付出的存貨成本，一般來說，存貨成本包含下列五種：

1. 採購成本

　　採購成本(Purchasing Cost)是指購買物品時所付的成本，其中包括料件的成本與運送該料件到工廠所花費的所有直接成本，包含運輸、關稅與保險費，這些成本通常叫「著陸價格」(Landed Price)。若是在廠內自行生產，這些成本包含直接原料、直接員工與工廠的間接費用，這些資料都可以從採購與會計部門獲得。該成本通常與採購數量有關，當採購數量達一範圍以上時，其物料之單價即隨採購量之增加而有所折扣，但亦有隨採購量之增加而增價之可能。

2. 持有成本

　　持有成本(Carrying Cost)是指公司因為擁有存貨而花費的所有費用。持有成本通常定義為存貨單位時間內價值的百分比，當存貨增加時此成本也會增加，採購成本是指購買物品時所付的成本，其中包括：

(1) 資金成本：當資金投入成為存貨時，就不可作為其他用途，因此就損失了機會成本。最少損失的機會成本是沒有把錢投資在較高的利率上，如果沒有投資在其他更好的機會上，可能會增加機會成本的損失。

(2) 儲存存貨：儲存商品需要空間、人工與設備，因此當存貨增加時，這些成本也會增加。

(3) 風險成本：是指持有存貨的風險，一般而言，其風險有下列幾種：

　　A. 過時：某種型號、流行的變更或新科技的發展使得產品未再具有價值。

　　B. 損毀：在保存或搬運的過程中存貨運到損毀。

　　C. 遺失：存貨被竊或運送錯誤。

　　D. 變質：存貨在儲存或上架後，發生變質或腐壞。

　　持有存貨的成本有多高？以美國為例，1999 年的物流費用占了 GDP 的 9.9%，也就是說約有 US$920,000,000。其中發生在儲存與持有成本上占了 US$332,000,000，在製造業中存貨投資經常占了總資產的 10%以上，某些則超過 20%，甚至到 30%，真實的數據會因產業、公司的不同有所不同。

其中，資金成本會因為利率、公司的信用與公司投資的機會而改變；其次，儲存成本也會因儲存位置或型態而改變；最後，風險成本有可能非常低，但對會變質的產品而言卻是該產品的價，這是因為訂購數量越高，其平均存貨也會越高，相對，其持有成本也會提高，因此，持有成本與訂購量是呈現正向的機關。

舉個例子來說，A 公司每年的平均存貨是$2,000,000，若預估資金成本率為 10%、儲存成本為 7%、風險成本為 6%。則每年的持有成本為$460,000，其計算式為：$2,000,000×(10%+7%+6%)。

3. 訂購成本

訂購成本(Ordering Cost)就是與訂購和進貨有關的成本，此成本係指發出訂單、驗收貨品以及將貨品移入倉庫庫存的相關成本。訂購成本的多寡與採購數量比較沒有正面的關係，而是與訂購次數有關，因此，無論採購數量有多少，每次訂購成本都是固定，其包含下列三項：

(1) 生產控制成本：每年的生產控制成本和下訂單的次數有關，但和生產量無關，因此，下訂單的次數越少、成本越低。此成本包括下訂單、結算訂單、排程、備料、發料…等。

(2) 整備與拆卸成本：每執行一個工單，工作站必須整備各項工具，再執行該工單，在運轉完畢後拆卸各項工具。這些成本和產量無關，但和工單的數量有關。

(3) 採購訂單成本：每下一個採購訂單，就會有訂單成本發生，這些成本包括準備訂單、跟催、急件處理、收料、付款和收付發票的會計成本。

成本與訂購次數有關。訂購次數越多，訂購的成本越高，因為訂購次數與訂購量成反比，因此，訂購次數越多，訂購成本相對地會較低，其二者的關係是呈反比。

例如：倉管人員薪資為$60,000，倉管部門的用品與作業費用為$15,000，工作站處理每個訂單的整備成本為$120，每年下的訂單數量為$2,000，其每張訂單的平均成本為：平均固定成本加上平均變動成本，等於$60,000 加上$15,000，除以$2,000 之後，再加上$120，可得到其每張訂單的平均成本為$157.5。

4. 缺貨成本

缺貨成本(Shortage Cost)是指存貨數量不能滿足需求時所產生的損失。缺貨成本通常分為「可計之有形缺貨成本」與「不可計之無形缺貨成本」，前者包括：停工待料之損失成本、延期交貨之懲罰成本與銷售損失之機會成本；後者包括：信譽損失與顧客喪失之成本。因此，缺貨的代價是昂貴的，而藉著持有較多的庫存，以因應前置時間內顧客需求大過於供給的狀況，可降低缺貨的發生。

5. 產能相關成本

當產出水準變動時，可能需要付出加班、雇用、訓練、增加班次和資遣的費用，就是產能相關成本(Production Relate Cost)。生產平準化可用來消除這些產能相關的成本。在淡季的閒置期間生產產品已被旺季時銷售，然而，如此一來也會造成存貨。

（五）物料的分類與編號

1. 物料編號步驟

物料的種類很多，使用人的腦力來記憶管理是相當困難的，因此比較有效率的方法是採用分類的方式，將所有的物料依據一定的標準來歸納區分，作有系統的編號管理。此舉具有便於物料之識別、增進物料管制之效率等功用，用物料分類編號之後，可以避免人為對相類似物料的辨識所造成的錯誤，並且利於導入電腦化作有效率的管理。

以下分為物料編號步驟、分類原則、分類的方式、編號的原則、編碼方式、資料庫之分類編號概念等幾項加以說明。

(1) 確立目標：物流中心之客觀環境採取適合措施。

(2) 設立分類編號小組：由物管及商品企劃人員組成。商品企劃人員提供產品之種類與規格，物管人員依編號之目標與原則加以分類編號。

(3) 蒐集資料：參考同業之相關資料。

(4) 研判整理資料：先做資料的分類合併。

(5) 擬定分類系統及編號方式：依所蒐集的資料，擬定分類系統與編號方式。

(6) 決定計畫及審核資料：再加以審核，並考慮是否合乎業務單位的需求。

(7) 釐定編號草案。

(8) 議決頒行，公布實施。

(9) 編印手冊，分送各相關部門。

2. **分類原則**

   (1) 一致性：即分類時依據一定之標準，大分類至小分類均依同一原理進行，以合乎邏輯上之基本原則。

   (2) 排斥性：凡歸於某類之商品，僅能歸於該類，絕不可能歸屬他類；其目的為不重複。

   (3) 完全性：所有商品均能歸入某一類別。

   (4) 漸進性：分類必須有系統地展開，使之層次分明。

   (5) 適合性：分類必須配合企業本身之需求及其所在的特殊環境。

3. **分類方式**

   (1) 一般識別用途之分類，單純為了簡化識別上的困難。

   (2) 特殊用途之分類，可分為下列三種：

      A. 成本會計上的分類。

      B. ABC 分類。

      C. 依商品是否須經常儲備做分類。

4. **編號原則**

   (1) 簡單性：編號的目的即在求簡化，故編號時應避免繁瑣，以節省操作時間。

   (2) 單一性：一種商品僅能有一個編號。

   (3) 彈性：可在不影響原有編號系統的情況之下，是依需要而自由擴展，隨時插入新編號

   (4) 完全性：所有商品均需要編號。

   (5) 組織性：所有的編號依序排列，不但可依編號查知某項商品，亦可依商品之名稱或特性查出其編號。

   (6) 充足性：採用的文字或數字應有足夠的數目來代表所有的商品。

   (7) 易記性：編號需具有暗示及聯想性，以便於記憶。

   (8) 電腦化：編號時應考慮應用電腦化管理之方使性。

5. **編號方式**

   (1) 以一個或一組英文字母來代表某項商品

   (2) 以一個或一組數字來代表某項商品。

(3) 以一組有助於記憶的文字來代表某項商品。

混合性綜合使用以上三種編號方法。

6. 資料庫之分類編號

所謂庫存單位或單品(Stock Keeping Unit, SKU)，即在生產者或流通業者於執行庫存管理或商品管理時，商品之最小分類單位。SKU 管理是現代 e 化物流管理的重要基礎方法，講究的是「一貨一號，不同包裝，方式貨號也不同，有貨一定有料號，帳料相符」的一種精確管理手法。為了配合 BOM 的庫存採購和生產線不致斷料，過去在製造廠商就非常重視此一方面之管理。在零售業的物流作業時，就經常發生同一種產品在贈品包裝時是否需另設一新貨號的問題；但是，在現代化電腦庫存的作業觀念下，除非同一種產品的原包裝和贈品包裝絕對不會同時出現在倉庫中，否則將貨號區分管理極為必要，而且可以免去用口頭溝通的疏漏所造成出貨上的錯誤。

此外，在 e 化時可利用資料庫的概念，將所有的物料編號及其相關資訊分類歸納於不同的檔案之中，再利用其中的欄位，例如：料號、供應商或規格等來做為索引，如此便能很方便的找出具有同性質的資料，對於資訊的分析及整合有相當大的幫助，例如：以材質或成分為索引，可以找出相同材質或成分的所有商品。

物料的分類與編號是為了便於存貨的管理及存量的管制，因此應由所有相關人員共同參與編訂，務求完整無缺，簡單明瞭，以提高物料管理績效。

（六）ABC 存貨管理

1. ABC 存貨管理定義

1889 年義大利經濟學家柏拉圖在從事其國內經濟變動分析時，發現國內的財富大部分為少數的富人所擁有，而這些少數人卻能夠支配並影響國內的經濟活動，此種現象即稱之為柏拉圖(Pareto)原則。1951 年美國奇異公司，首先將此想法運用於存貨管理之上，亦即考慮到在不同分量的存貨項目之中，花費相同的時間與精神是一種不經濟的作法，於是產生了重點管理的觀念。

　　ABC 存貨分類系統經由決定各物料的重要性，再依照其重要性來進行不同水準的控制。為了解決前兩項問題，大部分的公司都持有非常多種類的庫存。依照各物料的重要性來分類，可以合理的進行較佳的控制。

　　ABC 存貨分類系統通常是以年度使用來分類，但也可使用其他的標準。在存貨管理上應用此原理可發現物料的百分比和年度使用金額百分比之間，有下列型態：

(1) A 類：約有 20%的物料，占有 80%的年度使用金額，最有價值商品。

(2) B 類：約有 30%的物料，占有 15%的年度使用金額，中等價值商品。

(3) C 類：約有 50%的物料，占有 5%的年度使用金額，較無價值商品。

　　這些百分比是大約值而非絕對的數字，但是這類型的分布可以用來幫助存貨管理。

2. ABC 分析步驟

(1) 蒐集物料名稱或代碼、單價以及年度使用數量。

(2) 計算每一項物料的年度使用金額。

(3) 根據物料的年度使用金額，按照大小順序排列。

(4) 計算各項物料年度的累積使用金額以及所占的百分比。

3. ABC 管理方式

　　在管理上而言，並非每項存貨都需投入相同的心力來管理及控制，因此依存貨的價值及重要性來分類，做重點式管理是必須的。ABC 分析法提供一概略指引，用以指明產品如何按其銷售量來區分為高、中、低的等級，俾利產品存放於物流體系內各個層次上，通常 ABC 分析的管理對於產品的分類方式為：

(1) A 類產品

　　　每件產品皆作編號，每天或每週作存貨盤點，並嚴格實行管理；此外，A 類產品常被列為快速流通的產品，需要有較多的存貨，因此需置於所有的配銷中心或零售店的位置。

(2) B 類產品

　　　介於 A、C 類產品之間，予以正常、例行化的管理，並可視其狀況酌定合理的管理方式。B 類產品列為正常流通的產品，應存放於區域之倉庫及配銷倉庫。

(3) C 類產品

於月底一次處理，並減少或廢止此類的管理人員，以最簡單的方式管理。C 類產品可列為慢速流通的產品，常存放於中央倉庫或工廠倉庫。

以存貨管理的觀點而言，有時 ABC 分析會產生問題，例如生產精密機器的公司若依 ABC 分析，則一些零件可能會歸為 C 類產品，但這些零件若缺貨將使整個生產線停擺，故有些會採用美國軍方所發展出來的重要價值分析；依據重要價值分析的基本精神及對存貨項目主觀之認定，給予點數價值，可將存貨項目分成 3~4 個分類，其分述如下：

(1) 最高優先：不能缺貨之重要項目。

(2) 高度優先：必要的，只允許有限的缺貨。

(3) 中度優先：需要的，只允許偶爾缺貨。

(4) 低度優先：有需要，但允許缺貨。

重要價值分析法很明顯地比 ABC 法主觀得多，在指派價值時需特別注意，因為人們通常會傾向指定較高的優先權；因此，上列二項方法最好能相互結合，如此可互補缺點，對存貨作較合適之分類。

存貨的績效評估方法有三種衡量方式：總平均存貨價值、供應週數及存貨週轉率。

4. ABC 績效評估

從財務的觀點，存貨是資產，且代表錢被綁住而不能挪用在其他的用途上。由於存貨具有持有成本的意義存在，因此，在存貨管理的品質水準上，我們希望存貨越少越好，並且需要一些評估存貨水準的方法。一般而言，其衡量方法為：

(1) 總平均存貨價值通常表示某段期間內的存貨投資。

(2) 總平均存貨價值$=\sum_{i}$ （存貨的數量）×（存貨的單位價值）

(3) 供應週數=平均存貨成本／週銷售成本

(4) 存貨週轉率=年銷貨成本／平均存貨成本

（七）呆廢料管理

1. 呆料的確定

　　呆料即物料存量過多或用量極少，而庫存週轉率極低的物料、使用機會很小的物料，很可能不知何時才能領用，甚至根本不再有領用的可能。呆料為百分之百可用之物料，卻喪失物料原應具備之特性或功能，只能閒置在倉庫中很少動用。

　　廢料係指報廢之物料，即經過相當使用，本身已殘破不堪或磨損過甚或已超過其壽命年限，致失去原有之功能而本身無利用價值之物料。

　　由於呆廢料乃是利用率極低或已毫無利用價值之物料，因為某廢料會占用倉庫的空間，造成資金的累積及浪費，但又往往會被管理層忽視，其存在對整體物料管理的績效會造成嚴重之負面影響，故必須予以妥善的管理。以下針對呆料之確定、廢料之確定及呆廢料的處理目的與方法分別提出說明。

　　呆廢料的確定標準會依企業型態及物料本身的特性而不同，因此最好能設立如週轉率或使用期限等相關指標來協助判定。一般而言，確定呆料的方法可以先確定各種物料的週轉率，其公式以年週轉率求出物料標準儲存日數分別為：

$$週轉率 = \frac{年淨銷售量（或是淨耗用量）}{年平均庫存量} \qquad 物料標準儲存日數 = \frac{365}{週轉率}$$

　　若超過此標準日數，則可將其視為呆料。同時，可先將所有物料分為如下的六大類，再依其特性分別訂定呆料標準：

(1) 成品：一年內均未銷售者。

(2) 現場設備：庫存四個月末曾領用者。

(3) 原料：購入後三個月未使用者。

(4) 包裝材料：購入後半年內未曾使用者。

(5) 辦公設備：購入後 4 個月未曾使用者。

(6) 工具：過去 6 個月內從未借用者。

2. 廢料的確定

　　廢料之確定應該由品管人員依照該物料目前現有的狀況，衡量其是否具備當初設定的功能，或者是否已過了保存的期限，亦即是否已不能使用或者不值得用，由此來判定是否將之列為廢料。

3. 呆廢料處理的方法

為了避免呆廢料造成人力、空間浪費及資金積壓，應定期清點呆廢料，呈上級核准後，儘速處理之，如果捨不得丟棄，說不定反而會造成更大的損失。呆廢料的處理方法有以下七種：

(1) 自行再加工。

(2) 調撥給其他可用的部門。

(3) 拼修重組。

(4) 拆零利用。

(5) 贈予教育機關。

(6) 出售或交換。

(7) 銷毀。

（八）盤點

1. 盤點的定義

盤點即將倉庫內現有原物料之存量實際清點，以確定庫存物料之數量、狀況及儲位等，使實務與資訊記錄相符，以提高倉儲作業效率，並提供物管方面正確而完整的資料。在實務上，企業因常要進行物料驗收、儲存、領發料、退料及物料轉播等活動，交易相當頻繁，造成物料數量隨時都在改變，故企業實有必要進行物料盤點作業，以確保物料數量及品質能與記錄相符一致。

在盤點的功能方面，其具有以下六項：

(1) 確保料帳一致

因為企業物料種類繁多，且交易頻繁，故需藉由盤點作業來實地清點物料數量，客觀估算存貨價值，做為編制資產負債表及相關財務報表之依據。

(2) 掌控物料品質狀態

物料存放於倉庫一段時間後，有可能會因人為或倉儲軟硬設施緣故，以致物料的品質產生變異，故需盤點以有效掌控及維持物品之品質堪用狀態。

(3) 做為存量決策之依據

藉由盤點來實地了解存量管制狀況及成效，以檢討現有訂購點、最高存量、前置時間及安全存量之設定是否合理，並做為 EOQ、EPQ、及 MRP 等存量決策分析之依據。

(4) 檢討及改進現行倉儲管理作業之缺失

　　　　依照實地盤點結果，針對料帳不一致、品質不符之異常現象，以及各項倉儲管理作業之缺失，進行檢討、分析、改進及標準化，以期做為未來進行倉儲管理作業活動之準則。

(5) 減少人為疏忽及舞弊情事發生

　　　　針對實地盤點所發現缺失，了解料帳不一致是因人為疏忽或是貪汙舞弊造成，加強人員品行操守及教育訓練，並建立預警機制及安全設施。

(6) 有效預防呆廢料

　　　　藉由定期、不定期物料盤點作業，除可實地了解和掌控物料的數量及品質狀況外，並可針對存放過久物料予以適當的處理，以期預防及減低呆廢料之發生。

2. **盤點的方法**

　　盤點作業的實施相當耗時費力，但對企業而言又是物料管制上很重要的一環，因此事前的妥善規劃與人員訓練，將有助於盤點作業的順利完成。另一方面，選擇合企業本身特性的盤點制度，將有助於提高盤點的效率與準確度。

　　在實務上，物料盤點的方法可依時間、方法等不同的基準，或是依照企業本身的實際需求來區分。一般常用的盤點方法如下：

(1) 定期盤點制

　　　　在定期系統下，會以固定間隔期間，來實體盤點存貨項目，來決定要訂購多少。因此，通常會選定一特定日期，關閉倉庫，動員所有人力，以最短的時間清點現存之所有物料。

　　其優點有：

A. 對在製品的盤點較容易且準確。

B. 可利用此機會修理或保養一些平時無法修理保養的設備。

C. 全面動員，所以可以提高盤點的準確度。

　　其缺點有：

A. 停止生產，導致停工之損失。

B. 臨時抽掉人員對物料可能不熟悉，因而無法發揮預期之效果。

C. 因未定期實施，致使無法立即發現物料之損失。

D. 未能立即調整循環盤存所紀錄之物料帳目，易發生重複購入或少購入之情形。

　　對於許多公司來說，盤點存貨是非常耗時的工作，因為年度財務報表要求「準確的」評估存貨價值。然而，年度盤點有許多問題。例如：工廠通常會停機，因而損失生產量；人工和文書作業非常昂貴。由於有完成時間的壓力以免影響生產，通常盤點都是匆忙而馬虎地完成。並且執行盤點的人都不是經常在做物管的工作，容易出錯。所以盤點的結果常製造更多誤差而不是去除它們。由於上述問題，循環盤點因而產生。

(2) 循環盤點制

　　循環盤點是在整個年度內不斷地核點存貨數量的系統。每個品項都依照預先排定的計畫來清點庫存。依照個別的重要性，有些品項一年內核算很多次，而有些則不會如此。此法在盤點時不關閉倉庫，而是將倉庫分成許多區，或者依照物料之分類，逐區逐類輪流盤點；或當某類物料存量達到最低安全庫存量時，即機動予以盤點。

其優點有：

A. 不關閉倉庫，不會造成顧客缺貨之損失。

B. 專業人員負責清點，而且盤點時間充裕，因此盤點結果可能較正確。

C. 物料帳目經常保持正確紀錄，不致發生多進貨或少進貨之情況。

其缺點有：

A. 容易發生隱蔽或串通舞弊的情形。

B. 對盤點工作之準備與指導多未能確實注意，其效率可能較差。

(3) 複合盤點制

　　上述兩種盤點方法均各有其利弊，故在實務上可依照企業的特性與實際需求，綜合以上兩類取其利而去其弊，相互配合實施。

3. **盤點的頻率**

　　若是逐天核算一部分的品項，這樣下來，所有品項都必須在一定期間內依照預定清點過一定的次數。盤點頻率是指一年內核算某品項的次數。當品項的價值和交易次數增加時，盤點頻率也要增加。有一些方法可以用來決定頻率，最常使用的方法有下列三項：

(1) ABC 法

依照 ABC 系統來分類，此方法運用得非常普遍，以設定一些規則來決定盤點頻率，例如：A 類品項逐週或每月點算一次；B 類品項每兩個月或每季點算一次；C 類品項每半年或每年一次。以此為基準，可以排定二個清點的排程。

(2) 分區法

品項依照區域來分組可以提高清點的效率。此系統適用於固定位置系統之中，或是要點算在製品或運輸庫存。

(3) 存放位置稽核法

在浮動位置系統當中，貨品可能放在任何位置而由系統記錄它們的儲位，同時，也可能由於人為誤差，使得這些儲存記錄可能有錯誤；若記錯儲位，一般的循環盤點可能無法找到該物料，使用存放位置稽核，每個時段都預定好要檢查的儲位；因此，每個儲位所存的品項都要和存貨記錄核對以確認該位置無誤。

循環盤點制可以包括上列的方法。分區法最適合快速流通的品項；在浮動位置系統中，ABC 分類法和位置稽核法最適宜。

4. **盤點的標準作業程序**

(1) 制定盤點時程計畫。

(2) 凍結庫存。

(3) 列印盤點清冊。

(4) 實地盤點。

(5) 盤點實際量輸入。

(6) 盤點差異列冊。

(7) 盤差盈虧調整。

(8) 庫存凍結解除。

(9) 盤點差異分析與對策。

5. **盤點的異常分析與對策**

一般而言，盤點異常的原因不外乎記帳時看錯數字、運送過程損耗。盤點計數錯誤、容器破損流失、單據損失而未過帳、捆紮包裝錯誤及度量衡欠準確或使用方法錯誤等幾種。因此可以採用柏拉圖分析、或魚骨圖等，查明發生錯誤的原因，並尋求解決之道。

二、物流存貨模式

（一）存貨決策的定義

存貨的決策問題經常需考慮到物料移動所經過的存貨地點。一般而言，零售業者都會先保有自己的存貨，在存量不足時同時向它的供應商發出補貨需求，此時，供應商在接到零售商所發出的補貨需求時，會再向工廠發出補貨需求，同時，工廠倉庫則向製造部門發出補貨需求。在這樣一個供應鏈所形成的體系中，如果供應鏈中的任一環節缺貨，則可能延宕零售物流業者的補貨作業。

存貨管理必須考量整個供應鏈的總成本。良好的存貨決策，必須謹慎規劃存貨水準，以使得存貨成本與提供合理顧客服務水準的成本之間能夠取得平衡。良好的存貨控制可使得製造成本降低，進而提高企業對外的競爭優勢。但是，良好的存貨控制可能造成的主要問題有二：（一）何時需要補貨？（二）每次需要的補貨量有多少？

何時需要補貨？即是再訂購點；每次需要多少補貨量？即為訂購量。此時，如果補貨的時間太早或數量太多，則容易造成資金的積壓；反之，若補貨太慢或數量太少，則可能失去顧客或停工待料；因此，存量控制的目的就在於「如何以適當的成本，適時地提供適量的物料，以供生產或銷售」。

由於需求的隨機變動，以及不確定的交貨前置時間，使得規範訂購數量與訂購時點就變得相當困難；所以，訂量或訂購時點會對公司的存貨持有成本、顧客滿意度⋯等造成影響。

（二）存貨控制

存貨控制的主要問題有二，其分別為：何時需要補貨？每次需要補貨量是多少？目前，在定量訂購模式中，最常見的就是經濟訂購量(Economic Order Quantity, EOQ)，EOQ 模式係使年總成本最小化的最佳訂購量，而年總成本會隨訂購量的大小而變動。

1. 經濟訂購量

在每一種定量訂購模式中，都有其基本的假設，使得模式發展成為可能，但可能實際情況不符合假設狀況，而造成誤用的情形發生；因此，需要特別注意是否實際情況接近假設情況，以避免此情況發生。在基本訂購

量模式上，理想存貨變化情形係指將存貨線性穩定減少，當存貨量到達再訂購點時，從下訂單至收到廠商交貨這一段前置時間，存貨剛好用盡，而廠商亦剛好將訂購量送達，此時，全年存貨平均量為訂購量的一半。其公式為：

(1) 全年存貨持有成本

　　　平均存貨成本×每單位年存貨持有成本=(Q/2)×H

(2) 全年存貨訂購成本

　　　全年訂購次數×每次訂購成本=(D/Q)×S

(3) 全年總存貨成本

　　　全年存貨持有成本+全年存貨訂購成本=(Q/2)×H+(D/Q)×S

　　D=全年總需求量
　　Q=每次訂購量
　　H=每單位年存貨持有成本
　　S=每次訂購成本
　　TC=全年總存貨成本

(4) 推導經濟訂購批量

$$=\sqrt{\frac{2\times 全年總需求量\times 每次訂購成本}{每單位年存貨持有成本}}$$

$$=\sqrt{\frac{2DS}{H}}$$

2. 永續盤存系統

　　又稱為固定訂購量系統或再訂購點系統。在此系統下，透過對存貨進出的資料隨時做記錄，以精確的掌控存貨的數量；此時，若存貨水準經由使用而降低至某一水準時，就需要透過再訂購來加以補充存貨，該訂購點亦即所謂的再訂購點；同時，此時的訂購，每次都有固定的訂購量。

　　永續盤存系統的準則為，當物料被提取之後，在存貨水準低於再訂購點時，此時便必須開單訂購一固定批量的物料。

(1) 存貨水準的決定

　　　存貨水準的衡量，不僅包括庫存量(On-Hand, OH)，還必須考量在途存貨(Scheduled Receipts, SR)及欠撥量(Back Order, BO)，亦即：

存貨水準=庫存量+在途存貨+欠撥量

IP=OH+SR+BO

(2) 再訂購點的決定

為確保再訂購點能應付前置時間內的需求，其公式為：

再訂購點=前置時間內的平均需求量+安全存量

ROP=DL+B

3. 定期盤存制

定期盤存系統，又可稱之為固定期間再購系統或週期性再購系統，在此系統中，可以定期且非連續的盤物料的存貨。每一次盤存時，可以先下一個新的訂單，且其訂貨期間是固定的，但是，每一盤存時間的總需求是變動的；在該系統中，訂購量每一次都不一樣，而其數量決定於目標存貨與存貨水準的差距。目前，在國內一般超商、超市的訂購系統即是以該系統為主要的盤點制。

4. 兩種系統的異同與優劣

比較兩個基本的存貨控制系統，可以比對出這二個系統的特性，以了解不同的經營業態適合哪種型態。

永續盤存制是固定量，而定期盤存制則每次訂購量因存貨部分而異。就訂購量而言，永續盤存制，其訂購是較不定期且固定的。對於存貨記錄的保存，永續盤存是即時更新，定期盤存制則非即時，永續盤存制所需存貨較定期盤存制為少。其可整理如下：

表 4-1　永續盤存系統與定期盤存系統之比較

特性	永續盤存系統	定期盤存系統
1.訂購數量	固定	變動
2.訂購時點	當存貨量隨到再訂購點	當檢查期間到達
3.記錄保存	任何時間的收發記錄	在檢查時記錄
4.存貨數量	存貨數量較少	存貨數量較少
5.存貨項目形式	A 類，價位高或重量要的存貨項目	C 類，價值較低的存貨項目

資料來源：作者整理

在一般情況下，定期訂購模式會持有較多的存貨，為何還要使用定期訂購模式呢？它的理由是，在一般情況下，使用定期訂購模式是非常符合實際情況的，在一些個案裡，供應商的政策可能鼓勵定期訂購；即使情況並非如此，供應商集體採購某些貨品，則可省下運費；再者有些情況並不適合持續監督存貨水準，許多零售商，例如：藥房、小雜貨店…等，由於貨品種類太多，以致盤點困難，它們可做的選擇便是採用僅需定期檢查存貨水準的定期訂購。

（三）物料需求規劃

物料需求規劃(Material Request Planning, MRP)的初步構想是於 1970 年由美國 Joseph A. Orlicky, George W. Plossl 與 Oliver W. Wight 三人於美國生產與存貨管制協會第十三次國際會議上所提出，其發展至今 MRP 在結合資訊科技的應用，已經成為低成本的存貨管制資訊系統，它是一種存貨管制和排程的雙重技巧，為生產規劃控制系統中存貨管制的一種。

基本上，MRP 系統是從毛需求到淨需求的一連串計算過程，由主生產排程及其他物料需求，配合產品結構和存貨狀態，經過 MRP 系統運作，可以排定出所需物料的採購單，所以 MRP 的目的是計算物料的需求，並建議何時、何種物料該發出多少數量的補充訂購量，以符合真正的生產需求。

1. 主生產排程

在 MRP 的投入項目中，主生產排程(Master Production Schedule, MPS)最主要的，它是 MRP 的源頭，也是整個製造計畫與製造系統的開端。主生產排程式是對最終產品的需求依時間面來排定製造進度的計畫表，它考慮所有的需求項目，例如：顧客訂單、銷售預測、服務性零件的需求和其他相關廠的需求，並加上公司的政策和目標等因素，同時衡量本身和供應商的產能，而排定一個工廠何時該生產何種數量的何種產品。

2. 物料清單

物料清單是一種記錄產品結構，包含：生產與裝配產品的所有配件清單，它是用來描述一個產品是由哪些原料、零組件、半或品所裝配或組合所形成？包含每一種原料、零組件和半成品所需的數量及彼此之間的從屬關係。

MRP 的物料需求可分成獨立需求及相依需求。所謂相依需求係由物料需求規劃加以計算而得，例如：最終產品所用的次裝配件或零組件，就是

典型的相依性需求。對次裝配件或零組件的需求數量,是由生產計畫的產品數量來決定的。

相依需求可分成水平及垂直需求,零件對其父層是垂直的關係,但是元件可同時和其他元件有相依關係(水平相依)。若一個元件將有一星期的延遲,則最後組裝也將產生一星期延遲,其他元件在延遲這段時間皆無需求,此時依賴是相依性也稱做水平相依;當一零件有延遲或短缺,計畫者必須考慮水平相依,之後其他零件將重新安排。

獨立需求的項目,包括最終產品、維修用零件…等,由於獨立需求與高階貨品需求直接衍生而來,而物料需求規劃可被計算其相依需求。

3. 物料狀態

物料狀態是指提供 MRP 即時的存貨狀態,其包含:

(1) 現有庫存量。

(2) 已開出訂單量。

(3) 毛需求量。

(4) 淨需求量。

(5) 計畫開出訂單。

物料需求規劃處理過程又稱需求的發展,父項的計畫發出的訂單就成了子項的毛需求,而當父項需求的時機,子項就必須要能滿足父項的需求,換句話說,它是從主生產排程(MPS)起,透過一階又一階存貨記錄的聯繫,一直展開到各階子項的計算。

一般而言,MRP 應用在製造業中的生產模式時,包括了:

(1) 較低的在製品存貨。

(2) 提供追蹤物料需求的能力。

(3) 可評估主生產排程的產能需求。

(4) 安排生產時間。

不過這些優點都需要建立在正確性極高的輸入資料、確實執行的態度、精確的更新主排程錄、物料單及存貨記錄和檔案資料的完整性…等;因此,如何維持生產模式中間性與一致性,攸關 MRP 實行成功與否的關鍵。

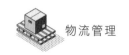

（四）及時化系統

及時化(Just-In-Time, JIT)，這句話的創始人是在 1945 年時擔任豐田公司總經理的豐田喜一郎，這是他個人的理想，同時，由大野耐一將其實踐於生產現場上。及時化的意思是指物品在必要的時間內，要做出必要的數量，其目的在於徹底消除浪費，以減少不必要的庫存、來增加資本週轉率，以提升企業的利潤。

及時化是物流管理系統的重要項目，因為其主要目的在於徹底消除浪費及降低供應鏈成員間的供應物流庫存，生產物流之庫存和銷售物流的庫存與物流管理的目標極為一致。因此，及時化係指在供應鏈成員間，從原物料、零組件供應商的交貨及半成品、製成品…等在製造過程中的移動，均應合其最適需求，亦即，協力廠商必須將零組件在必要的時間內，運送必要的數量到組裝工廠供應生產所需。

及時化原則在原物料和供應鏈的管理工作上，其四大重點為：

1. **穩定的排程**：製造商提供先進的生產排程給供應商，使供應商至少保有足夠的製造前置時間。

2. **有效的溝通**：製造商與供應商之間必須建立有效的溝通管道及交易的流程系統，例如：電子資料交換、無紙化作業系統…等。

3. **協調性的運輸**：遠距離的供應商可與鄰近的供應商做合併運送，以執行有效的及時化系統；同時，使之形成供應商運送網，以達到減少庫存的目標。

4. **品質管制**：及時化物流係用以執行物流品質管理，使供應商能執行品質檢查與保證零缺點生產的品質管制系統，同時，供應商也會過濾一些瑕疵品，以減少在製品的品質。

對於及時化物流與傳統物流的不同點，最主要在於不同的供應商與顧客之間，由以往的對抗交易處理變成彼此互信、互賴的夥伴關係，使得供應商與顧客之間的關係做了根本的改變，亦即供應商對顧客要有服務的承諾，顧客對供應商的依存度也隨之增加，兩者互為夥伴關係、彼此互相信任與尊重。

（五）推式與拉式的供應鏈模式

1. 推式系統與拉式系統

在傳統的生產環境中是採用推式系統(Push System)來進行運作，當作業在一個工作站完成之後即將產出往下一站推進；或是在最後的作業之後，將它完成並完成進行交貨。相反地，在拉式系統中(Pull System)，作業的控制是在下一個工作站；當每個工作站有需求時，則向前一工作站拉其產出，而最終工作站的產出，則是由顧客需求或主生產排程拉出；因此，在拉式系統的工作移動是來自製程中的下一站需求；反之，在推式系統中，當工作完成後即往下一站移動，未考量下一站是否準備就緒。在一般工廠的生產系統中，最典型的即屬單廠型態的生產系統；而典型的單廠型態的生產系統則為 JIT 生產系統。在個典型的拉式單廠生產模式，以「看板制度」和「及時化」的哲學為基礎，利用看板累積當作再訂購點的設置，當看板累積到特定數量時，再送往後製程進行取料。

2. 推式與拉式為基礎的供應鏈模式

一個典型的推式供應鏈模式係以「推式」為基礎的供應鏈，其生產預測是以長期的預測為基礎。通常製造商會從零售商那裡收到的訂單來預測顧客需求，所以一個以推式為基礎的供應鏈會花較長的時間反應市場的變動，這也將導致下列的情形發生：

(1) 沒有能力去滿足變動的需求型態。

(2) 當某些商品的需求消失時，供應鏈存貨會過時。

(3) 產品運送時間會延長。

(4) 較適合多量少樣化的產品生產。

此外，若從零售商與配銷中心所收到的訂單變異性大於顧客需求的變異性，則會產生長鞭效應。一個典型的拉式供應鏈模式或以拉式為基礎的供應鏈中，生產是以需求為導向，因此生產是以實際顧客需求，而非以預測資料為依據。為達成上述目標，供應鏈採用快速資訊流動機制來傳輸顧客需求給生產設施，例如：POS 系統裡的資料，以求能在最短時間之內將顧客需求傳達給供應鏈後端，而供應鏈後端的成員，為了配合前端的需求訂購，也必須要準備存貨，以達到能在最短的時間內快速反應並滿足採購，因此，這將導致下列的結果：

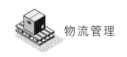

(1) 由於這些設施的存貨水準會隨前置時間的降低而減少，使得零售商的存貨會減少。

(2) 其他成員因為要應付即時反應，所以必須要預留存貨，故成員內的存貨會增加。

(3) 因前置時間減少，使供應鏈系統的變異性減少。

(4) 可以增加產品的彈性與變化，較適合多樣少量的產品。

（六）供應商管理存貨

1. 供應商管理存貨的近況

　　供應商與零售商兩個各別個體之間，由於過去在存貨規劃上缺乏溝通，未能分享彼此的成本及需求資訊，往往就發生了資訊不對稱的現象。最常見的問題，就是供應商往往在最後關頭才會接到下游零售商的緊急訂單，所以必須倉促去處理這截止時間相當短的訂單，而最壞的狀況，就是無法及時供貨造成彼此雙方的損失。

　　有鑑於此，近年來發展出了 EDI(Electronic Data Interchange)系統，供應商與零售商可藉由 EDI 系統，彼比來分享資訊以改善存貨、配送、訂購、甚至是缺貨方面的問題；此外，EDI 系統也衍生出了成本移轉的問題。因為有了 EDI 系統，使得供應商與零售商之間存在著資訊分享的機制，也由於有了這機制，所以使得零售商認為所有的存貨成本及運送成本都應該歸於供應商成本。基於這個觀點，所以逐步發展出了 VMI(Vendor Managed Invent)系統，也就是說供應商該如何去極小化它的運送成本加上訂貨與缺貨的成本。

　　VMI 是一種決策支援系統，即供應商對每個下游零售商提供每期銷售預測，並提供適當數量給零售商，這種系統可以幫助供應商及下游各個零售商來共同建立自已想要達成的顧客服務水準和存貨週轉率目標。其機制為供應商接收到下游顧客的銷售資料及現在的存貨水準後，再依據預先制定的存貨水準來補充下游顧客的存貨；因此，供應商可以安排其物料運送、建立生產排程，並且能減少其訂購單數量及次數以滿足供應商本身在運輸和存貨上的需求，同時，VMI 所展現的是供應商及其下游顧客間的一種合作關係，它可以降低人工作業的成本、最適化的產品運送數量及保持較高的服務水準。

2. 供應商管理存貨模組

　　VMl 系統作業流程主要分為兩個模組，第一個是需求計畫模組用以協助供應商做庫存管理決策，以準確地預測訊息協助供應商在決定銷售產品的種類、銷售對象、產品的售價及銷售時機之決策參考；第二個是配銷計畫模組係以有效的庫存量管理，利用 VMI 配銷計畫模組可以比較庫存計畫和實際庫存量，並得知目前庫存量能維持多久，所產生的補貨計畫是依據需求預測模組得到的需求預測與批發商的補貨規則，例如：最小量、訂購量、配送前置時間、安全庫存、配送規則…等。至於補貨配送方面，VMI 可以自動產生最符合經濟效益的建議配送策略，例如：運送量、運輸工具的承載量及配送時程。

　　此外，VMI 亦可使用 EDI 讓供應商與經銷商彼此交換資料，內容涵蓋有產品活動資料、計畫時程及預測資料、訂單確認資料、訂單資料…等。藉由資料的交換，VMI 產生了補貨的作業，其補貨的過程為：經銷商在每一固定期間送出正確的商品活動資料給供應商，供應商接收到經銷商傳送的商品活動資料並對此資料與商品的歷史資料利用統計方法來作預測，再根據市場情報、銷售情形適當的對預測作調整。供應商按照調整後的預測量加上補貨系統預先設定的條件、配送條件、客戶要求的服務等級、安全庫存量…等，產生最有效益的訂購量。接著供應商根據現有的庫存量、已訂購量產生出最佳的補貨計畫，再藉由自動貨物裝載系統計算得到最佳運輸配送。供應商將根據以上得到的最佳訂購量，在供應商內部產生經銷商所需的訂單，產生訂單確認資料後傳送給經銷商，並通知經銷商補貨。

　　構成 VMI 有下列兩個主要的因素，其分別為：

(1) EDI：供應商經由 EDI 來制定出貨時間、出貨數量及產品前置時間給下游廠商，下游廠商則透過 EDI 將銷售資料傳送給供應商。

(2) 信任：供應商信任下游回傳的銷售資料是否正確，進而根據這些資料來調整生產排程及出貨時間、數量；下游信任供應商會自動完成貨物補充以滿足需求。

3. 決策支援系統的效益

　　供應鏈管理最重要的不外乎是降低存貨成本及提升顧客服務水準兩方面，然而，要達到目標，必須透過決策支援系統的輔助。其可分述如下：

(1) 降低成本

　　需求是變化無常的，這對於供應鏈是一個主要的問題，且會影響到顧客服務和存貨成本，造成管理上的錯誤決策而產生存貨過多或是缺貨等現象，透過 VMI 可以讓補貨週期縮短、並提高補貨頻率，進而降低每次補貨批量，使供應商有較平滑的需求，以避免過多存貨積壓，以降低存貨成本。

(2) 改善服務

　　一般情況，當零售商發現庫存不足時才向上游下訂單，在時間上的延遲可能會造成缺貨而失去銷售的機會，更重要的是顧客服務水準也同時降低，這是業者最不願見到的損失。不過，當使用 VMI 時，供應商可獲得正確的需求資訊，在判斷零售商的存貨已接近一定水準時，即進行補貨動作，以達到適時且適量的配送行動，可避免零售商產生缺貨現象。

4. VMI 與 CRP 的比較

　　在供應鏈的觀點下，所有廠商的努力就是要達到顧客滿意的目標，其包括原料提供、加工、配送…等。廠商藉由彼此合作，以在最短的時間內將產品完成，並送交到消費者的手中，以提升整體的效率，並減少不必要的存貨堆積及成本浪費。

　　為達到上述目標，開放資訊分享是必要的手段。若是上下游廠面不將資訊公開透明化，其最後的結果就是產生長鞭效應；由此可知，上游廠商若對下游、銷售訊息有所了解，將有助於其規劃，以對下游廠商做出最有效的分配，以提升整體的服務水準。同時，為求資訊的彼此分享，上下游廠彼此制定了許多協調機制，其中成效較佳的有持續補貨系統及供應商管理存貨系統。

　　持續補貨系統的執行目標在於配銷通路成員間的合作關係運作，這計畫改變了傳統的補貨流程，在過去大多使用配銷商來決定採購的數量通常以經濟訂購量為主，但現已轉變為以實際預測需求來決定補貨數量。

第二節　倉儲管理

一、倉儲管理的定義

　　儘管電子商務、供應鏈整合、有效顧客服務、快速回應、及時供應不斷地發展，若去除倉儲，那麼連結製造商到最終顧客的供應鏈將無法有效協調一致。

　　倉儲管理即針對倉庫儲存業務活動之管理。倉儲管理不僅要求妥善保管，如各種物料分類堆置整齊，更應確保料帳之一致性，提供採購及計畫管制之運用，使能有效規劃採購之項目時機與數量，並能及時清理不適用之呆廢料，減低物料費用，達成有效之供應。

　　倉儲為企業活動中，「物」的流動過程中之重要調節中樞，因為它必須及時供應生產所需的原料及器具之支援，使生產活動順遂。不良的倉儲管理將導致人力、物力、財力之巨大損失。因此，良好的倉儲管理，必須具備下列功能：

1. 節省人力、設備及時間。

2. 空間能有效利用。

3. 維護儲存物料之良好品質。

4. 維護儲存物料數量之正確性。

5. 倉儲位置及通道有效率的規劃，以提升物料進出速度。

6. 具危險性之物料，能有效的隔離，並有適當之保護裝置。

二、倉儲作業

　　一般而言，倉儲作業可分為下列五項作業，分述如下：

（一）進貨入庫作業

　　當有存貨品項要入庫時，入庫進貨管理員即可依據通知單據上預定入庫日期，做入庫作業排程、入庫站臺排程，而後於商品入庫當日，當貨品進入時做入庫資料查核、入庫品檢，查核入庫貨品是否與採購單內容一致，當品

項或數量不符時即做過當的修正或處理，並將入庫資料登錄建檔。入庫管理員可依一定方式指定卸貨及棧板堆疊。對於由客戶處退回的商品，退貨品的入庫亦經過退貨品檢、分類處理而後登錄入庫。

　　一般商品入庫堆疊於棧板之後有兩種作業方式，一為商品入庫上架，儲放於儲架上，等候出庫，需求時再予以出貨。商品入庫上架由電腦或管理人員依照倉庫區域規劃管理原則或商品生命週期等因素來指定儲放位置，或於商品入庫之後登錄其儲放位置，以便於日後的存貨管理或出貨查詢；另一種方式為直接出庫，此時管理人員會依照出貨要求，將貨品送往指定的出貨碼頭或暫時存放地點，在入庫搬運的過程中由管理人員選用搬運工具、調派工作人員，並做工具、人員的工作時程安排。

（二）庫房管理作業

　　庫房管理作業包含倉庫區的管理及庫存數量控制。倉庫區的管理包括貨品於倉庫區域內擺放方式、區域大小、區域的分布等規劃；貨品進出倉庫的控制遵循先進先出或後進先出；進出貨方式的制定包括：貨品所用的搬運工具、搬運方式；倉儲區儲位的調整及變動。庫存數量的控制則依照一般貨品出庫數量、入庫時間等來制定採購數量及採購時點，並做採購時點預警系統。訂定庫存盤點方法，於一定期間印製盤點清冊，並依據盤點清冊內容清查庫存數、修正庫存帳冊並製作盤虧報表。

（三）補貨及揀貨作業

　　由客戶訂單資料的統計，即可知道貨品真正的需求量。而於出庫日，當庫存數足以供應出貨需求量時，即可依據需求數印製出庫揀貨單及各項揀貨指示，做揀貨區域的規劃布置、工具的選用、及人員調派。出貨揀取不只包含揀取作業，更應注意揀貨架上商品的補充，使揀貨作業得以流暢而不致於缺貨，這中間包含了補貨水準及補貨時點的訂定、補貨作業排程、補貨作業人員調派。

（四）流通加工作業

　　商品由倉儲（物流中心）送出之前可於倉儲（物流中心）內做流通加工處理，在物流中心的各項作業中以流通加工最易提高貨品的附加值，其中流通加工作業包含商品的分類、過磅、拆箱重包裝、貼標籤及商品的組合包

裝。而欲達成完善的流通加工，必須執行包裝材料及容器的管理、組合包裝規則的訂定、流通加工包裝工具的選用、流通加工作業的排程、作業人員的調派。

（五）出貨作業處理

完成貨品的送取及流通加工作業之後，即可執行商品的出貨作業。出貨作業主要內容包括依據客戶訂單資料印製出貨單據、訂定出貨排程、印製出貨批次報表、出貨商品上所需要的地址標籤及出貨檢核表…等。由排程人員決定出貨方式、選用集貨工具、調派集貨作業人員，並決定所運送工具的大小及數量；由倉庫管理人員或出貨管理人員決定出貨區域的規劃、布置及出貨商品的堆置方式。

三、倉庫的類型

（一）倉庫的型態

倉庫的方式約可區分成公用倉庫、自有倉庫及物流中心三大類。其分述如下：

1. 公用倉庫

公用倉庫是指租用一個儲存空間提供給其他公司做實體配銷之用，它包含接收貨品、出貨及儲存。採用公共倉庫通常都是屬於季節性產品及數量較少的商品，因為其產品需求較少且不穩定，此時，利用公用倉庫可以節省成本支出；同時，公用倉庫可以提供空間倉儲並支援系統的服務，這項服務較具彈性，因為承租人只需支付其所使用的空間與服務的費用。

2. 自有倉庫

自有倉庫是指公司自行提供儲存公司本身產品的場所。自有倉庫可能是租用或購買的方式取得，大部分採用自有倉庫的公司都是屬於連鎖經營的商店，因為其對產品分類及儲存量的需求都比較大，因此，採用自有倉庫的方式在成本及效率上較能符合需求；同時，自有倉庫提供使用者較多的控制能力。

3. 物流中心

物流中心(Distribution Center)是一個大型的倉庫儲存中心,它從商品供應者手中收到商品,再根據產品分類儲存,以便收到訂單時對產品的提供能更有效率。物流中心通常是一個大型建築物,它適合流通性高的產品,藉由運輸網路及自動化的服務,增加服務的效率。

這裡所謂的倉庫(Warehouses),包含工廠庫房(Plant Warehouses)、區域性庫房(Regional Warehouses)及當地倉庫(Local Warehouses)。這些倉庫能為供應商、中間商(例如批發商)或公共倉庫所擁有或管理,後者對一般大眾提供倉儲的服務,其中包含空間的提供及庫存的服務,某些倉儲服務業者專精於特定的貨品存放及服務,冷凍倉儲即為此型服務的例子。

倉庫或物流中心是原物料、半成品或成品所存放的場所。從物流的角度來看它們代表了處於物流的中間過程,而有了成本的發生。貨品只有在它們藉由存放而產生利益時才進行存放作業。物流中心是用前倉儲系統的潮流,它以電腦化的系統來管理大量的產品,以提供最佳的專業服務。

(二)倉庫的角色

倉庫有運輸整合(Transportation Consolidation)、產品混合(Product Mixing)及庫存服務(Service)三個角色。

1. 運輸整合

如同以上所述,運送成本可藉著倉儲的應用而降低,這可藉著將小批量的零擔貨件(Less-Than-Truckload, LTL)運送或整合成大批量的整車貨件(Truckload, TL)運送而達成。整合的作業可在貨物的供應及配送系統中發生。在實際的供應系統中來自數個供應商的零擔貨件(LTL)在整合成整車貨件並運送至工廠之前可先在倉庫中進行整合作業。在實際配送系統中,整車貨件(TL)可直接運送至遠距離的倉庫,而零擔貨件(LTL)則運送至當地使用者。在配送系統的運輸整合有時候又稱為拆裝(Break-Bulk),代表整車貨件的貨品自工廠送至物流中心後將被拆裝為零擔貨件送至當地的市場。

2. 產品混合

運輸整合所帶來的是運送成本的降低,而產品混合所面對的是倉庫如何以最經濟的方式將不同品項的貨整合成同一筆訂購批量,當客戶下訂單後,它們通常包含了不同位置的工廠所生產的不同產品組合。如果沒有物

流中心，客戶將向每一個不同廠商下訂單，並且必須對每一個零擔貨件的產品支付運費；有了物流中心，下的訂單及貨品的運送則由物流中心處理。

3. **庫存服務**

物流中心是藉由提供地利之便來改善對顧客的服務，使貨品可以更靠近市場，且對市場需求的服務也因此更加迅速。

四、進貨作業

有效的進貨方式可以讓進貨作業更加順暢，這些方式可以簡化物料進貨流程，讓所需的工作量降到最低。在物流工作中，要減少工作量、錯誤率、時間花費及意外發生，最好的方式就是要減少處理的作業步驟。以下說明世界級物流進貨方式，包括了以下五大類：

（一）直接出貨

對有些物料而言，最好的進貨方式就是「不要進貨」。「直接出貨」(Direct Shipping)便是由供應商直接將貨運送到顧客處，不經過倉儲。如此一來，進貨端原本需要的人力、時間，以及設備等資源的使用通通都節省下來了，而可能的錯誤與意外就根本沒有機會發生了。

若某種訂單經過證明可以使用直接出貨，就應該要多加運用。一般來說，可以使用直接出貨的包括了大型物品、顧客特製品項、以及整車貨運以上的貨品訂單。舉例來說，一家大型運動器材郵購廠商便將所有的獨木舟與帳棚以直接出貨的方法處理，而不經由中央物流中心進行運送。食品業也常使用直接出貨的方法。有越來越多的食品及消費品製造商直接下訂單給工廠，並由工廠直接出貨到零售點。

（二）越庫作業

越庫作業(Cross-Docking)的先驅者為 Mal-Mart，其係指本身並未真正將物品儲放在倉庫，其將從供應商來的不同商品，分成小批量並快速裝載到欲運送的卡車上，以減少儲運作業所造成的時間成本及人力成本。

當物料不能直接進行貨運時，另一個選擇就是使用越庫作業，其重點為：

1. 貨品由供應商運送到倉庫。

2. 貨品按照外部訂單的順序分類整理。

3. 完成外部訂單後直接運送到外部運輸的裝貨碼頭。

4. 不需要進貨步驟或查核運作。

5. 產品不需要儲存在倉庫中。

　　在執行大量越庫作業時，有幾項裝載及溝通的條件必須要注意，其分述如下：

1. 每個貨櫃及產品都必須要能以條碼或無線電頻率設備進行辨識。

2. 越庫作業的裝載必須安排在物流中心的排程裡，並且自動指派到對應的出貨碼頭去。

3. 要進行越庫作業的內部棧板與貨箱，每個只能包含一種存貨持有單位，或是依照目的地先行重組，以減少貨品整理的需求。

　　除了一般的訂單流程外，待補訂單、特殊訂單以及轉定訂單都非常適合使用越庫作業，因為這些訂單都必須以最快的速度處理，內部商品已經預先包裝、並依顧客需求進行包裝標示，直接送至最終顧客手上這些貨品不一定需要與顧客其他訂購的產品整合在一起運送。

（三）進貨排程

　　使用越庫作業必須搭配順暢的內向運輸裝載工作的安排，才能符合外部運輸的步調。因此，要讓碼頭、艙門，人員、物料設備等進貨資源能均衡使用，也需要有相當的排程能力，並將較為費時的進貨商品移到離峰時段進行。透過網際網路、電子資料交貨、傳真等電子工具，公司有更大能力取得內外部運輸的排程資訊。以上資訊可以用來進行進貨排程，並且提供預先出貨通知的資訊。

（四）預先進貨作業

　　在進貨的過程中，大部分的時間通常花在儲位的指定以及產品確認等作業上。事實上，這些資訊可以透過電子資料交換連結，或以傳真方式預先由供應商處獲得；有些甚至可以在一張卡片上讀取這些進貨物品的資訊，讓進貨碼頭可以即時收取資訊。裝載物內容也可以使用無線電頻率標籤來傳送，

讓各大高速公路、進貨碼頭、升降機及運送等待處的設備都能讀取資訊以便預先掌握進貨細節。

（五）收據文件準備工作

我們在進貨時有最多的時間可以準備出貨，等到接收顧客訂單之後，我們就沒有多少時間準備了。因此，在進貨時可以先行處理的都應該先完成。應該先完成的工作包括：

1. 預先包裝：在揀貨過程中，整箱的貨品揀貨也比拆箱揀選來的簡單；整車貨櫃也比零星棧板堆疊貨品還要有效率；這樣「化整為零」的出貨方式，不但我們比較輕鬆，客戶在進貨時也比較方便。

2. 裝置及黏貼必要的標籤及標示牌。

3. 測量體積及重量作為儲存及運輸規劃之用。

在貨物進入進貨碼頭時，便應該預先測量物品的體積及重量，以作為倉儲設計及操作設計的參考依據。

五、揀貨作業

在物流中心內部作業中花費人力最多，且成本最高的就是揀貨作業。根據統計，一件商品最後售價的 30%是來自於物流的成本費用。而從物流的成本結構分析得知，其中揀貨成本約占了 40%，此外揀貨作業之直接相關人力的投入，亦約占了整個物流中心投入人力的 50%左右。在整體物流中心的作業時間當中，花在揀貨的時間亦占了大約 30~40%；由此觀之，不論從成本、人力，或者是時間的角度來分析，都顯示了揀貨作業的重要性。

「揀貨」，是在正確的數量下選擇正確的貨品，要在有限的時間內迅速、正確的集結客戶之訂購內容，以縮短客戶從下單到收取貨品的週期時間，同時能降低其相關的作業成本。

（一）揀貨程序

由實際的作業情形可將揀貨作業的過程概分為下列四個部分：

1. 揀貨資料的形成。

2. 行走或搬運。

3. 揀取。

4. 分類與集中。

由上述四個過程中，可了解在揀貨作業中所耗費的時間可分為以下五大部分：

(1) 訂單資料處理，形成揀貨指示所需的時間。

(2) 揀貨人員依揀貨指示行走至物品放置處與揀取完後搬運行走至暫存區所需的總行走時間。

(3) 揀貨人員依揀貨指示行走至物品放置處與揀取完後搬運行走至暫存區所需的總行走時間。

(4) 當依揀貨指示走至儲位附近後，找尋正確的儲位所需時間。

(5) 當找到正確儲位後，依揀貨指示揀取所需數量及做確認所需的時間。

揀取完後，若是採批量揀取，則需依客戶訂單別加以分類整理；訂單別揀取則不需分類。依客戶訂單揀取完後或分類後，再依車趟次、路線別加以分區集中暫存。上述為分類與集中作業總共所需之時間。

此外，完成一個揀貨動作其時間之長短，基本上，是由三方面來決定：

1. 尋找貨品位置的時間。

2. 揀取貨品的時間。

3. 取貨來回移動的時間。

同時，欲提升揀貨作業的效率，則有賴於如何減少貨品尋找及來回搬運之時間。

（二）揀貨作業的策略與方法

揀貨作業的策略與方法，一般可分成訂單別揀取、批量揀取、彙整訂單揀取與複合揀取。

1. 訂單別揀取

其又稱「傳票出庫或標籤出庫」，亦俗稱「摘取式揀取」。這種作業方式是針對每一張訂單，作業人員在巡迴倉庫內時，將顧客所訂購的商品逐一由倉儲中挑選出集中的方式，其為較傳統的揀貨方式。

其優點如下：

(1) 作業方法單純。

(2) 訂單處理前置時間短。

(3) 導入容易且彈性大。

(4) 作業員責任明確，派工容易、公平。

(5) 揀貨後不必再進行分類作業，適用於大量少品項訂單的處理。

缺點如下：

(1) 商品品項多時，揀貨行走路徑加長，揀取效率降低。

(2) 揀取區域大時，搬運系統設計困難。

(3) 少量多次揀取時，造成揀貨路徑重複費時，效率降低。

2. 批量揀取

俗稱為「播種式揀取」，其係把多張訂單集合成一批次，依商品品項別將數量加總後再進行揀取，之後依客戶訂單別作分類處理，批量揀取的優點有：

(1) 適合訂單數量龐大的系統。

(2) 可以縮短揀取時行走搬運的距離，增加單位時間的揀取量。

(3) 要求少量，其配送次數就會越多，批量揀取就越有效。

其缺點為對訂單的到來無法做及時的反應，必須等訂單達一定數量時才做一次處理，因此會有停滯的時間產生；亦即，只有根據訂單到達的狀況做等候分析，決定出適點的批量大小，才能將停滯時間減至最低。

3. 彙整訂單揀取

其主要是應用在一天中每一訂單只有一品項的場合，為了提高輸配送的裝載效率，故將某一地區的訂單彙整成一張揀貨單，做一次揀取之後，集中捆包出庫，其亦屬於訂單別揀取方式的一種。

4. 複合揀取

複合揀取為訂單別揀取與批量揀取的組合運用；依訂單品項、數量及出庫頻率，決定那些訂單適於訂單別揀取，那些適合批量揀取；一般而言，採用「批量揀貨（播種方式）」的先決條件是「每天揀取的品項數需少於每天揀取的訂單數」，否則揀貨效率反而不如「訂單別揀貨方式」。

此外由於撿貨作業是由倉儲、運搬設備及資訊設備所組成的。因此，若依採用的揀貨設備特性來做區分，可分下列兩類：

(1) 人工揀貨

完全採用人工方式，不藉由其它自動化設備的輔助，例如：傳統的看單揀貨、貼標揀貨…等。

(2) 半自動化

此種設備需藉由人力的輔助操作，以達揀貨作業的進行。此外，依照人與設備間的互動關係，可區分為以下三種：

A. 人就物

物品放置固定不動，揀貨人需至物品放置處將物品揀出的作業方式，例如：電子標籤輔助揀貨系統、揀貨台車、掌上型終端機揀貨…等。

B. 物就人

此種設備的作業方式與人就物相反，揀貨時作業者只需要停駐在固定位置，等待揀貨設備將欲揀取之物品運至面前的作業方式，例如：水平式或垂直式旋轉料架、自動倉儲…等。

C. 全自動化

由揀貨設備機械自動負責，無須人力的介入即可完成揀貨作業，例如：自動分類機、A 型自動揀貨機、自動揀貨流利架、揀貨機器人…等。

（三）人工揀貨方式

1. 揀貨單據

此種揀貨方式為最傳統的揀貨方法，揀貨人員依據資訊管理系統所列印出的揀貨單(Picking List)或出貨單(Shipping List)，一次揀取一張或多張訂單，自由地行走於貨架間進行訂購貨品的揀取。揀貨人員必須憑藉著對揀貨區儲位熟悉的記憶，並按單據上的資料進行作業。而其中都可因人員對於揀貨資料的誤讀，不論是品項或數量，而使揀貨的正確率降低，特別是隨著人員作業時間的加長而越低。

此傳統的揀貨方法可能較適用於每日訂單數不多，或者是所謂的少樣多量的出貨型態上。此外，在揀貨單的設計上亦儘量以能讓揀貨人員易於辨識為原則。

2. 貼標揀貨

此種揀貨作業是於揀貨前先針對訂單的訂購品項按需求數量印出等量的標籤,亦即一件或一箱貨品即印出一張標籤,一張客戶訂單的標籤數即等於該張訂單的總揀貨件數。此外標籤上已載明相關的揀貨訊息與客戶資訊,揀貨人員以此取代揀貨單以水平揀貨,揀取一件貨品即以一張相對應的標籤貼上,一方面可以標籤上的資訊與揀取的貨品作比對確認,另一方面當該訂單的標籤全數黏貼完畢,即表示完成該訂單的揀貨作業,而該訂單於總件數的正確性則可依此作某一程度的精確控管;然而,此種揀貨作業較適用於揀貨單位為箱的出貨型態。

(四)揀貨路徑政策

在現行的揀貨作業中,除了少數的自動化設備被運用外,大多數仍以人工配合簡單的搬運設備,如台車、籠車等為主;因此,揀貨路徑規劃的運用適當與否,往往也影響揀貨作業時間的長短,揀貨路徑政策分述如下:

1. 穿越政策

揀貨員從走道一端進入,另一端離開。當走道寬度為 2.1 公尺以下的超窄道時,揀貨人員可同時揀取通道兩側儲架上的商品;反之,若為寬通道,則揀貨人員必須經常橫跨通道,所經過路徑之軌跡類似 「Z」字型,亦稱為 「Z型穿越政策」。

2. 分割穿越政策

揀貨員從通道的一端進入,由另一端離開後,再次進入通道內部。這種揀取政策通常是先揀取同一邊儲架上的商品,待下次進入通道時再揀取另一邊儲架上的商品。

3. 迴轉政策

揀貨員從通道的一端進入,完成揀貨作業時由通道進入端的同一端離開。

4. 分割迴轉政策

此種揀貨政策是將通道分成前、後兩部分(不一定以中點為分界),揀貨員先對前半部區域採用迴轉政策,然後再對後半部區域採用相同的揀貨政策;通常,此種揀貨政策必須要搭配一穿越政策或是分割穿越政策才能完成。

5. 中點迴轉政策

此政策揀貨人員從通道的一端進入，當到達通道中間時隨即折返離開。

6. 最大間隙迴轉政策

該政策的揀貨路徑取決於同一通道內離入口處最遠需揀取的商品位置；其中，間隙就是指位於一通道內待揀取商品的儲位與通道入口處之間的距離；因此，最大間隙即是所有待揀取的品項儲位與通道入口處的最長距離。

（五）揀貨作業的主要設備

1. 電子標籤輔助揀貨系統

電子標籤輔助揀貨系統在歐美一般稱為 PTL System(Pick-to-Light or Put-To-Light system)，在日本稱之為 CAPS(Computer Aided Picking System) 或者 DPS(Digital Picking System)。其主要是由主控電腦來控制一組安裝在貨架儲位上的電子裝置，藉由燈號與顯示板上數字的顯示，以引導揀貨人員正確、快速的揀取貨品。

電子標籤在揀貨系統上之應用，依揀貨作業方法之不同可分為摘取式與播種式兩種，其分列如下：

(1) 摘取式

貨架上安裝的標籤所對應的是商品，揀貨人員依標籤的指示，自貨架上將商品取下，其應用類型上有下列兩種：

A. 一人一單摘取

即一位揀貨人員一次負責揀取一張訂單，大部分揀貨區採用重量棚式的儲存貨架，若安裝電子標籤，即是採取此種揀貨方式。

B. 接力式摘取

即一位揀貨人員只負責某一部分揀貨區的標籤，當訂單進入其負責區域，揀貨員只針對其負責區域下，有點亮標籤的品項進行揀貨，當揀貨完成則將該訂單之揀貨箱轉傳至下一個相鄰區域的負責人繼續該訂單的揀貨，而其則可進行下一張訂單的揀貨作業；因此，一張訂單在其揀貨週期中是被不同揀貨者接力來完成的。一般大部分揀貨區採用流利架式的儲存貨架，若安裝電子標籤，即採取此種揀貨方式。

(2) 播種式

貨架上安裝的的標籤所對應的是客戶，理貨人員將批次彙總後之商品，依標籤的指示，並分配至訂購客戶。其在應用類型上有下列幾種：

A. 接力播種

其整體之作業方法與接力式摘取相同，作業員只針對負責區域下，有點亮標籤的客戶進行商品的分類作業，而一種商品則是在不同的作業者接力下來完成的。

B. 通道播種

此種作業是將整個播種區域劃分為數個通道，各個通道間是獨立作業，彼此間不互相影響，而一個通道所涵蓋的客戶即自成為一個批次；在理論上，一個通道完成所有品項之播種分類後，該通道則可繼續另一批次不同客戶的播種分類。

3. 離線型掌上型終端機

所謂的掌上型終端機(Handy Terminal, HT)又可稱為資料收集器(Data Collector)，主要是利用輕薄短小的設備在作業現場依終端機的作業指示，來進行各項作業。一般掌上型終端機較常應用在倉儲管理方面，例如進貨驗收、庫存盤點及出貨檢核等，或者應用在製造業生產線上的資料收集。

其在揀貨作業上的應用，不論採用的是訂單揀貨或批次揀貨，揀貨人員只要遵守終端機上的揀貨儲位指示，至指定地點揀取應揀貨商品，並可搭配掌上型終端機內附的條碼掃瞄器，作進一步的應揀商品確認，使得揀貨正確率比傳統的看單揀貨更為提升，除此之外，揀貨的動線亦根據訂單的訂購內容，作過適當的規劃安排，並反應在指示上。

掌上型終端機一般於作業前，需先至電腦下載揀貨資料，待揀貨完成後，再至電腦處將揀貨結果上傳至電腦。在揀貨作業過程中，終端機是不與電腦直接連線，亦即揀貨的訊息不會即時回傳至後台作業管理系統，因此其較適用於不需即時反應揀貨訊息或者庫存資訊的作業上。

4. RF 線上掌上型終端機

RF 終端機是另一種掌上型終端機，與前述之差別在於其利用無線電通訊技術，讓終端機本身能與後台的電腦系統，於作業過程中一直維持著連線狀態，讓彼此間的資料能做即時性的傳輸。RF 終端機亦常應用在倉儲管理方面，例如：進貨驗收、庫存盤點、即時性補貨及儲位的調整…

等；而其在揀貨作業上的應用與非即時型掌上終端機相同，其優點在於能及時的反應訂單的揀取狀況，讓補貨作業更為即時，以降低因補貨不及致使揀貨作業延遲。

5. 揀貨台車

此設備是在揀貨台車上裝設一部控制電腦以控制電腦以及數個電子標籤，此時，每個標籤分別代表一張客戶訂單；一般而言，揀貨台車較適用在批次揀貨的策略上，亦即利用即摘即播的作業模式，一次揀取多張訂單，以提升整體作業效率。

台車上的控制電腦會先將批次揀貨資料作一最佳路徑計算，並藉由揀貨訊息的顯示，來導引揀貨人員進行批次彙總的商品揀貨作業，並於揀取某品項總量後，再控制電子標籤以顯示該品項正確的分類資訊，以達到即摘即播作業。

由於揀貨台車上的空間有限，因此較適用於產品體積小，且出貨頻率不高的 BC 級產品，例如：CD、醫藥、化妝品及電子零件…等；此外，亦可搭配無線網路卡，使控制電腦於揀貨運程中，即時的與後台管理系統連線，立即的反應當下之揀貨情況，包含缺貨或者是產品庫存數量資料的立即反應。

6. 自動倉儲系統

自動倉儲是結合料架、自動存取設備、電腦以及控制器的一種倉儲系統，藉著資訊系統電腦可以記住物品儲放的位置，自動迅速存放或搬運，並提供現有庫存量的資訊，以掌控存放物料數量。典型的 AS／RS 包含下列四個基本要素：
(1) 一個提供儲存的結構體。
(2) S／R 機器。
(3) 輸送設備。
(4) 電腦設備。

自動倉儲系統大致可分成棧板式及料盒式兩種，另有儲存特殊形式的自助倉儲立體倉庫，例如：長管、捲筒式…等。自動倉儲的揀貨作業模式較適用於出貨型態是少樣多量的物流中心或是應用在採取批次揀貨策略時，前置的批次彙總揀貨作業，但由於存取機的存取皆是以一個棧板或一個料盒為單位，其取出往往會大於批次需要總量，因此，必須再搭配人力或揀貨機器人，以揀取適當總量，剩餘的部分再回存到立體倉庫中。

7. 自動分類機

此設備會在產品投入與確定目的地後，系統會按預先所設定的對應邏輯，自動將商品送至目的流道中，完成分類動作。物流中心若採用批次揀貨的揀貨策略，則自動分類機可應用在其後續的二次分類上，其既快速且精確。

在分類的應用角度上，一般有按客戶別來分類，例如：錢鼠的批次揀貨的二次分類，以及逆向物流中心按供應商別來分類的退貨處理作業，此外尚有按配送區域別來分類，例如：路線貨運業者或者郵政總局運用在信件分類上。

自動分類機投入口的作業速度與效益，往往是整體設備產能之關鍵因素所在，在運作上若能搭配商品的條碼輔助，當可大幅提升其作業效率與正確性。系統在掃讀條碼後，會自行運送出該品項的目的流道，然後自動送至目的地，不需有人員的判斷，例如：在圖書館物流業廣泛使用之自動分類機，即是以書本、雜誌的條碼作為自動判別的輔助。除此之外，則需藉由人員判別商品資料內容，鍵入分流道號碼，方可完成投入動作，例如：路線貨運業者的區域別分類，或者郵政總局對於信件郵遞區域的分類。

六、儲位配置與方法

（一）儲位配置

儲位配置，乃是如何決定貨品之擺放位置，其所需考慮的因素有儲位空間、物品、人員、儲放、搬運設備與資金等，在不同型態的物流中心，其所需重稅的因素亦不同，例如：在重視保管機能的物流中心裡的儲位配置，主要是倉庫保管空閒的儲位分配；在重視分類配送的物流中心，則重規揀貨動線管理及補貨的儲位配置。

在儲位配置規劃時，需考慮到空間大小、柱子排列、走道、機器迴轉半徑等因素，再配合其他外在因素，例如：商品特性、品項的單位、容器、棧板…等因素，以做出一完善之配置。

（二）儲位使用方法

　　良好的儲位方法可以有效的減少揀貨人員行走的距離及縮短作業時間，同時，也能夠有效的利用儲存空間。常見的儲存方法有下列幾種：

1. 定位儲存

　　每個貨品都有屬於自己固定的位置，亦即有其特定的存放空間，不能與其他的貨品對調或放置在其他空間裡。其優點為容易管理，因為此舉可以使揀貨人員熟悉貨品存放的位置，進而提升揀貨效率；其缺點為需要較多的儲料架空間，使得料架使用效率降低。

2. 隨機儲存

　　其和存放策略不同的地方在於該策略的貨品並沒有固定的存放位置，也就是貨品可以放到任何位置，只要該空間足夠容納這個品項即可。其優點為儲料架的使用率較高，只要按所有庫存貨品的最大庫存總量設計即可；缺點為揀貨員的揀貨困難度較高；另外，週轉率較高的貨品可能被存放在離出入口較遠的地方，無形中會增加了貨品搬運的距離。

3. 分類儲存

　　即將所有的儲存物品均按照一定的特性加以區分，每一類貨品都有其固定的儲存區域，而同屬一類的不同物品又按一定的法則來指派儲位，物品通常依據貨品關聯性、週轉率、貨品特性…等來加以分類。此法具有定位儲放的優點且較具彈性；缺點為需要較多的儲料架空間、儲位的使用率較低。

4. 分類隨機儲存

　　將貨品分類放置，每項貨品都有固定的存放區域，但是在該區域內的存放位置則沒有固定，此法類似於將隨機儲存法與分類儲存法合併使用，此法具有分類儲放的優點，亦即能夠節省儲位數量並提高料架使用率；缺點在於貨品揀貨作業的困難度較高。

5. 共用儲存

　　在確知各貨品進出倉庫的時間頻率下，不同的貨品可以共用相同的儲位，這種方式稱為共用儲存；這種方法在管理上雖然較複雜，但其所需的儲位空間及搬運時間卻更為經濟。

七、流通加工

流通加工也可稱之為物流加工，流通加工作業在物流作業系統中，是屬於一種可選擇性的附帶服務作業，並不是每一種商品或每一個客戶都需要此項作業，但它卻是一項可提高服務品質、增加附加價值的作業。

物流個案

- 為更好而改變臺灣新世代冷鏈物流園區

memo

運輸管理

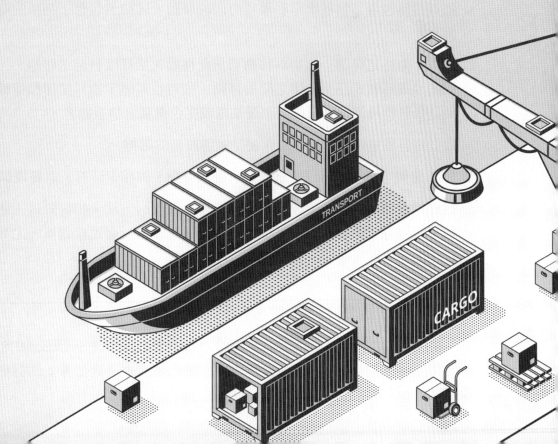

第一節　搬運的定義與目標

搬運活動是物流的主體，雖因商品本身的特性或商品所需的環境的不同而有差異，但在物流活動上大部分都是需要搬運的。一般而言，在搬運的過程中並沒有增加物品的價值，但卻增加了成本，而搬運約為總成本的30~75%，而有效率的搬運更可降低物流營運成本15~30%。

本章為搬運系統之介紹，目的有二：一是為了解物料搬運和物流的關係；二是為了了解與設計，物料搬運系統的複雜性與使用不同的物料搬運設備，以提供物料搬運知識以應用於倉庫或物流中心等不同的環境。

一、物料搬運的定義與功能

一般而言，最常用的定義為物料搬運協會 (Material Handling Institution, MHI)所提出：「物料搬運乃是企業之某特定作業範圍藉由機械來移動大量、包裝和半固態或固態的產品之所有基本作業。」因此，不難發現物料搬運不只是使用機械來移動物料而已，而物料搬運系統有以下五種定義：

1. 物料搬運包含了物料水平和垂直方向的移動，同時也包含了品項的載貨和卸貨。

2. 於「企業特定範圍」的物料移動意指此移動包括從原料至工作站，工作站間的半成品和成品至倉庫之間的移動。同時也區隔了物料搬運和運輸；運輸是指將物料從供應商移至企業某處或從企業某處移至顧客。

3. 設計物料搬運系統的另一工作便是搬運設備的選擇。

4. Bulk 這個字是指物料以大量而未包裝地移動，例如：沙石、鋸屑或煤。

5. 以機械來搬運物料即使成本較高，還是一較佳的方法。相較於以人連續搬運不但沒有效率而且成本不低，而物料搬運設備反而比較划算，尤其是用於人工成本較高的地區。

二、物料搬運的目標

要研究和細心規劃一物料搬運系統 (Material Handling System, MHS)可歸納出二個主要原因，一為物料搬運成本占了物流成本之大部分；二為物料搬

運將影響所有作業和倉庫的設施的規劃。因此物料搬運系統設計的主要目標是透過有效率的搬運來降低物流成本，而物料搬運的目標為：

1. 增加物流的效率確保適時適地使用物料。

2. 降低物料搬運成本。

3. 改善設施使用率。

4. 改善安全和工作狀況。

5. 規劃製造程序。

6. 增加生產力。

第二節　搬運原則

一、物料搬運法則

　　一個有效率的物料搬運系統之設計是一件非常複雜的工作，因為牽涉太多的問題，要達到有效率的物料搬運系統的法則可以依循如下：

1. 規劃：規劃所有物料搬運和儲存活動以獲得最大操作效率。

2. 系統流程：整合實務上的所有搬運活動包括供應商、驗收、儲存、檢驗、包裝、倉儲、送貨、運輸和客戶。

3. 物料流程：將作業順序和設備布置加以配合，以規劃最佳物料流程。

4. 簡化：藉由減少、消除、合併不需要的移動或設備來簡化搬運。

5. 重力：利用重力因素移動物料。

6. 空間利用：將建物空間做最佳使用。

7. 單元規格：增加單元負載或物流的數量、規格或重量。

8. 機械化：將搬運作業機械化。

9. 自動化：將生產、搬運和儲存功能自動化。

10. 設備選擇：選擇搬運設備需考慮物料搬運、移動和方法…等。

11. 標準化：將搬運設備及搬運方法標準化。

12. 適用性：使用搬運方法和設備盡可能具多種目的以便執行多樣性的工作。

13. 固定重量：降低如機動搬運設備的固定重量比例以便於負載。

14. 利用率：規劃搬運設備和人力的最佳利用。

15. 維修：規劃所有搬運設備的定期維修。

16. 陳舊：更新搬運方法和設備以更有效率的方式改善作業。

17. 控制：使用物料搬運活動來改善生產、存貨、訂貨之控制。

18. 產能：使用搬運設備以協助達成預期產能。

19. 績效：以每單位物料的搬運成本來決定搬運績效和效率。

20. 安全：提供適當的方法和設備以便安全搬運。

　　這些原則是綜合了設計者設計和運作搬運系統時的經驗所歸納，用來降低系統成本和提升搬運系統效率。我們應該如何善用這些原則？一些應用是很容易了解的，例如：要應用重力原則，可以使用斜槽；應用安全原則，可以減少或消弭會引起受傷的人力搬運；應用空間利用原則，可以將品項堆疊和使用高架設備，根據單元規格原則，使用貨櫃和棧板移動一群品項；應用利用率原則，選擇可以於各種環境下執行多樣搬運工作的搬運設備，以避免閒置。

二、原則的相容性

　　物料搬運的原則彼此之間和其目標是相容的。達到其中一些原則將有助於其他原則的達成，如當應用得宜，設備選擇原則和適用性原則有助於達成利用率原則，因為只要有必需的設備，當然就較不致閒置；而機械化原則將減少人工搬運，如此減低員工受傷並且有助於達成安全原則。單元規格和設備選擇原則有助於空間利用原則；使用單元負載可將品項加以堆疊，可減少地板空間需求；選擇高架設備有助於增加地板空間作為其他用途，其餘依此類推。

三、物料搬運原則應用的困難性

物料搬運系統的設計者通常需要遵循這些原則。雖然有時候礙於一些原因無法將這些原則應用的很好，例如：有限的資金、建物的硬體特性和設備的性能等。

缺乏資金將可能使設計者無法了解高度機械化或應用維修原則，而建物特性如天花板高度、支柱的位置、通道的數目和寬度都會影響重力、空間利用和物料流程原則，設備的性能和型式也會影響空間利用、單元規格和利用率原則的應用。

四、單元負載的觀念

單元負載的觀念主要是基於以群組的方式移動品項和物料要比個別移動更經濟。單元負載的定義是將某些品項安排之後視為單一的物件來做搬運。這些觀念可藉由棧板化、單元化、貨櫃化來完成。

棧板化是將個別品項加以組裝與固定於可由搬運車或起重機移動的平台上。單元化也是將貨物加以組裝，但是為一小型負載；不像棧板化，單元化需要額外的材料來包裝該品項成一單元。此單元負載可依尺寸和重量分別以搬運車、輸送帶和起重機來搬運；貨櫃化是將品項組裝於盒子或箱子內。以輸送帶來搬運是最適當的，特別是細小品項。特別的情況有其最適當的單元負載型態，例如：使用棧扳最適合於堆疊具有一致外型的類似品項、外型和尺寸不同的品項則可以群組型式置於貨櫃內。總括而言，影響單元負載型態之選擇的因素為物料的重量、尺寸和外型、物料搬運的配合度，單元負載的成本，還有單元負載所提供的額外功能如物料的堆疊和保護。

單元負載也有其利弊，其優點為：使用單元負載可以移動大量物料，如此即減少了移動的頻率，也降低了搬運成本。適當的堆疊有助於較佳的空間利用和貨物的保存。裝卸貨的速度增加相對地減少了搬運時間，另外也保護物料免於損毀。

而使用單元負載的缺點為：單元負載的成本將因使用量大而上升，特別是當貨櫃無法再使用時。裝卸設備依型態而有不同，如果單元負載可再使用時，當送貨至供應商後，如何回收空的棧板和貨櫃將是一大問題。

第三節 搬運系統設計

一、物料搬運方程式

在物流系統中，發展物料搬運系統設計者面臨的最重要且最困難的工作，主要原因在於成本的考量和作業效率。雖然可採設計系統的一般程序，但仍然沒有標準步驟可以依循。此程序是反覆的，設計師必須於不同步驟間來回設計直到獲得滿意的結果且可執行。所以在這過程當中，經驗和健全的判斷是不可或缺的。

發展物料搬運系統包括物料搬運設備的選擇、單元負載的選擇、設備的指派和物料搬運路徑的決定。設計之三元素可以表示成物料搬運方程式。此方程式為三元素的非數量關係，表示如下：

物料＋移動＝方法

關於物料的問題包含其型態、規格、外型、數量和重量；關於移動則包含其起始點和終點、長度、移動的頻率和移動的時間，此設計部分與工廠不致有密切相關。欲決定物料搬運方法，也就是設備和單元負載，取決於從研究物料和移動所獲得的資訊，因為購置設備是不可逆的決策，且做了決策與執行伴隨著一筆龐大的投資，所以設備的選擇是設計時主要和最困難的工作。

二、物料搬運成本

物料搬運系統主要的成本為：

1. 設備成本，包括設備的採購、輔助元件和安裝。

2. 作業成本，包括維修、燃料和人工成本，含工資及傷害補償。

3. 單位採購成本，包含採購棧板和貨櫃。

4. 包裝和損壞物料之成本。

降低這類成本將是搬運系統的主要目標，在達成目標的方法中有數種，例如：可以將設備的閒置時間降到最低、設備的高利用率將可消弭額外需

求，減少重複搬運和折返可降低作業成本；另外作業相關的部門安排於較近的位置可以縮短搬運距離；藉由事前計畫維修作業可避免過多的維修；因此，應該使用適當的設備來減少物料損壞，盡可能使用單元負載，或是多利用重力原則可降低作業成本，甚或應該消弭員工不安全動作，例如：舉起重物…等，以減低傷害和一連串的傷害補償；再者，減少設備型式的多樣性將有助於消弭備用零件的存貨和其成本。由此可知，在成本的節省上若經計算可行的話，則應更新老舊設備而購進新而有效率的設備。

三、機械化的程度

物料搬運系統可以是完全人工的或是完全自動化的；而不同程度的機械化程度則介於此二個極端之間。搬運系統的分類是根據機械化的程度；機械化的等級可分類如下：

1. 手動和依賴人力：此一等級包括手動驅駛設備如手推車…等。

2. 機械化：使用動力而非人力來驅動設備，例如：搬運車、輸送帶和起重機皆屬此類；需要有操作者來操作此設備，但非提供動力。

3. 使用電腦的機械化（第二等級的延伸）：電腦的功能足用來產生移動和作業的文件。

4. 自動化：最少的人力介入駕駛和操作設備，大部分功能皆由電腦執行，例如：輸送帶、無人搬運車和自動倉儲系統(AS/RS)。

5. 全自動化：此類與第四等級類似，由電腦執行更多線上控制工作，而無需人力介入。

設計系統的成本和複雜度隨著機械化程度的增加而上升；但是操作效率和人工成本的降低則是可期的。

使用機械化較高等級系統的優點包括增進搬運作業的速度，也就是減少總生產時間、減少人員疲累和增進安全、較易控制物流，降低人工成本與較易記錄並保持物料存貨狀況。

另一方面隨著機械化程度增加也有一些缺點，例如：機械化需要較高的投資成本，操作者的訓練和維護。特別是設備和人員，這些都會減少彈性；因此，在決定應該使用何種系統之前，必須評估利弊。

最後，在倉庫內移動特定的品項，單元負載扮演了重要的角色。機械化的程度影響了單元負載；而單元負載的設計也影響了達成機械化的程度。

第四節　搬運設備的類型

物流搬運設備選用需考慮之相關因素很多，一般而言，考慮的因素有三：

1. 搬運之物料內涵：化性、物性、形狀及體積…等。

2. 搬運之動作內涵：距離、頻率、起終點及安全性…等。

3. 搬運之操作方法：線上控制、無人搬運及設備配置…等。

物料搬運系統的主幹為搬運設備。搬運設備種類很多，各有不同的特性，其成本也有差異；所有的搬運設備大致可分為輸送帶、起重機和搬運車三種類型，各類型設備皆有其利弊，也各有其適用的特定工作。何時需要使用哪一種工具，必須視其物料的特性、工作環境和製程而定，以下將介紹主要的搬運設備類型：

一、輸送帶

輸送帶適用於固定路徑上物料的連續移動。不同類型的輸送帶包括：滾筒、皮帶、斜槽輸送帶。

輸送帶的優點為：

1. 高輸送能力可移動大量品項。

2. 速度可任意調整。

3. 搬運同時可配合如加工和檢驗等活動。

4. 輸送帶是多樣化的，可以是水平擺置和垂直擺置。

5. 工作站間可暫存載貨。

6. 載貨移轉是自動地，不需要很多作業員的協助。

7. 不需要直線路徑或通道。

8. 使用高架輸送帶可以增加工作空間的利用。

此外，輸送帶的缺點為：

1. 路徑固定，運作範圍有限。

2. 系統中容易產生瓶頸。

3. 輸送帶任何一處障礙都將使這條線停擺。

圖 5-1 輸送帶

二、起重機和升降吊鉤

起重機和升降吊鉤都是高架的設備，其功能為可於有限的區域內斷斷續續的移動載貨，其可分為橋式起重機、臂式起重機、單軌式起重機和升降吊鉤。其優點為：

1. 可將物料舉升並移轉。

2. 可降低干擾廠區平面工作。

3. 重要的地板空間可用來做為工作區。

4. 此類設備可以搬運較重的負載。

5. 此類設備可以同時用來裝卸貨物。

圖 5-2 起重機

其缺點為：

1. 需要大量資金投入。

2. 使用的區域有限。

3. 部分的起重機只能直線移動而無法轉彎。

4. 使用率可能性不高，因為起重機於每天工作中的使用的時間不長。

圖 5-3 升降吊鉤

三、搬運車

手推車或動力搬運車藉由不同路徑來移動負載，這類搬運車包括堆高機、手推車、牽引車和無人搬運車。

搬運車的優點為：

1. 無需固定的移動路徑。

2. 有裝卸、堆高和轉送物料的能力。

3. 適用於各種不同的區域，且有較高的使用率。

圖 5-4　搬運車（人力）

　　其缺點為：

1. 無法搬運過重的負載。

2. 每次搬運都有容量的限制。

3. 需要有通道供其移動。

4. 大部分的搬運車需要由操作員來駕駛。

圖 5-5　搬運車（動力）

第五節　無人搬運車

一、無人搬運車組成要件

　　無人搬運車系統已成為現代化物流中心中廣泛使用的物料搬運設備。系統是一種彈性運輸系統，能夠遵行控制系統的指令，接受路徑引導。使用電池動力行進，以進行不定點物料裝卸；一般而言，無人搬運車系統主要由搬運車本體、導引系統、移載設備及控制系統四個要件組成，而其分類則分述如下：

（一）種類別

　　無人搬運車可依搬運車本體之長度、重量、容積、及裝卸機構之不同，分為拖引型、單元負載、托板車型、叉舉車型、輕載型與裝配型，在不同的生產型態、運送距離、及負載特性或經濟因素考量下，評估及選用一個適合的車型是規劃無人搬運車系統時最重要的步驟。

（二）功能別

　　車輛導引系統依導引設備不同有實體及虛擬導引兩類。車輛藉由埋設在地面下或地表面的導線，或貼以膠帶、塗上化學藥劑等，以電磁、光學感應方式引導者，稱為實體導引。較先進的虛擬導引方式則使用陀螺儀、極座標、或透過條碼、點記的輔助方式，使搬運車能自主地判斷移動方位。使用虛擬導引的搬運車系統又稱為無軌式無人搬運車系統。其路徑即時設定於系統電腦控制軟體中，因此能在工廠設施變更或交通擁塞時即時彈性調撥行走路徑。虛擬式導引在安裝及使用上均較實體導引具其有更多的彈性。

（三）操作別

　　移載設備是無人搬運車系統與製造系統連結的界面。它可安置於側軌或支軌上，以防止裝卸作業造成主線上的交通阻塞，在裝卸站上，普通使用人工或自動化移載機構進行物料裝卸作業；搬運車車體上的自動化裝卸機構有電動滾輪、皮帶、鏈條、升降機、抬舉架、推拉機、或機械手臂等，以進行各類物料的裝卸作業。

（四）系統別

　　若將搬運車引喻為人的四肢，則控制系統就代表了整個搬運車系統的思考中樞。控制系統除了機構上的定位、通訊、或安全偵測裝置外，它負責指引系統內的車輛完成交付的搬運作業。

圖 5-6　無人搬運車

　　因此控制系統必須明確且即時地發布車輛行走的命令，選擇適當的行徑完成搬運任務，例如：控制系統必需掌握搬運車的動態分布位置的結構，且必須有足夠的決策能力，以進行即時交通控制管理及調派車輛和即時設定車輛的行進路徑；由此可知，控制系統的控制複雜度會因為轄內車輛數目的增加而成等比級數的增加。

二、無人搬運車系統的路徑布置模式

　　無人搬運車系統的路徑布置型式通常可分成三種，其分述如下：

（一）網路式

　　其軌道布置為網路的型式，其為最常見的布置型態，其特色為所有搬運車可以到達系統中的任何一個裝卸站進行搬運作業；當路徑交叉及車輛可單向、雙向通行時，搬運效能彈性較大，但是，其缺點為交通控制上較為困難，因為當系統龐大或車輛數目增加時，會造成交通控制上的問題，例如：搬運車間的衝突、碰撞、擁塞及鎖死…等現象。

（二）區域式

　　區域無人搬運車系統架構，其特色為將系統路徑分割為數個不相重疊且各自獨立的封閉迴圈，並在相鄰兩迴圈之間設立轉運站來負責物料的跨越迴圈轉運。每個迴圈中派車和交通控制問題相對減少，可以避免車輛壅塞的情形產生；再者，其另一優點為系統擴充容易，且具有路徑布置及系統組態變更的彈性，也容易進行分散式的系統控制架構的建置。

（三）單迴圈式

　　同樣是為了避免交通控制上的困難，該系統將所有裝卸站串成一個迴圈，每一部無人搬運車需循此一迴圈方向進行搬運。此系統之優點除了能簡化車輛途程規劃問題與降低控制系統複雜度外，對於系統的產出比傳統網路式無人搬運車系統更容易估計。缺點是搬運車需完成繞圈式行程，所以搬運車行走距離增加；因此，為了達成與傳統網路式無人搬運車系統同樣的產量，需要更多的車輛數。

三、無人搬運車系統的派車法

無人搬運車系統中派車策略通常由一些法則組成，並由這些法則來決定那些搬運需求由那些搬運車負責完成，以達到系統規劃的搬運目標。在派車時，搬運車種類、大小與負載的狀況都是必須考慮的因素。大部分有關派車問題的研究皆假設搬運車同屬一種型體且為單元負載。

一般而言，無人搬運車的派車法可將派車法分為兩大類：

（一）以工作站搬運需求為主的派車法

當無人搬運車系統中的工作站有搬運需求產生時，系統會從眾多閒置的搬運車中選擇一部合適的搬運車來執行這個搬運需求。一般來說，當多部搬運車常處於空閒狀態時，多採用此類派車法則。此類派車法則可再區分為下列數種：

1. 隨機選取：搬運需求可隨意選取一可用之搬運車來滿足其需求。此種派車法則為隨機選取，導致搬運效率不佳。

2. 距離最近之搬運車：搬運需求選擇距離最近的可用搬運車來進行搬運工作。此派車法則可降低空車行走距離。

3. 距離最遠之搬運車：搬運需求選擇距離最遠的可用搬運車來進行搬運工作。此派車法則不合常理，因而降低搬運車的搬運效能。

4. 閒置最久的搬運車：搬運需求在所有閒置搬運車中，選擇閒置時間最久的搬運車來執行搬運，此派車法則具有平衡工作負荷的效果。

5. 使用最少的搬運車統計：所有搬運車之使用率，在所有可用搬運車中選擇使用率最低的搬運車，與閒置最久的搬運車法則一樣具有平衡工作負荷的效果。

（二）以搬運車為主的派車法

此類派車法是以無人搬運車為主要考量，在眾多的搬運需求中，選取一合適者來進行搬運工作；此類派車法又可分為下列數種：

1. 隨機選取工作站：無人搬運車係以隨機的方式，任意選取一個有搬運需求的工作站，以執行搬運工作，但是此派車法則缺乏效率。

2. 最短行走時間／距離：在所有的搬運需求中，計算搬運車行走至這些搬運需求所需的時間／距離，選取最小者搬運此派車法則可以降低空車搬運距離，增加搬運車的使用率。

3. 最長行走時間／距離：與最短行走時間／距離法則相反，選擇距搬運車最遠的搬運需求來進行搬運業務。此派車法則會造成空車行走距離增加，搬運效率降低。

4. 最長工作站輸出等候線長度：輸出等候線與輸出暫存區同義。此法則是由搬運車選擇所有搬運需求所在工作站的輸出暫存區中，存放最多搬運需求的工作站優先搬運。此派車法則為預防工作站發生阻塞情形，但各工作站的暫存區大小不同時，效果便會大打折扣。

5. 輸出等候線剩餘空間最少：搬運車選擇搬運需求所在工作站的輸出暫存區剩餘空格數最少的進行搬運。此派車法則可降低工作站發生阻塞的情形。

6. 修正式先到先服務：依據發生搬運需求的先後，作為搬運車搬運的順序。此派車法則雖基於公平的原則，但沒有考慮輸出暫存區容量不夠所導致的阻塞問題及搬運車位置等因素。但此法為最方便及常用的派車法。

7. 最小工件到達時間：選擇進入系統時間最小的搬運需求也就是進入系統最久的搬運需求，其所在的工作站為優先搬運的對象。此派車法則的目的在於降低工件停留在系統之時間。

第六節 包 裝

一、包裝的定義與重要性

（一）包裝的定義

　　包裝到現在似無明確的定義，根據一般所採用的定義：「包裝乃為了運輸及銷售所運用的商品藝術、科學與技術之結合。」包裝甚至對於產品的成功與否具有決定性的影響，市場上許多精美、新穎而獨特的產品包裝，常使得消費者愛不釋手，對於產品的銷售上功不可沒；另一方面，物流是以適當的費用使物品順利流動為任務，所以當然的前提必須維持物流的品質，包裝則

具有維持物流品質的功能，而包裝費用與物流品質成正比，但與包裝處理費成反比。

（二）包裝的功能

包裝是產品不可或缺的一部分，其具有以下的功能：

1. 容納與保護商品

包裝最明顯的功能的容納商品，例如：洗髮精的包裝便是要能容納其液狀的溶劑。包裝的另一個明顯的功能是對物體的保護，很多產品在生產和消費之間需要經過好幾次的運送、儲存和檢查，包裝可以保護產品免於毀壞、乾燥、溢出、損失、日照、暑熱、寒冷、蟲害侵擾和其他不良情況，例如：雞蛋的包裝便很注重產品的保護。

2. 辨識與促銷產品

包裝本身能提供一些產品資訊，來幫助目標顧客進行區分與辨識，因此包裝會列出成分、載明特色及標示說明書，除了能辨識產品外，包裝還可以使公司的產品有所區別，也可能讓消費者將新產品和公司其他產品家族聯想在一起。包裝會使用設計、顏色、性狀和材料來試圖影響消費者的知覺和購買行為，因此包裝又稱為「沉默的推銷員」，就是指包裝也扮演推銷的功能。由於自助型商店的興起與增加，包裝在這方面的功能也越來越增強。

3. 易於儲存、容易使用和便利性

批發商和零售商都比較偏愛易於運送、儲存及易於在架上陳列的包裝。他們也喜歡能夠保護產品、防止毀損及能延長產品在架上壽命的包裝，例如：很多包裝會考慮貨架空間，而設計易於上架的包裝設計；相對，消費者對於便利的要求包括很多層面，例如：有些消費者想要防水或防止小孩誤食的包裝（藥瓶的防止誤食設計）；同時，有些消費者則尋找易於開啟及重複關閉的包裝，例如：寶特瓶的重複啟閉設計；有些消費者想要可重複使用的小瓶水果酒的玻璃瓶，用完後可做玻璃杯使用和隨手丟棄的包裝；此外，有些公司也使用包裝來進行市場區隔，不同大小的包裝會引起不同的大量、中度及輕度的使用者，例如家庭號包裝設計。

包裝也能使製造商、批發商和零售商以一定數量來銷售產品，例如便利商店的小包裝和量販店的大包裝；此外，包裝的便利性也可以增加產品效益、市場占有率及利潤。

4. 促成再循環及減少環境損害

　　1990 年代包裝的課題是與環境的相容性，調查顯示 90%消費者認為包裝以必要性為原則，循環使用的需求亦高。有些公司將目標市場放在環境保護的市場區隔，例如：Brocato 公司以自然風化的瓶子販售洗潤髮精，P&G 推出的「環境友善」噴灑式香水包裝不依靠空氣的擴散力，其他公司亦推出類似的傢俱亮光劑、地毯清潔劑及髮膠產品。

（三）包裝的種類

　　包裝的種類可分下列三種，其分述如下：

1. 初級包裝：和商品有直接接觸的包裝，例如糖果的包裝、洗手乳的瓶子。

2. 次級包裝：係指初級包裝外的包裝，例如：糖果的外盒、洗手乳瓶子外的紙盒。

3. 輸送包裝：為儲存、辨認或運送之用的外包裝，例如產品的盒子和箱子。

（四）包裝的發展趨勢

　　現代包裝發展的趨勢，是指包裝在設計過程中，若從環保標準來看，其所推薦的包裝產品必須具備「可回收、低汙染、省資源」的特性，一方面鼓勵公司在原料取得、產品製造、販賣、使用及廢棄過程中，能節省能源、降低對環境的汙染；另一方面喚起民眾的綠色消費意識，在購買時慎選低汙染的產品，一同協助垃圾減量及廢棄物回收的工作。

　　包裝的發展趨勢可以從以下幾項說明：

1. 經濟性

　　現代的經濟活動追求自由化、國際化，在激烈競爭之下，產品包裝必須施予新的技術，完成小體積包裝設計，促進儲運成本合理化；優良的包裝必須在合理化的成本下，達到保護產品的目的。以同樣的機能，從材料面、生產性、設計技術等研究如何降低成本，以提高產品競爭力。

2. 便利性

　　包裝作業或再包裝簡易方便，任何人都不易發生錯誤，未來可考慮包裝箱與緩衝材料融入一體化的設計，以達到使用更為便利性的目標。

　　為使產品能安全裝卸、搬運迅速、減輕費用，亦即產品不作直接零星的搬運和裝卸，而將其歸納成一單位後，藉機具並利用機械化作業方法，其運用方法有包裝外箱、墊板化作業和貨櫃化運輸等，是降低儲運成本的最有效方法。

3. 美觀性

　　屬於製造業的產品包裝視覺圖案，應摒棄傳統繁瑣複雜的傳達方式，轉向單純簡潔的幾何抽象造型發展，可充分表達製造業者朝向理智、科技、現代的時代精神邁進。對於服務業的包裝形象塑造與表現，其產品包裝視覺圖案要往生氣蓬勃、自然活潑的人性化、溫馨、熱情的服務形象邁進。由於邁入九〇年代是屬於「感性時代」為求滿足「新世紀、新時代、新人類」的心理需求與價值取向，塑造包裝的形象力，是新的發展趨勢。

4. 輕便性

　　高度成長時代的企業，偏向消耗原料和能源，厚而重、長而大的產品，例如：大型生產機器或大型汽車等在高度成長期頗受重視。到七〇年代卻是相反的產品，「輕、薄、短、小」才是新時代的象徵，進而發展為「包裝輕量化」的設計理念，新功能材料、新設計技術、新包裝技法的開發，正是今日包裝工程師所應追尋的新方向。

5. 環保性

　　九〇年代進入綠色主義消費市場，是消費者環保意識越加覺醒的年代，針對容易造成環境汙染的包裝材料，已不被大眾所接受，引用低汙染、強調環保意識的包裝設計，正式邁入 21 世紀的設計新風潮。

　　有些企業已做到簡化包裝、垃圾分類、回收、開發減少汙染產品行動，可稱之為綠色行動企業。這類企業的綠色行銷除了廣告訴求、公開宣傳活動外，還可進行產品介紹，讓消費者了解該公司的環保新產品在現代生活中所扮演的角色，及對環境和生態的影響。國內有些企業目前已處於這個階段，如統一食品、光陽機車、耐斯企業等。

二、標籤

　　標籤可使消費者在購買產品時得到充分的資訊，以避免買到不合需求的產品，因此，很多國家都透過立法來保障消費者知的權益，此外，來自消費

者的壓力，亦使得公司不得不重視標籤的問題。事實上，完整而良好的標籤，不但能提供消費者選擇產品的訊息，同時亦能協助消費者正確地使用及維護產品。例如，衣服洗濯方法的標籤和藥物保存方法的標籤，都能讓消費者以正確的方法維護或保存產品，對於一些具潛在危險的發生，即使消費者不慎誤食或使用不當，產品標籤還能告訴消費者緊急處理的辦法，由於消費者對產品標籤越來越重視「因此一些公司便應提供完整的標籤而取得競爭優勢。不但如此，有利的資訊標籤甚至還能對產品產生促銷作用。

當消費者購買任何一項產品，每一項產品都有標籤，對於消費者來說，重要的產品特性都會用文字或圖樣說明，其目的是提供消費者判斷產品的適用性所需的資料，訊息標籤不會像等級標籤使用字母、數字，而使消費者混淆不清，標籤普遍的應用不需要擴大對消費者的教育，但等級標籤卻是需要的。

三、產品條碼

產品條碼(Universal Product Codes)在 1974 年首度被使用，它通常標示在超級市場及其他配銷通路的許多產品上。因為這種數字碼是由一連串的粗細線條所組成，所以被稱為條碼。通常會藉由電腦光學掃描器來讀碼，條碼上的資料包括品牌、名稱包裝大小及價格。它們也可以在交易上列印一些資訊，以幫助零售商快速而準確記錄顧客的購買行為、控制存貨及追蹤銷售。另外，藉由條碼可以建立產品銷售的資料庫，作為以後產品經營分析的根據。

物流個案

■ 進入 AI‧物聯網時代－運輸業需要脫胎換骨

採購與供應管理

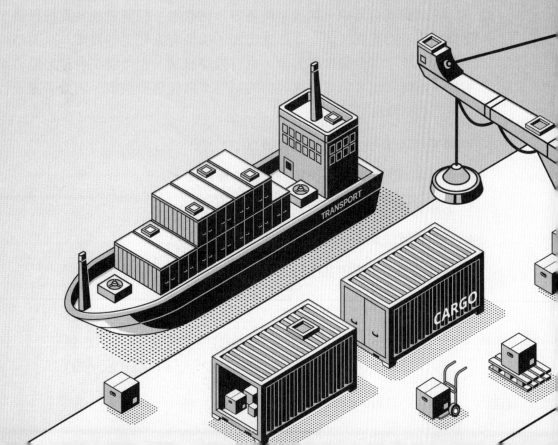

第一節 採 購

　　傳統被視為滿足企業營運需求的「採購與供應管理」職能已經產生了重大轉變，有越來越多的公司將其視為對外競爭策略，提高企業獲利力的重要來源。採購是商業組織為實現商業目標並試圖在正確的時間以最低的價格，獲得正確的數量和恰當質量的產品或服務的行為。最簡單的採購如普通的購買行為，複雜的採購則包含了信息收集，尋找合作夥伴，商業談判，簽署合同等步驟。採購在法律上是一種訂立合約及執行合約責任的過程。在以物易物的社會已經有之，互通有無。市場學原理中，採購決策未必非一人所為，尤其是購買貴重商品。當中有多個角色扮演，各有心態，互為影響，是消費者行為學研究的範疇：

1. 使用者：商品的使用者。

2. 付款者：支付買賣價金的付款者。

3. 採購者：購買該商品的採購者。

4. 意見提供者：在購買過程中，給予購買意見的資訊提供者。

　　在消費者行為中，無論是使用者、付款者、採購者或意見提供者，都會影響消費者的購買決策。在傳統市場，街市有家庭主婦買菜，也要格價之後議價的現象。在企業採購方面，也有投標機制。在考慮了各種可能方案的優劣後，消費者或客戶可依據評估的結果來做成購買決策，消費者購買行為可分為五個相關決策：

1. 基本購買決策：決定是否要購買。

2. 產品類別購買決策：決定要買哪一種產品。

3. 品牌購買決策：決定所要購買的品牌。

4. 通路購買決策：決定在哪個管道購買。

5. 支付決策：決定用甚麼方式支付，支付條件、時間等。

第二節　供應管理

一、定義

　　供應是指供應商或賣方向買方提供產品服務的過程，供應也意味著採購部門採購企業需要的商品來滿足企業內部的需求。

二、供應管理流程

（一）採購與供應的基礎

　　採購對組織的貢獻，除了對採購相關作業流程內容有清楚說明，也強調了採購從業人員應具備的倫理道德規範以及供應鏈的觀念。包括當代採購的角色與功能、請購與採購的流程、貨源搜尋策略、供應商的評選、成本與價格分析、競標的流程以及資訊科技在採購中的運用等。

（二）戰術採購的執行

　　在具備基礎的採購知識後，採購在戰術層面上所應具備的各項技能。首先說明採購應具備的整體擁有成本(TCO)思維，而非最低價格的認知，這將影響後續所有採購的決策品質。對合約的商議談判、簽訂、履約等過程，以及自製或外包決策、交貨時程與存貨管理等，都是採購必須具備的技能。

（三）策略採購的計畫與加值活動

　　當進入到採購的策略層級，可提供採購專業人士，在採購策略層面所應具備的提升採購附加價值與管理決策能力。本書點出雖然成本降低仍是採購很重要的工作，但是，越來越多的企業正在思考如何提升採購工作的價值性，除了標準化、價值工程與價值分析、目標成本法以及許多其他方面的加值活動外，對採購組織配合實現公司的長期策略目標實施策略尋購計畫，預測與績效的評估也均有詳細的說明。

 第三節　採購與供應管理之關聯

一、採購與供應管理之關係

採購管理是指為了達成生產或銷售計畫，從適當的供應商，在確保質量的前提下，在適當的時間，以適當的價格，購入適當的商品所採取的一系列管理活動。供應管理是為了保持一定品質、數量及時、經濟的供應生產經營所需要的各種物品，對採購、儲存、供料等一系列供應過程進行計畫、組織、協調和控制，以保證企業經營目標的實現。鑒於採購與供應管理在企業中的巨大作用，可謂採購與供應活動也是企業經營活動的重要組成，對採購與供應活動的管理也應該重視。

二、採購與供應管理之目標

採購與供應管理的目標在準確的時間和地點，以合適的價格和服務，獲取合乎要求的商品，這個目標可以具體表述為：

1. 提供不間斷的物料、供應和服務。

2. 保持最庫存量，以減少庫存成本及損失。

3. 保持並提高質量。

4. 發現或發展有競爭力的供應商。

5. 當條件允許時，將採購物資標準化。

6. 以最低的總成本獲得所需的物資和服務。

7. 在企業內部和其他職能部門之間，建立和諧而富有效率的合作關係。

8. 以可能的最低水平管理費用來實現採購目標。

9. 提高公司的競爭地位。

三、採購與供應管理之作用

採購與供應管理的主要工作有：利潤槓桿作用、資產收益率作用、訊息作用、營運效率作用、對企業競爭優勢作用五個方面的作用。

採購的利潤作用是指，當採購成本降低一個百分比時，企業的利潤率將會上升更高的比例，這是因為採購成本在企業的總成本中，間據比較大的比重，一般在 50%以上，這個比例遠高於稅前利潤率。例如：某公司的銷售收入為 5000 萬元，若前稅前利潤率為 4%，採購成本為銷售收入的 50%，那麼，採購成本將會減少 1%，就可節省 25 萬元的成本，也就是，利潤上升到 225 萬元，利潤率提高了 12.5%，可見利潤槓桿應十分顯著。

資產收益率作用是指採購成本的節省對於企業提高資產收益率所帶來的的大作用。資產收益率指的是企業的淨潤和企業總資產的比率，以公式示為：

$$資產收益率＝（淨利潤／銷售收入）×（銷售收入／總資產）$$

公式右邊第一個括弧裡的內容，我們稱之為利潤率，第二個括弧稱為資產週轉率。資產收益率就可以表示為企業的利潤率和總資產周轉率的乘積。當採購成本下降一定比例時，通過利潤槓桿效應，可以使利潤率提高更大的比例；另一方面，採購費用減少，則庫存同樣數量物資占用的資金就會降低，則資產降低，就會提高投資周轉率，兩者的乘積就是一個更大的比例，高收益率有利仿企業在資本市場的融資。

對於訊息作用、營運效率作用和對企業競爭優勢的作用比較容易理解，可知，隨著市場競爭的不斷加劇和經管理理念和方法的發展，採購在企業中占據著越來越重要的作用，採購部門也必將在未來發揮更深遠的影響力。

四、採購與供應管理的發展趨勢

由於採購與供應管理工作在企業中發揮著越來越重要的作用，人們對它的關注也越來越多，這也促成採購工作的發展，從某種意義上，採購觀念的發展與企業的發展是緊密聯結，只有把握這些潮流並順應它們，才能更好的做好現在和未來的採購工作。

從世界的角度觀之，採購與供應管理主要呈現出全球化採購、網上採購、JIT 採購、供應商夥伴關係等趨勢，在發展中的國家，這些採購理念已投入實施，取得很子的效果。在我國，由於企業經營理念、管理水準和採購環境等侷限性，這些新的採購理念還沒有大規模實施，但我們仍須觀注其發展。另外，這些趨勢是一個交相呼應的工程，彼此之間互相影響，共同決定企業採購的水準和績效，因此，重點應著重於研究如何綜合實施這些先進的採購理念。

物流個案

■ 戰疫物流-供應鏈阻塞

顧客服務管理

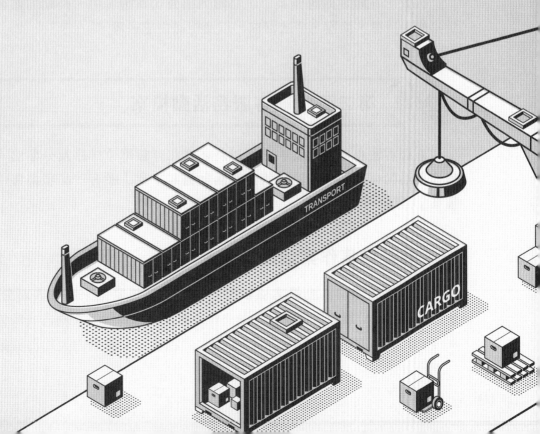

第一節　顧客回應

在發展物流顧客回應計畫之前,每一個組織應當了解「顧客」與「消費者」之間的區別。所謂「顧客」可能是物流供應鏈中的最終使用者,也可能不是;「消費者」卻是物流供應鏈裡的最終使用者。

依照各自在供應鏈中的不同位置,我們可能不知道誰是最終的使用者,但是我們應該和這些人保持良好的關係。例如:對於餐廳而言,其消費者即是食用該餐廳所推出的餐點消費者。

在顧客的回應作業上,還有細分為下列五種作業,其分列如下:

1. 顧客服務政策的設計。

2. 顧客滿意度的監督。

3. 訂單輸入。

4. 訂單處理。

5. 收據及帳款的收取。

因此,在顧客回應作業中,必須列出公司在短、中、長期的顧客回應衡量指標、目標、流程、系統需求,以及組織需求…等。

第二節　顧客服務活動檔案

在顧客服務剖析檔案中,可以將顧客和存貨單位排序及分類出「顧客銷售作業活動檔案」、「品項銷售作業活動檔案」及「顧客-品項銷售作業活動檔案」,其分析如下:

一、顧客銷售作業活動檔案

顧客銷售作業活動檔案係依照銷售額及銷售單位來將顧客區分為 A、B、C 三類。A 類顧客通常係指前 5%的顧客,其購買力大約占其銷售總量的80%;B 類顧客通常係指接下來的 15%的顧客,其購買力大約占其銷售總量

的 15%；C 類顧客通常係指所剩餘的 80%的顧客，其購買力大約占其銷售總量的 5%。

這樣的分類正好可以做為顧客服務政策中不同政策的制訂區隔點，如果可以，也可以依照服務每位顧客所花費的成本來制訂顧客獲利度活動檔案。

二、品項銷售作業活動檔案

品項銷售作業活動檔案係依照品項的金額及銷售單位量來進行排序分類。a 類品項通常是前 5%的品項，大約占有 80%的業績量；b 類是接下來的 15%，占有約 15%的業績量；c 類則為剩餘的 80%，占公司業績量的 5%，以形成品項獲利度活動檔案。

三、顧客－品項銷售作業活動檔案

顧客作業活動檔案中，最有用的檔案，這個檔案可以交叉顯示出公司各類別的企業範圍在各品項上的銷售情形，在檔案中還可以顯示出 A、B、C 顧客分別購買了多少 a 品項、b 品項、c 品項的商品。

該活動檔案中，能夠有效的區隔出顧客與品項存貨單位作業的活動檔案，以及指出不同區隔在不同的品項上應該持有的存貨單位數，其可用以協助公司將某些品項自存貨中移除，例如：我們可以確認出 A 顧客會購買 100 件 c 產品。

第三節　顧客服務政策

Edward H. Frazelle(2011)曾說過：「我們要懂得管理顧客，否則我們就等著被他們管。」由此可知，顧客服務管理是多麼的重要。因此，制定健全的顧客服務政策是主動管理顧客及顧客需求的第一步，同時，顧客服務政策亦是物流組織與顧客雙方均認可的一份同意書，在這份同意書裡，組織將各項物流作業的流程制訂出各項服務的水準，包括存貨管理、供應運輸及倉儲，這是因為顧客的服務政策為物流計畫的基礎。

顧客服務政策可以反應出一家公司的企業文化及物流的完善制度，其必須具有量身訂作、一體適用及成熟度。一個成熟的顧客服務政策會將供品率、回應時間及最低訂購量清楚列出，並將各顧客及品項分類的報酬、附加價值服務等項目標準化且正式化的表現出來。我們現在用一個例子來說明：

有一家公司的事業部被區分成九個不同的物流類別，其內容如下：

表 7-1　顧客－品項 ABC 與銷售量

	a 品項	b 品項	c 品項
A 顧客	100,000	200,000	300,000
B 顧客	200,000	300,000	400,000
C 顧客	300,000	400,000	500,000

表 7-2　顧客－品項 ABC 與獲利性

	a 品項	b 品項	c 品項
A 顧客	10,000,000	6,000,000	9,000,000
B 顧客	4,000,000	7,000,000	10,000,000
C 顧客	5,000,000	8,000,000	5,000,000

由上表可以知道某顧客購買某商品的數量，在這案例中，有兩個極端的情況出現，一是 C 顧客購買 c 產品的數量相當多，A 顧客購買 a 產品數量較少；但是，從表 7-2 可以得知，C 顧客購買 c 產品的數量相當多，但是所創造出來的獲利只有 500,000；相反的，A 顧客購買 a 產品數量雖然較少，但是卻創造出 10,000,000 的利潤。因此，如果對這兩個區隔市場運用相同的服務政策，可能會產生蹺蹺板效應，所以，必須將資源花費在更具策略性的市場區隔裡，以創造出更大的效益。

然而，在區分品項及顧客的標準不只是只有數量及營收而已，顧客的分類應該還要考慮到顧客的忠誠度、銷售成長的潛力、策略性定位以及過去帳款的歷史紀錄。品項的分類應該要考慮到各分類之間的相關性、在服務工作上的失敗可能性、作業前置時間、獲利性及價值…等。

組織一旦建立了顧客服務政策，要維持這種分類的紀律是很困難的，因此，若想要執行顧客服務政策，其中一項關鍵成功因素則是將顧客服務政策

納入物流之中。在維繫顧客服務的政務上，另一個困難點在於將顧客進行分級，一般組織會傾向於將所有的顧客服務著重於 A 顧客購買品項 a；但是，事實上應該只有合經濟效益的物流作業才符合我們的作業需求。

不過，大部分的業務部門會跟顧客服務政策對抗，因為業務部門希望將所有的顧客都視為其重要顧客，這是由於顧客的訂單是他們的業績佣金來源；結果，實際的顧客服務政策變成由組織外部的角力決定；因此為避免這樣的情形發生，在物流作業上必須提供一些激勵辦法來突破這種慣性認知，其中一個措施便是顧客分類的規劃模型（如表 7-3）。

表 7-3　顧客區隔規劃模型

銷售量	獲利能力	過去的銷售記錄	未來的成長空間	與競爭者的關係
A	5%	80%	小	C 顧客
B	15%	15%	中	B 顧客
C	80%	5%	大	A 顧客

在供品率－回應時間的計算上，亦是顧客服務政策的核心，因此，在物流計畫的第一步驟便是要依照顧客－品項的區隔來計算供品率及回應時間標準，其有兩個標準可以做考量：

一、考慮因為存貨不足而造成的訂單流失成本

理論上，如果無法符合某種回應時間或存貨的充足性，可能會造成公司流失掉一些業務，同時，公司可能會認為額外的運輸成本過高或要符合更高回應時間需求的倉儲成本過高，或是符合更高存貨供應力的存貨持有成本太高；因此，如果我們將相關的成本放在一起，也許就可以解決這些爭論。在考慮服務水準回應時間之下的最佳物流政策，便是將總物流成本極小化，其中訂單流失成本也應含在物流總成本裡。

由此可知，最佳的物流政策是供 99.99%的存貨供應力及隔天回應速度，這樣的分析必須針對個別產品、產品線、顧客族群、產品線整體及任何具有意義的事業子集合進行分析。

二、使用數學規劃

在使用數學模式中，要追求的便是總物流成本的極小化，同時，也必須符合原本的顧客服務政策在存貨及回應時間上的標準。

在常用的數學規劃上，有下列兩項：

（一）極小化

$$總物流成本 ＝ 總回應成本＋總存貨成本＋總供應成本$$
$$＋總運輸成本＋總倉儲成本$$

（二）限制式

$$顧客服務政策 ＝存貨的可取得性 \geq 獲利目標值$$
$$＝回應時間 \geq 獲利目標值$$

以上的數學式就可以說明最佳的物流政策，依照定義來說，找到總物流成本及限制式的物流組織應當已經達到世界級的物流績效水準；可惜的是，大部分的公司都沒有衡量總物流成本，也沒有一個正式而量化的顧客服務政策。倘若我們不知道這些資料，我們就很難去進行最佳化或滿足這些條件的動作；因此，要邁向世界級一流的第一步，便是要衡量物流成本並定義出量化的顧客服務政策。

有了最佳化的供品率－回應時間組合之後，顧客服務政策的其他部分則應由負責業務、顧客回應及物流部門的代表來完成，如此一來便可完成一個顧客服務政策的基本模型（如表 7-4）：

表 7-4　顧客服務政策定義模型

服務區隔	顧客一品項	供品率	回應時間	退貨政策	附加價值	最小訂購量	整合度
1	A-a	99%	24	100%	顧客化	不限	顧客化
2	A-b	95%	24	100%	顧客化	不限	顧客化
3	A-c	90%	36	100%	顧客化	不限	顧客化
4	B-a	85%	36	100%	顧客化	不限	顧客化
5	B-b	80%	48	50%	顧客化	不限	顧客化

表 7-4 顧客服務政策定義模型（續）

服務區隔	顧客－品項	供品率	回應時間	退貨政策	附加價值	最小訂購量	整合度
6	B-c	75%	48	50%	顧客化	不限	顧客化
7	C-a	70%	60	50%	顧客化	不限	顧客化
8	C-b	65%	60	0%	無	無	無
9	C-c	95%	72	0%	無	無	無

第四節　顧客滿意度

　　一旦顧客服務政策建立之後，一定要監督其在政策的執行與整體的顧客滿意度，以便能確實掌握顧客的想法，因此一家公司最大的錯誤可能就是忽略了顧客的需求，所以，在顧客的回應上，必須做好執行顧客溝通的平台與管道。

　　然而，顧客滿意度調查可以透過網路、電話或是面對面的進行。事實上，許多顧客滿意的元素可以在與顧客每一次的互動中了解，同時，在調查的流程也應當讓顧客自行決定他們認為在顧客滿意度中的重要因素，並請顧客幫忙做排列，再請顧客針對公司的滿意度及顧客所預期與其他競爭者比較之後，列出排名。

　　在顧客滿意度的流程中，最具有價值的結果是顧客滿意度方格。顧客滿意度方格可以協助公司將物流作業的優先順序排列出來，首先是對顧客最重要，對公司較不重要的因素，再針對具有高重要性、高績效表現及低重要性、低績效表現的因素，最後才是考慮對顧客不重要，而對公司較重要的因素。

　　在物流作業中，最常見的顧客滿意度要素分列如表所示：

表 7-5　顧客滿意度要素

1	組合式訂購的供應力
2	網際網路能力
3	配送頻率
4	訓練
5	當地顧客服務
6	運送品質
7	問題解決能力
8	存貨供應力

資料來源：作者整理

第五節　訂單管理

一、訂單記錄與輸入

　　訂單記錄及輸入是將顧客的需求記錄下來，並輸入公司的處理系統裡，其主要的原則是要讓顧客在訂單輸入上越方便越好。對顧客而言，要訂購一件商品的手續如果很複雜，將使得顧客不願持續購買，也會對該公司的購買作業及整體形象產生負面印象。

　　在訂單輸入的作業中，其為公司與顧客的接觸介面，也是顧客對公司的第一個印象來源。一般而言，訂單輸入的過程應該讓顧客感到愉快且印象深刻，例如：電話服務中心的服務人員應該在他們接聽電話時，便能知道顧客的姓名，同時也能從電腦中得到該顧客最新、最完整的資訊，以作為他們為顧客服務的依據。同時，在訂單輸入作業上，另一個重要的原則便是應該提供顧客最多的輸入方式，以掌握最多的顧客資訊在訂單輸入方法上，常見的方法有：電子郵件、電話、傳真、網路、供應商代管存貨、手持式終端機、銷售點…等。在訂單輸入系統裡應該提供即時、最新的存貨狀況報告、預計的運輸抵達時間、一次完成的訂購流程、線上顧客滿意度調查…等。

二、訂單處理

訂單處理是在訂單輸入到發出通知到倉儲之間的一連串作業，其包含：

（一）訂購型態確認

一般而言，我們在訂購時，常使用不同的方式來訂購商品，諸如：電子郵件、電話、傳真、網路、供應商代管存貨、手持式終端機、銷售點…等，這些方式都能讓消費者在訂購時有不同的選擇，並能讓公司的商品銷售管道增加。

（二）信用查核

對個別消費者而言，訂單的信用查核必須在訂單進行物流處理之前就完成，並且在線上或最短時間內完成。大型公司常將顧客分成：

1. 綠燈顧客：其係指過去帳款紀錄優良、無須再做信用查核的顧客。

2. 黃燈顧客：其係指過去帳款紀錄介於平均之間，某些型態或超過某種價值的訂單才會進行查核。

3. 紅燈顧客：其係指過去帳款紀錄不良，所有的訂單都必須重新進行信用查核。

（三）訂單批次作業及高效率運輸及揀選作業的指派

訂單應該被指派到最佳的運送及揀選流程裡。最佳的運送作業指派可以將運輸成本降到最低，仍然能夠滿足顧客對回應時間的要求，若將此訂單指派到倉庫中某一群最適當的揀選流程中，將可減少物料處理的成本，但仍能在顧客需要的時間範圍內送達。

（四）訂單處理進度報告及訂單改變

顧客及消費者應該有權利在訂單出貨前進行任何的更改。如果在訂單出貨前進行任何的更改，應該視為新訂單的重新輸入；倘若在出貨狀況上有一些特別的改變，例如：品項、出貨時間或其他訂單約定事項的改變，都必須主動發出處理進度報告讓顧客知道；同時，訂單進度資訊應該隨時更新，並且讓顧客在網路上或電話裡可以查詢到最新資訊。

第六節　顧客回應系統

顧客回應系統即是用以協助物流工作進行的重要工具，其功能包含：

1. 訂單輸入系統。

2. 訂單處理系統。

3. 顧客接觸管理系統。

4. 顧客作業活動檔案系統。

5. 訂購型態確認系統。

6. 顧客交易記錄資料庫。

7. 開放式訂單資料庫。

8. 顧客服務政策的維繫系統。

9. 顧客服務績效衡量指標系統。

10. 電話／顧客交易管理系統。

11. 顧客滿意度調查系統。

第七節　顧客回應的組織設計與發展

設計與發展顧客回應的重點應該放在「顧客親近性」，也就能主動預期並滿足顧客的需求。在顧客的親近性上，其為一雙向的管道，因為只有當個人及其後面所有的支援人力都致力於顧客服務這件事才有可能達成，例如：可口可樂公司的配送司機，在一趟配送過程中，自行負責了實體貨物的配送、下一次運送的訂單輸入、為公司促銷活動做廣告、訂單文書作業、個人化的對話及近期運送的帳款收取，其與顧客之間的零售關係不但建立顧客的親近性，也為公司建立更多顧客的忠誠度，亦成為該公司卓越表現的成功因素之一。

顧客回應對其他物流作業上都是非常獨持的，因為物流作業中大部分與顧客溝通的直接互動性都是在這個階段發生。這樣的溝通介面對於顧客滿意

度水準有著相當大的影響，下列幾項作法，即為能夠維持最高效度的顧客溝通水準：

一、顧客焦點團體

顧客焦點團體是一小群樣本顧客，以面對面或線上即時會議的方式，針對公司某一項新產品或新服務進行討論及提出意見，因為顧客的回饋將是價值非凡的資訊，應該妥善納入顧客回應規劃的考量。

二、專屬個人化的服務團隊

在專屬個人化及電子化的溝通時代，顧客越來越喜歡有專人服務的專屬服務。因此，許多公司也陸續推出有專人服務的專案，由熟悉顧客的個人或小組來負責，這種個人化的進行應當再加上顧客關係管理，例如：有些服務中心管理系統功能非常完善，可以自動追蹤電話來源或電子郵件，並指派負責的服務人員來處理。

三、多種語言、多種文化

經濟全球化及網際網路的盛行，都使跨國界的訂單越來越多，因此，許多的網際網路也都能夠幫助企業在交易時的進行，但是，網際網路上所使用的共通語言「英語」也逐漸弱化，這並不是因為英語的不被重視，而是在每一個網頁裡，都能提供不同語言的頁面，讓使用者得以自己選擇自己習慣的語言。因此，在全球顧客回應的思考上，也應以顧客文化及語言來做回應，並了解目前影響全球顧客的需求，同時，也必須尊重他們所使用的通訊語言。

四、服務中心作業監督

一個顧客的服務介面也應該被監督，以記錄每項作業進行的時間、顧客等待時間、因等待而流失的顧客數，以及顧客整體的滿意度…等。

物流個案

- 善用客戶旅程地圖法－建立新零售的競爭優勢

Chapter 08

物流其他機能管理

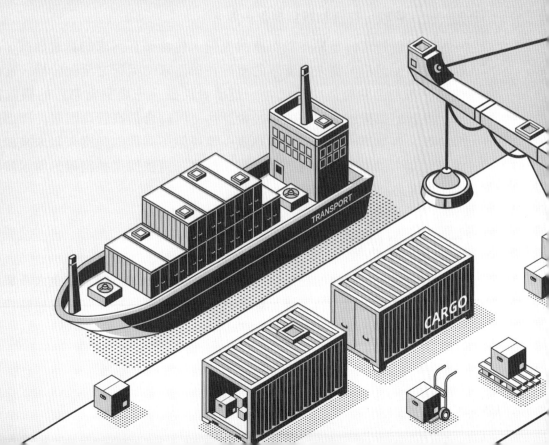

第一節　需求管理的定義

一、需求鏈

需求鏈是供應鏈的反向思考，因為供應鏈是從上游供應商到最終顧客，包含所有生產、配送到最終產品或服務的過程，亦是經過一系列的活動和程序來提供產品或服務來滿足顧客需求的模式，屬於推式的行為；需求鏈是由最終顧客到上游供應商，由顧客的需求為主要出發點，並仰賴前端工廠的生產規劃來預測需求，屬於拉式的行為。在推式與拉式的過程中，必須仰賴多家企業伙伴之間的資料回應。

二、需求鏈管理

需求鏈管理最早係由哈佛大學 Michael Porter 在價值鏈管理中所提出，其認為「需求鏈是供應鏈管理的延伸，在需求鏈管理中包含從顧客的需求到顧客的需求滿足，串聯了整個需求鏈的所有商業活動。需求鏈管理強調企業內部與企業伙伴之間充分的協同合作，包含：共同規劃、需求預測、行銷規劃、產品管理、存貨和補貨規劃…等。」

供應鏈管理的重點在於供應的流程，包含顧客需求的真實數據、生產、採購…等；但是，需求鏈管理的重點在於需求的流程之全面分析，從價格、促銷、新產品的導入、季節性、競爭者活動、市場異常事件的橫向需求分析，並對可影響市場需求的手段做評估，再綜合最高管理階層、總部到各地分公司、各部門、經銷商、供應商…等任何不同縱向角度來對未來銷售及需求做預測，以產生最精確的共識需求計畫。再依據這些精確的需求預測、規劃、管理最有效的企業活動。

三、需求管理

企業最主要的目的在於服務顧客，在大部分的行銷工作上大多集中於滿足顧客需求，因此，為了滿足顧客需求，必須經過物流管理的相關作業來提供這些資源，這些工作即稱之為需求管理。

　　需求管理是協調與控制所有的需求來源，以使物流系統更為確實、有效，並且能夠將產品及服務及時的供應給顧客。物流計畫必須知道配送什麼、要配送多少、何時送達，這些資訊必須在銷售訂單上以文字方式表達清楚。一般而言，在需求管理的工作上包含：

1. 預測。

2. 訂單處理。

3. 滿足配送契約。

4. 物流計畫、控制及行銷。

 第二節　需求型態

　　所謂需求型態，係指以物流的觀點，將顧客型態分成不同的類別，其分述如下：

一、需求模式

　　所謂需求模式係指將需求依時間序列來呈現出其資料表示圖形，這種模式顯示由於時間的變化相對於實際需求變化，其可分成下列四項：

（一）長期趨勢

　　長期趨勢為企業活動中的一種長期變化，通常會呈現一種漸增或漸減的傾向，例如：生產量、就業量、銷售量…等，它的表現可能會是漸增或漸減的傾向。

　　雖然有很多產業其長期趨勢呈現增加的比率，但是有些產品卻長期趨勢是呈現減少的趨勢，例如：收音機的製造可能因為電視機的發展而使銷售量降低、黑白電視機也由於彩色電視機的現世而逐漸被淘汰。

　　因此，廠商必須先了解產業的長期趨勢之後，再根據本身企業過去的銷售紀錄來預測顧客未來可能的需求。

（二）季節變動

季節變動係以一年為週期的變動，其乃是受季節的自然因素或習俗因素的影響而導致經濟波動的狀態，例如：一年四季的氣候有冷熱之分，雨量有多少之別，使得農業的生產量可能隨著季節變化而有所不同；另外，工業產品亦會因為季節的需求而有所變化，例如：配合年節活動的應節產品。一般而言，季節變動為短期預測的基礎。

（三）循環變動

循環變動乃是由於經濟或商業循環所引起的週期性的變動。此等變動並無一定的週期或時間，其約略有四個階段，其分列如下：

1. 繁榮期：在此一時期裡，經濟活動為最活躍的時期，其需求大於供給，使得物價上漲、生產增加，也使就業率增加；在此一階段裡，在預測工作上應採取樂觀原則。

2. 衰退期：此一時期的產品銷售量減少、利潤降低，廠商的投資活動大為減少；在此一階段裡，在預測工作上應採取保守原則。

3. 蕭條期：此一時期的物價和利潤都降到最低，失業也成為普遍現象，國民所得水準逐漸降低、廠商的利潤亦大量降低，使得廠商倒閉逐增；在此一階段裡，在預測工作上應採取悲觀原則。

4. 復甦期：此一時期的利潤水準最低，而且生產者存貨最少，一旦需求大於存貨時，物價可能止跌回升、社會投資也會增加、失業率也會降低，可能使社會又重回繁榮階段；在此一階段裡，在預測工作上應採取擴大生產為原則。

（四）隨機變動

隨機變動為一種不規則的變動，其發生的原因主要在於天災、人禍…等突發事件，其中最常發生的有罷工、水災、暴動、戰爭、價格競爭…等干擾因素。隨機變動一旦發生，大至國家、小至企業，常會受波及與牽連，因此，管理者必須對隨機變動本身可能造成的影響，以及隨機變動對外可能造成的影響詳加研究、有所作為，以免受到波及或錯失良機。

二、靜態和動態需求

　　某些產品和服務的需求模式所形成的圖形可能會隨著時間的改變而變動，但是，有些則會保持相同的形狀。若保持相同的形狀，稱之為靜態；反之，稱之為動態。動態的改變會影響趨勢、季節或隨機性的實際需求，其變化若越穩定則越容易進行預測。

三、相依和獨立需求

（一）獨立需求

　　並非由其他的產品或服務需求直接衍生而來，例如：對不同車款的需求。一般而言，獨立需求是指最終的製成品或服務零件的需求，此類的需求必須採用需求預測或再訂購點…等方式來進行。

（二）相依需求

　　這種產品或服務需求，來自於其他產品與服務的需求，例如：對汽車輪胎的需求。這種需求不需預測，而是直接從獨立需求的項目裡獲得。

第三節　需求預測

　　需求預測係指對需求鏈中的成員在未來可能發生的需求現象做預估，必須符合下列四個要件，其分述如下：

一、預測程序的持續性

　　由於環境的變遷，會對預測造成不同程度的影響，因此，預測者必須熟悉這種狀況，並適時的對以往的預測結果就當前的情況加以修正。

二、預測情況的不定性

　　預測的重要性在於對未來情況的未知及不確定。其主要原因在於相關因素的變動可能影響預測的結果所致。儘管有時這些相關因素可以加以控制，

但是彼此之間的相互影響程度卻很難加以衡量；再者，正因為這些變動因素無法預估與控制，使得未來的不確定性更高。

三、預測事件的連續性

只有當預測的現象持續的出現，我們才能將其作為預測的基本資料；同時，透過這些持續資料的了解，才能推演出未來可能的變化，但是，對於天災與戰爭可能較難預估。

四、預測結果的可靠性

在正常的情況下，預測的結果必定存在著某種程度的誤差，即使所使用的資料完全反應真相，而且使用的預測方法完美無缺，但是由於未來情況可能存在許多的不確定性，使得預測結果無法與真實結果相符。

第四節　需求預測方法

近二十年來，逐漸出現許多的預測方法，其可分為定性法與定量法。定性法屬於較為主觀與判斷性，亦可稱較屬估計或意見的預測法；定量法係以過去的資料來對未來做預測，其分列如下：

一、定性法

定性法除了在物流領域中運用之外，亦常出現在組織行為、人力資源管理、作業管理與環境管理，其重點為：

（一）市場研究法(Market Research)

市場研究法對於實際市場的假設做有系統、較正式，且有意義的檢定程序。

（二）銷售組合法(Sale Force Composite)

銷售組合法係利用銷售人員自己的經驗，來判斷未來可能的銷售額，然後再層層加以結合。一般而言，銷售人員會分別就不同地區、不同產品與不同顧客做預測，公司也會將過去在各地的銷售資料分發給銷售人員，以為判斷前的參考，如此一來，銷售人員較容易得到客觀且準確的結果。

銷售組合法又可稱為「由下而上預測法」或稱「基層意見法」。此乃由於銷售人員站在市場的第一線，直接與顧客接觸，較能清楚掌握顧客動向，不過，使用銷售組合法可能會受到銷售人員本身素質的影響，而產生不同的結果；因此，若能再請公司幕僚人員根據專業的判斷與協助，再將銷售人員與幕僚人員所做出的判斷做成結論，會有更好的產出，例如：透過經銷商的協助來做預測，並與銷售人員的預測做結合，其結果會更接近實際狀況。

（三）主管或專家意見討論法(Jury of Executive Opinion)

其係指集合一群主管或專家，利用討論的方式來達到預測的結果。在進行會議討論時，採用開放法，請公司銷售人員及顧客來進行討論，以得到共識。

（四）德菲爾法(Delphi Mothod)

其係利用問卷來對一些專家進行訪問，在將這些專家的結果做成結論，最重要的是要去計算每個問項的平均值與變異數，再將這些結果送給每位專家，之後再進行另一次的問卷施測，讓這些專家再次作答，此時，可以參考新的結果與前一次的結果做比較。

在此法中，可能會反覆進行三、五次問卷，以得到最佳的結果，這種方式由於受訪者是匿名的，所以其可在不受其他專家的身份、地位所影響，只憑藉著自己的知識與看法來做判斷。不過，這些受訪的專家必須涵蓋各種不同的領域，再按照其重要性與迫切性來分配適當的比例。

（五）歷史類比法(Historical Analogy)

此法係對於公司在導入新產品於市場時，考量當時的情況，找出過去曾發生相類的事件，加以分類做預測；此時，若要估計某新產品在市場的需求量時，可以根據產品的歷史資料加以比較、分析，以得到較為接近市場的可靠量。

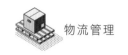

二、定量法

定量方法中的因果關係法，皆先從總體層次預測整體經濟現象與產業狀況，再計算公司的占有率與銷售量，又可稱為「外部預測法」，它也是一種由上而下的預測法。

（一）因果關係法

當歷史資料可以利用且足以分析，並明確說明被預測事項的相關因素和其他因素之間的關係時，預測人員就可以使用因果關係法來進行。這種方法是預測方法中最複雜的，它以數學式來表示有關聯的因果關係，同時，其係藉由找尋因果時間數列之間的關係來進行預測。預測者在產品的需求量與其他因素間，找尋某種因果關係，這些關係包含：企業指標、產業指標、國家指標…等，亦即利用這種關係來求得產品的未來需求，其進行的流程為：先找到領先指標，以預測其先後排列，再經由連續的修正以得到最近的可信系統，其又可細分為：

1. 迴歸模式(Regression Model)

迴歸模式為一種廣泛使用於多因子資料分析的統計技巧。迴歸模式利用統計的理論基礎，建構出變數之間的關係，稱之為「迴歸方程式」，其係利用方程式來說明變數間的關係，其使用十分簡單、易懂，因此在一般預測上時常被使用；但是，在使用上其亦有許多困難點，因為在實際的問題中，所得的資料多為非線性的型態，很難找到一個適當的非線性迴歸方程式去調配一組資料；除此之外，使用迴歸模式時，其資料型態需符合其統計假設，若有違反其假設時，則需經過適當的轉換，才能得到更佳的結果。

2. 計量經濟模式(Econometric Model)

計量經濟模式是表現出要研究事物與其主要因子的關係式，它可以用來分析某些事物的過去狀態並預測他們的未來變化，並可進行模擬實驗，以替代不可能或費用昂貴且費時的實際經驗。

由於其普及性與多變性，造成在許多不同的學科上都有許多的表現與使用；此外，它還被用在政治科學、經濟學、商業管理…等學門的研究，以衡量其因果關係。

3. 購買意願調查法(Intention-to-buy & Anticipation Surveys)

此法係以消費者的使用情形來做為其調查結果，來導出一個能衡量消費者對於現今及未來的感受指數，並以估計此種感受對於購買習慣的影響程度。基本上，這種方法較常使用於追蹤訊號與預告，但也可能會因為其指示錯誤而造成較不正確的結果。

4. 投入－產出模式(Input-Output Model)

此法為各行各業、各部門間的財貨與勞務流程分析的一種方法，這種方法告訴我們何種投入流程會得到什麼樣的產出結果。利用這種預測方式的花費較大，一般常運用於大型企業裡，其需要更詳細的資料時使用。

（二）時間序列分析法

時間序列分析法乃是以過去的資料來預測未來，其先將觀測的資料按照時間先後順序排列，並訂定其時間的相隔時間，例如：小時、天、週、月、季、年…等，再利用圖示來判斷觀測值在不同時間的變化狀況，且利用統計方法來預測未來的可能發展。

這種模型為美國人口調查局 Julius Shiskin 所發展出來，又稱「Shiskin」模型，也可稱「傳統分解法」或「X-ll 法」，其可將時間序列分解成季節、趨勢及不規則變動…等因素，運用於詳細時間數列分析，包括季節性變化的預測；因此，此法若能有效的與其他方法合併使用，則可延伸其用途到預測與追蹤上。

一般而言，時間序列中的觀察值受到趨勢、季節、循環與隨機變動…等因素的影響，使得銷售預測人員必須先了解可能影響研究的趨勢變動因素有哪些，以作為未來擴充廠房、增購設備與儲備人力的基礎，再根據季節變動，以作為季節性調整的用途。在進行預測時，必須設法將循環與隨機因素去除，並在分析趨勢的數值時，去除季節變動的影響。

時間序列是以時間先後為分類基準的統計數列，其有兩個變數，其分別為：(1)自變數；(2)依變數。在自變數方面多設為時間，依變數設為各時點所對應的數量或數值，就意義而言，時間序列的資料並不符合迴歸分析的基本條件，因為時間序列的資料並非隨機抽取，而是在每一個時點只能出現一種數值，但是其觀念和迴歸分析相似。

利用時間序列做預測的基本假設為未來的數值能經由過去的數值做估計，再根據不同性質的序列資料，以不同的方法來進行預測，其常見的預測方法有：

1. 移動平均法

此法乃是以過去資料為依據，將最近 N 期的資料算術平均數或加權平均數來做下一期的預測，其可消弭季節變動、不規則變動的影響。

2. 指數平滑法

此法與移動平均法很相似，唯一的不同點在於指數平滑法在決定數值時，最近的資料所占的比重較大，以數學式表示為 $S_t = \alpha X + (1-\alpha)S_t - 1$，其中 α 稱為平滑常數。

指數平滑法的種類有很多，上列的方法是較為簡單的平滑法，也是最便宜且廣泛使用的短期預測方法。

3. Box-Jenkins 法

使用此法，首先必須將歷史資料的時間序列確認其應導入何種數學模式，使其誤差達到最小，再估計其參數值。本法是較精確的統計方法，但也是較花費時間與成本的方法。

第五節　需求預測方法的選擇

在進行需求預測方法選擇時，最關鍵的問題在於其所面臨的環境特性與成本效益問題，例如：對於預測方法的選取準則、如何選取合適的預測方法。一般而言，其必須考量的因素有：

一、需求預測的型式

預測的型式有三：1.點估計；2.區間估計；3.等距估計。例如：公司下個月的營業收入約 50,000,000 元，屬於「點估計」；公司下個月顧客對公司產品的需求量約為 500,000 到 1,000,000 單位，屬於「區間估計」；今年公司的景氣燈號為「黃燈」，去年為「紅燈」，屬於「等距估計」。

二、需求預測的長度

需求預測的長度，要視資料與決策的性質來做決定，可能是數天、數週、數月，甚至數年，以找出適合各種時間長度的預測方法，例如：預測分為一週、一季、一年…等，以了解各段時間內，其適合的預測方法是否有異，並整理出所需的預測期的不同時點，其適合的預測方法。

三、需求預測的項目

整體而言，影響預測的變數大約為三到五個。過多的變數可能會使得預測的結果變得複雜，過少的變數可能會使得結果不準確；因此，在多變量統計模式建立過程中，變數並不需要過多，只要求最適。

四、需求預測的精確度

預測的精確度關係到管理決策的品質。但是精確度較高的預測，通常付出的時間與成本也較高，所以，低成本高精確度的預測方式，通常是公司企業等營利團體所追求的目標。短期的預測，要比長期預測還準確，因此，其精確度也被要求較高；對於長期與短期的精確度，是按一般經驗法則，以平均誤差低於 5%為最佳，5~10%為佳；10~20%為尚可；超過 20%為劣。

五、系統結構的改變

由於系統結構性的改變，導致需求或供給的時間數列趨勢與過去有所誤差。預測者必須配合動態變化的歷史演變，來建構出符合目前狀況的模式。若一昧的跟隨著過去經驗，則很難對新市場的變遷做出準確的預測，例如：台灣與大陸之間的往來，在建立兩岸共同市場的方向上，未來對於高雄港的繁榮有多少的助益，至今仍無法確定。

 第六節　需求預測控制

為了確保預測的執行令人滿意，在監控預測的誤差確實有其必要性，在監控預測上，可使用追蹤信號或管制圖來進行。追蹤信號係以預測誤差的累積值及平均絕對差數值來衡量，當預測系統越正確，預測誤差的累積值越接近，其追蹤信號公式為：

$$追蹤信號 = \frac{\sum(A_t - F_t)}{MAD_t}$$

A_t：第 t 期的實際值

F_t：第 t 期的預測值

其中，MAD 可以兩種方式來取得：(1)求出所有絕對誤差的簡單平均；(2)由指數平滑法來決定其加權平均數。第二種方式的優點在於每個預測值所需的歷程數據較少。另外，管制圖的方法是為每個預測誤差設定上下限，這種方法係基於預測誤差乃是以 0 為平均數的常態分布為假設。

一般通常會使用各期預測值與實際誤差值的 3 倍標準差來做上下界限，其標準差(S)公式如下所示：

$$S = \sqrt{\frac{\sum(e - \bar{e})^2}{n-1}}$$

不過，大部份在實務上都以均方誤的平方根來代替標準差，其公式為：

$$S = \sqrt{MSE}$$

$$MSE = \frac{\sum_{n-t=1}^{n} e^2}{n-1}$$

第七節　協同規劃、預測與補貨

「協同規劃、預測與補貨」(Collaborative Planning, Forecasting and Replenishment, CPFR)起源於 1995 年在 Wal-Mart 與 Warner-Lambert 共同改善 Listerine 於賣場的現貨水準從 87~98%，並且將訂貨的前置時間從 21 天降到 11 天，並將庫存天數控制在二週內，使得其產品的生命週期也變得較平穩，亦使得 Listerine 的銷售額提升。

一、定義

CPFR 最初的定義係由美國 VICS 組織(The Voluntary Inter-industry Commerce Standards)於 1998 年首次推動 CPFR 模式，公布了一連串指導原則，並製訂了九大步驟以協助企業間如何在規劃、預測與補貨…等方面進行合作。

聯合通商與 EAN TAIWAN(2002)對 CPFR 的定義為「正式規範兩個企業夥伴間的處理流程，雙方需先同意接受協同合作計畫和預測，監控全程一直到補貨之間的運作，然後再確認異常狀況，最後再採取可行方案加以解決。」

CPFR 的協同合作概念需要資訊技術去建立、分享及調整線上的預測及規劃。供應鏈中的合作一直被視為一種主要的企業流程，而 CPFR 正是一種能夠使彼此交易夥伴之間達成雙贏的局面，亦即顧客滿意度、成本及收益都能夠同時達到最佳化的最成功機制。因此，越來越多的企業及組織正走 CPFR 的機制，以享受其所帶來的好處。

CPFR 的主要目的在於增加需求預測與補貨規劃的正確性，以降低供應鏈中的存貨及能夠使正確的產品在正確的地方獲得較高的服務水準，但是，唯有當企業之間能夠藉由一連串共同的處理流程來彼此合作、分享知識時，此一目的才有可能落實；然而，這一連串共通的企業流程正是 CPFR 的主要精神。

二、歷史發展

　　CPFR 是隨著協同商務的來臨而重現，其起源於快速回應、有效的消費者回應、供應商管理存貨…等概念，其分述如下：

（一）協同規劃、預測與補貨

　　由於 CPFR 提及買方與賣方如何在價值鏈中進行互動過程的許多問題，使得彼此之間得以建立 CPFR 作業與其他作業之間的概念，其對於買方或賣方公司的作業均相當合適。

（二）快速回應

　　快速回應(Quick Response, QR)開始成為軟性商品的作業模式，並且成為「持續補貨規劃」的作法，其目的在於將買方與賣方同步化，並且發展出更好、更以消費者為中心的補貨作業，來降低作業成本，在銷售點資料的共用資訊流及電子資料交換即是以此為技術基礎。例如：在美國 Wal-Mart 將策略與科技做結合，希望與 P&G、Gitano、Warren Featherstone…等供應商相互配合，以增進市場和生產力的回應。

　　參與快速回應系統的廠商必須成為物流夥伴關係的其中一員，一個真正的夥伴關係必須仰賴買賣雙方分享敏感的資訊，以及不斷的溝通與維繫來進行彼此之間的往來；因此，其需要交換大量的資訊及大量的設備，例如：條碼處理和零售點掃瞄、貨櫃運輸系統、貨物追蹤系統…等。

　　快速回應系統是以多單少量為基礎，其主要活動如下所列：

1. 零售商追蹤各種項目的銷售和存貨。

2. 自動補貨系統監控存貨，來支援多單少量的裝運。

3. 零售商承擔貨品運輸成本的責任。

4. 供應商給予高水準服務，重視裝送的精確和準時。

5. 零售商與供應商分享資訊，協助生產的規劃，並承諾採購一定數量。

　　同時，有了真正的夥伴關係與電子資料交換科技、人員和訓練…等的支援，快速回應系統可以提供使用者許多潛在的效益，其分列如下：

1. 減少購買者與銷售者間的議價成本。

2. 對市場需求的回應增強。

3. 穩定購買者與銷售者之間的供需關係。

4. 生產作業順利。

5. 不致發生缺貨現象。

6. 提升顧客滿意度。

（三）有效消費者回應

有效消費者回應(Efficient Consumer Response, ECR)比快速回應更為詳細，並且延伸到企業的流程，包含供應商與製造商，其包含許多國際性通路的概念，使得它可以在夥伴間共享資訊，利用 EDI 做為核心技術，來滿足顧客的需求。

（四）零售商管理存貨

利用快速回應與補貨作業，使消費者價值鏈發展出零售商管理存貨(Vendor-Managed Inventory, VMI)，其用意在於「在最適的時間、地點，以最適的數量、最低成本，來提供最適的產品」。零售商管理存貨也是效率補貨作業的轉型，其係由供應商對顧客供應鏈來供存貨、補貨作業。

（五）供應商管理存貨

供應商管理存貨(Supplier-Managed Inventory, SMI)發源於歐洲的商業模式，它是以 VMI 所發展出來的模式，它的立場是站在供應商的立場來看存貨的問題。但是 SMI 與 VMI 二者之間仍有許有的不同，最明顯的是跨國的問題，例如：由於前置時間需求在不同國家之間有各自的不同，因此造就了不同系統的整合。但是，SMI 與 VMI 二者之間也有許有相同之處，例如：它們都相當重視消費者的需求與 POS 系統的預測及規劃作業。

三、流程

CPFR 指導方針中訂定一循序漸進的方法，先從協同規劃開始，再經過協同預測，最後達到協同補貨，這個商業流程的主要特色在於其能促使供應鏈體系的成員，在商務夥伴的關係架構下，能根據彼此之間的互信程度來共

用特定的企業資訊，以在供應鏈體系裡，完全發揮各自的核心來分擔整體供應鏈成敗的共同責任，並分享共同的成果。

VICS(1998)提出 CPFR 的執行步驟，主要包含三個階段、九個流程步驟（圖 8-1），其分述如下：

（一）協同規劃

協同規劃的主要目的在於讓供應鏈成員之間的規劃活動能先取得一致的基礎，以利後續各項作業的開展。如此一來，可以確定協同運作關係的基本資料，例如：協同運作的項目、類別、共用資料、異常狀態管理…等，再者，其能確定協同運作的商業流程，例如：規劃的遠程目標、凍結執行階段的時間…等。

VICS 對協同規劃定義出兩個階段的步驟，其分別為：

步驟一：擬定雙方的協議

協議的內容包含定義明確的目標、協同運作的範圍與未來互動方式、商務流程及相關需求指標；此外，也根據體系對其商業流程管理及改善的承諾，例如：訂單處理、資源分派、時間分派，以配合各成員各自不同的角色及責任；最後，再規範出定期檢討及程式更新的機制，以處理紛爭和導致這些紛爭的問題來源。

步驟二：發展聯合事業計畫

依據各成員計畫納入的各類產品，訂定出清楚的聯合策略與必須相互交換流通的資料數據。當任何成員有意更改產品類別或協同運作項目管理政策時，其必須重複發展計畫的過程。

（二）協同預測

協同預測有兩個不同的階段，其分別為：(1)銷售預測；(2)訂單預測。但是，由零售端或製造端來負責銷售預測或訂單預測，必須視不同的商品及不同的主導權來決定，以銷售預測來看，其可能受到季節、廣告、促銷…等因素的影響，其包含下列六個步驟：

步驟三：銷售預測

預測零售銷售點的銷售量，必須根據 POS 系統的資料，加上季節、天候、廣告、促銷、地理因素、特殊事件、產品屬性及經驗值來分析各種產品未來可能的銷售量。

步驟四：異常狀態辨識

由於產品種類繁多，依產品生命週期又可區分出各種類別的產品，加上每天的銷售量可能有很大的差異，因此，必須隨時監控、隨時調整策略。

步驟五：合作異常項目處理

對於異常的發生，供應商與零售商必須要增加或者減少銷售，這些問題都是處於供應鏈中相當重要的處理項目。

步驟六：訂單預測

一般而言，預測的工作通常都是由供應商或物流中心根據銷售預測及 POS 銷售系統裡的資料來進行預測。

步驟七：訂單預測的異常狀態辨識

對於不同品項的商品，必須隨時注意其銷售與訂單的百分比，若比值高於 1，則表示有庫存，比值越高，表示庫存越高；比值越小，表示庫存越少，必須進行補貨。

然而，補貨的比值必須依各品項的不同來界定，以控制不同的狀況。

步驟八：合作異常項目處理

對於異常的發生，供應鏈裡的廠商會針對問題來做協調與解決，以找到最適的庫存量及補貨時間。

（三）協同補貨

當預測完成之後即進入訂單的產出，同時，在經過協同規劃、協同預測之後，協同補貨的複雜性就會大幅降低。一般而言，係根據某個品項或類別就有關製造、交貨…等前置作業時間來決定。

步驟九：訂單產出

在經由協同預測所發展出的預測，其目標值可能與實際訂單有較為相符的數量；此時，較能應付實際所接到的訂單。

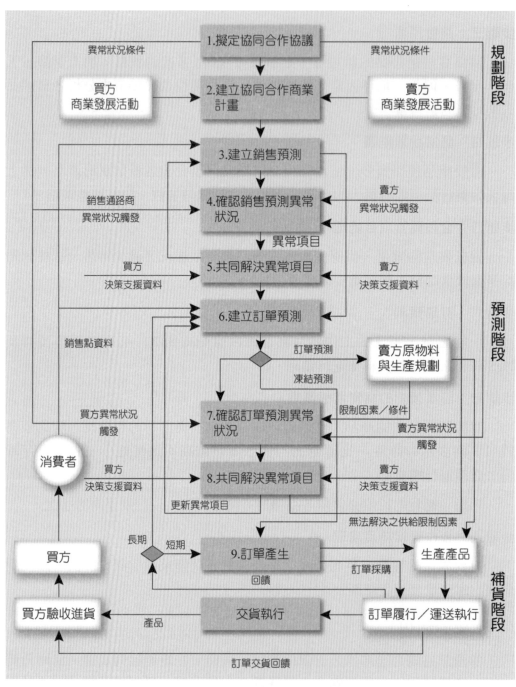

圖 8-1　CPFR 三階段九大步驟

資料來源：VICS 網站

四、效益

在經過協同規劃、預測與補貨(Collaborative Planning, Forecasting and Replenishment, CPFR)的運作之後,其所帶來的效益有:

1. 買賣雙方共同訂定一預測計畫,較能共同承擔風險,並能以相同的標準來評量績效。

2. 可使製造商庫存量減少並改善顧客的服務標準;零售商也可確保其訂單能夠被滿足。

3. 運用科技,可減少許多作業上的成本;但是,相對其科技成本也會提升。

4. 供應鏈效率及行銷費用和生產力可能提升,也可使庫存降低,並提高整體投資報酬率。

物流個案

■ 新物流地產與新零售成為新興勢力

memo

Part 03

— Logistic Management —

物流機能整合管理

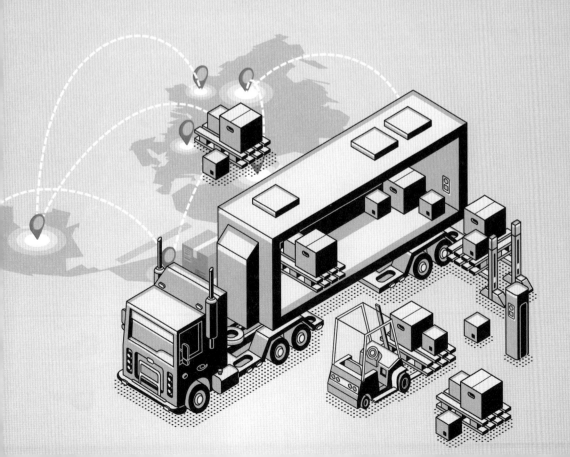

memo

物流整合管理

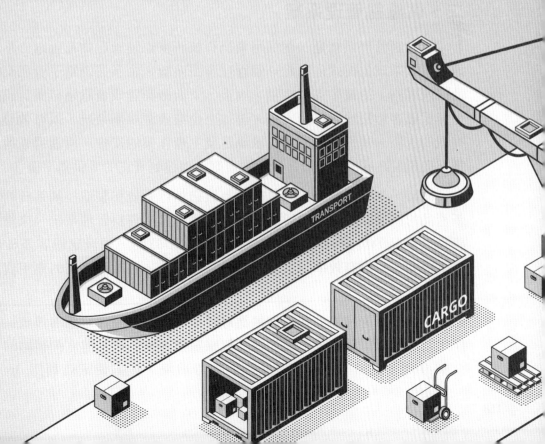

第一節　物流資訊系統

一、資訊系統的定義

　　物流資訊系統係指有關人力、設備及操作程序合成的群體，該系統具有持續性與交互性，藉以為企業機構的物流決策者蒐集、歸納、分析、評估及分送各項所需的適時且正確的資訊。

　　基本上，物流資訊系統的角色定位在物流決策支援的功能，其係以物流管理人為起點，亦以物流管理人為系統的終點；因此，物流資訊系統的首要工作即是了解各物流部門管理人「期望獲得」何項資訊，考量各相關因素、進行資訊的評估作業，以確認系統所需提供的資訊，例如：從物流環境中，可以了解影響物流決策的有效性，在評估資訊的需求之後，即可透過開發與資訊分析系統，將企業內部資訊與外部環境資訊加以整合，並將分析結果及時送達給物流管理人，以做為物流分析、規劃、執行與控制；日後，各項物流決策經過執行及溝通程序，也會對物流環境造成影響。

二、供應鏈管理系統

　　供應鏈管理系統是一個應用資訊科技將供應鏈管理做為可以分享的相關資訊，以系統化模式建立起一個管理資訊系統。企業透過電子資訊交換系統及網際網路上的電子商務應用，與上、下游廠商達成資訊連結與資訊共享，並提供顧客相關的服務與支援，再加上企業資源規劃系統，以有效整合企業有限的資源。其係針對顧客需求滿足及生產作業的安排，再透過先進的生產排程與規劃系統，來進行最佳化的規劃，以達到真正的「供需平衡」。

　　同時，生產規劃結果的執行亦為製造執行系統和製造控制系統的產出，新產品的研發與原產品的設計變更則係透過產品資料管理系統，來快速建構與修改產品的設計資料，以縮短產品的上市時間，並滿足顧客多樣化的需求；因此，一個有效率的供應鏈管理資訊系統，必須由不同的應用資訊系統搭配而成。

　　目前，有許多的公司透過供應鏈管理系統，來整合它們的傳統供應鏈程序，及運用網際網路技術與先進的無線射頻辨識系統來建立跨組織的電子化企業系統。例如：目前競爭激烈的經營環境，正迫使廠商利用 Intranet、

Extranet 與電子商務網站入口，來改造它們與供應商、配銷商及零售商之間的關係，進而達到大幅度低成本、增進效率、改善供應鏈週期時間的目標。供應鏈管理系統能夠協助供應鏈流程中的每家公司，來改善跨企業間協調合作關係，如此一來，將使得企業之間的配送與訊息管道傳遞更有效率。

（一）電子資料交換

電子資料交換(Electronic Data Interchange, EDI)是最早的供應鏈管理技術。電子資料交換係透過網際網路或其他網路在供應鏈交易夥伴間，以電子化方式來交換企業之間的交易文件；同時，企業交易文件的內容相當多樣化，例如：採購訂單、發票、報價單與運送通知，經由標準化文件訊息格式在電腦之間做交換。典型的電子資料交換軟體負責將公司本身的文件格式，轉換成各產業所訂定或國際共通標準格式；因此，在電子商務與供應鏈程序中，電子資料交換幾乎能完全自動化，再者，網際網路上的私密虛擬網路電子資料交換，亦是在 B2B 電子商務中廣為應用。

電子資料交換，不需要人為介入與紙張文件，格式化的交易資料就能透過網路在電腦之間傳遞。除了交易夥伴的電腦網路能直接連結之外，第三方服務目前也廣被使用，因此，許多電子資料交換的服務提供者，現在正推出 Internet 上私密且低成本的電子資料交換服務。

再者，雖然目前 XML 的 web 服務正逐漸取代電子資料交換，但是，電子資料交換目前仍是最廣為使用的資料交換格式，因為電子資料交換能夠自動追蹤存貨改變、啟動訂單、發票及其他交易的相關文件，還能行排程並確認遞送與付款工作。藉由數位化整合供應鏈，電子資料交換將流程合理化、將時間節省下來，並提升其資料正確性。

（二）供應鏈決策支援系統

供應鏈決策系統包括三個規劃領域，其分別為：

1. 需求規劃

主要在經由歷史資料，以精確的預測出未來的需求，以及了解顧客的購買習性…等。

2. 供給規劃

其重點在於如何有效的配置後勤資源以符合需求，其包括供應鏈策略規劃、存貨規劃、配銷規劃、運輸規劃…等。

3. 製造規劃與排程

其目的在於有效的配置製造資源以滿足需求，包括傳統的物料需求規劃，以及顧客交期回應系統…等。

此外，供應鏈決策支援系統亦稱為先進規劃與排程系統。先進規劃與排程系統是運用先進的管理規劃技術，在整體考量企業資源限制之下，對企業間、企業內的採購、生產與配銷運籌管理做最佳的供需平衡規劃。

（三）供應鏈決策支援系統的功能特色

供應鏈決策支援系統使用先進的規劃技術與方法，修正了傳統規劃與排程方法的缺點，而較能滿足複雜的供應鏈規劃與生產排程的需求，供應鏈決策支援系統的功能特色可分下列幾點：

1. 同步規劃

供應鏈決策支援系統的同步規劃係指根據企業所設定的目標，同時考量企業整體的供給與需求狀況，以進行企業的供給規劃與需求規劃，亦即在進行需求規劃的同時，考慮整體的供給情形，進行供給規劃時亦需同時考量全部需求的狀況，這是因為供應鏈決策支援系統擁有同步規劃能力，不但使得規劃結果更具備合理性與可執行性，亦使得企業能夠真正達到供需平衡的目的。

2. 最佳化規劃

企業資源規劃(Enterprise Resource Planning, ERP)，傳統上，以企業資源規劃排程邏輯為主的生產規劃及排程系統進行規劃時，並未將企業的資源限制與目標納入考量，使其規劃結果非但無法達到最佳化，甚至不可行；然而，供應鏈決策支援系統則是利用數學模式，例如：線性規劃、網路模式、限制理論與模擬方法…等先進的規劃技術與方法，因此在進行生產規劃時能夠考量到企業限制與目標，以擬定出一可行且最佳化的生產規劃。

3. 即時性規劃

資訊科技的發展使得生產相關資料能夠即時取得，而供應鏈決策支援系統能夠利用這些即時性的資料，進行即時的規劃，使得規劃人員能夠即時且快速的處理類似物料供給延誤、生產設備當機、緊急插單等例外事件。

4. 支援決策能力

在供應鏈決策支援系統中，具備假設、情境分析及模擬等工具，這類工具可提供規劃人員做出正確的決策，例如：決定最適當的訂貨數量與時間。

（四）供應鏈決策系統的規劃層次

供應鏈決策支援系統規劃可分成三個不同時間區間的規劃層次，其分述如下：

1. 策略性規劃

規劃時間點為數月到數年，規劃的主要決策關係到企業較為長遠的影響，其規劃重點包含新建工廠、倉儲開發、造工廠的位置選擇、全球供應、製造、倉儲、配銷…等決策規劃。其面對的規劃挑戰為如何達成企業全球化精準的預測及企業整體成本最小化、最大利潤化的目標。

2. 戰術性規劃

規劃時間點較策略規劃縮短為數天、數週到數月，屬於中程性規劃。其規劃重點係依循策略性規劃因素來決定促銷活動、產能利用決策、存貨計畫、顧客服務目標、區域供應採購、採購政策及活動、後勤運送…等，其所面對的規劃挑戰為如何掌握企業可運用的資源最佳規劃，達成企業最佳顧客服務水準及資源利用。

3. 作業性規劃

將規劃時間更縮小到數天內，或一天的數小時，甚至數分鐘內的相關作業性管理活動，其屬於短程即時性規劃，其工作重點在於解決物料短缺、排程變更調整、可允達交顧客承諾…等，其所面對的規劃挑戰為如何快速調整因應企業日常面對的作業性問題解決。

（五）供應鏈管理系統的解決方案

　　企業所面對的供應鏈管理功能需求可分規劃面與執行面兩大項，根據此兩大類功能需求，現有的供應鏈管理解決方案也可規劃分兩大類，其分述如下：

1. 供應鏈規劃解決方案

　　　其包含以下幾個重要的關鍵因素：

(1) 配送規劃。

(2) 製造規劃。

(3) 生產排程規劃。

(4) 供給規劃。

(5) 需求規劃與預測。

(6) 供應鏈網路規劃。

2. 供應鏈執行解決方法

　　　其包含以下幾個重要的關鍵因素：

(1) 訂單管理。

(2) 存貨管理。

(3) 國際貿易後勤管理。

(4) 運輸管理。

(5) 倉庫管理。

(6) 供應鏈活動管理。

(7) 顧客／供應商的協同管理

三、企業資源規劃

　　物流業者與企業間的合作需要資訊分享的機制建立，因此，必須透過企業資源規劃系統，使物流業者可以清楚知道使用者目前需要哪些服務，或是預測顧客未來所需的服務。今日，企業有屬於自己的策略夥伴，對其公司的成長有相當大的幫助，因此，企業透過企業資源規劃系統將可與其物流供應商做更緊密的結合，來發揮供應鏈的功能。

　　近年來，以製造業為中心，使得各公司得以導入活用企業資源規劃系統的套裝軟體來代替軟體的開發。所謂的企業資源規劃系統係指將企業整體的

經營資源做有效的分配與管理，其包含：行銷、財務、人力、研發、生產…等工作流程所需的資訊，使其得以藉由資訊科技與組織及流程再造，來達到有效的整合。

　　企業內部資源的整合必須將供應鏈裡的上下游廠商結合起來，才足以面對全球化的競爭。以往在建置企業資源規劃系統時，只將目標設定在提升企業的經營績效，但是，未來必須將重點放在供應鏈廠商的結合，來達到全球運籌管理的模式。

（一）企業資源規劃系統的功能

　　然而，為了因應市場的變化，企業必須具高度的彈性與應變能力，因此，在企業資源規劃系統裡，必須將企業流程與資訊科技邏輯充分的結合，才足以發揮它的綜效。在企業資源規劃系統裡，其功能可分列如下：

1. 生產規劃系統

　　企業在面對全球化與客製化的市場之強烈競爭，使得其必須以彈性及最適產能來建立其生產指導方針，因此，在企業資源規劃系統裡，必須提供相當的功能，來滿足全球化與客製化的市場，例如：生產規劃、生產控制…等。

2. 行銷配送系統

　　生產與物流，甚至倉儲工作都必須做為行銷工作的後盾，以免讓行銷工作在活動進行時造成後勤支援不足，使顧客買不到促銷的商品而影響公司的商譽與信用。因此，在企業資源規劃的系統中，必須要有能夠回應市場狀況的系統，例如：行銷活動管理系統、物流管理系統、倉儲管理系統、訂單管理系統、傳票系統…等。

3. 物料管理系統

　　物料管理是生產過程中相當重要的工作，因為過多的存貨會導致企業生產成本增加，相對，如果物料不足，則將使得企業無法及時將產品完成，也會使得企業的人力及物力造成停滯。因此，企業資源規劃系統應該提供物料管理的功能，來建立物料管理工作的控管，例如：採購、存貨管理、倉儲管理、採購管理…等。

4. 財務會計系統

企業的目的在於創造利潤，然而，在創造利潤時必須兼顧成本的控制；因此，成本的控制就必須仰賴財務會計系統的支援，以將企業的總成本降到最低，例如：生產成本會計、應收帳款管理、一般流水帳…等。

5. 決策資訊系統

透過決策資訊系統，可以提供給公司高層管理人員做決策上的使用，使其得以快速且輕易取得內部營運的整合資料，例如：資料庫管理系統、專家系統…等。

（二）企業資源規劃系統的特色

1. 整合性

企業資源規劃系統將原先分散在各自的部門的系統整合在一系統裡，使得相關的功能得以整合，此外，這種系統也能將公司功能部門的作業整合起來，再運用企業資源規劃系統，以企業流程的觀點來設計，將各部門的功能做整合，例如：將行銷預測、存貨控制、製程規劃、配送作業…等工作做整合。

2. 彈性

為因應企業內外在環境的變化，透過企業資源規劃系統及資訊科技的應用，來改善企業的管理績效，使得系統可以根據企業的需要，將新的資訊功能及模組整合在系統裡。

3. 集中的資料儲存

企業資源規劃系統相當重視資料庫的管理，因此，在建立企業資源規劃系統時，就必須將原本屬於各部門的資料做串連與整合，使資料有其一致性與共用性。

4. 便利性

以企業流程的觀點，將企業內外部的工作流程所產生的資訊加以整合與建檔，使得公司人員得以隨時、隨地的去使用資料庫裡的資料，同時，透過這個設計也可以使得管理人員得以利用此系統有效的追蹤企業的活動。

5. 提升管理績效

運用企業資源規劃系統得以有效的降低企業的營運成本，並改善作業效率，使得原先傳統以功能為導向的設計，有效的將各部門間緊密的連結在一起。

6. 增進組織間的互動

透過企業資源規劃系統，再配合網際網路與供應鏈模式，使企業與供應鏈廠商之間得以緊密結合，以獲得供應鏈廠商彼此之間的支援與資源分享，並有助於促進企業與上下游間的互動關係發展。

（三）企業資源規劃系統的缺點

1. 昂貴的建置成本

企業資源規劃系統包括：系統的軟體與硬體，以及顧問公司所收取的顧問費，對一般公司來說也是相當龐大的成本。一般而言，其所需花費大約在數千萬到數億元不等；因此，這樣龐大的成本，往往只有大型企業才有能力可以進行系統的導入，因為其對企業來說仍是一筆沉重的負擔。

2. 安全性的問題

由於網際網路的應用相當盛行，因此，為了有效的整合與發揮企資源規劃系統的效能，國內外企業資源規劃系統的知名大廠，均致力於企業資源規劃系統應用於網際網路上；但是，在將企業資源規劃系統應用於網際網路上，則必須先整合企業功能部門在單一系統，以建構出具有高度安全性的系統；因此，在因應市場發展趨勢並合乎電子商務的需要，系統的安全性將是企業資源規劃系統相當重要的一環。

3. 資訊不夠充分

為了因應企業資源規劃系統的發展，必須逐漸的強調其支援決策制定的功能，所以必須將系統內部的資訊與其他部門的系統做結合，以使得企業資源規劃系統得以將企業內部各部門的系統做整合，以使系統運作達到更佳的效率。

4. 潛在的成本

(1) 訓練成本

由於企業資源規劃系統中所採用的作業邏輯觀念與傳統系統不同；因此，企業在導入企業資源規劃系統時，尚需安排一些必要的教

育訓練課程，以使得企業內部人員可以有效的使用該系統。因此，訓練成本也是企業資源規劃系統建置的重要成本之一。

(2) 資料轉換成本

　　由於觀念的變遷，使得企業得以體會到企業內部相關資料與資訊的重要性，包括：顧客與供應商的往來記錄、產品設計…等，這些資料都需要從舊有的系統中轉換到新的企業資源規劃系統裡。因此，資料轉換成本也是企業資源規劃系統建置的重要成本之一。

（四）企業資源規劃系統與企業流程再造

　　企業流程再造的觀念係由 Hammer(1990)所定義。其以顧客需求為導向，以腦力激盪的方式來對企業資源規劃流程做不斷的思考、變革來更新整個作業流程來達到成本品質服務及速度改善的目的。

　　企業流程再造必須重新設計且變革有核心問題的流程，並提供支援改造流程的系統政策、策略與組織架構，以達到突破性的經營績效；亦即，企業流程再造係以企業流程為主要革新的對象，它係以流程為主要導向，再加入品質、創新及營運績效和組織文化…等所進行的一種變革。其包含下列五個要點：

1. 組織間和組織內工作流程的分析和設計。

2. 使用資訊技術來完成整合流程且因此達到企業的主要目標。

3. 重組以資訊技術為重要的方法。

4. 流程和組織的詳細檢查以達到有競爭力、有效力的組織。

5. 流程的分析和徹底再設計，以達到重要績效指標大幅度改善。

　　因此，企業流程再造若能配合企業資源規劃的工作，其具有一些優點：

1. 由於導入企業資源規劃必須配合組織作業流程的修改，使企業能馬上以現在的系統，達到作業流程最佳化的目標。

2. 導入企業資源規劃系統可以幫助企業迅速改善作業流程。

3. 企業資源規劃整合了企業的資訊，可以做為再次改造流程的可靠依據。

四、物流資訊系統的導入

物流資訊系統的導入，在導入階段首要為物流公司本身所提出的系統需求，或由資訊顧問公司協同進行物流作業現況的了解，進而配合公司的企業模式、作業邏輯與作業流程制度或企業流程進行物流作業系統的規劃與分析，再經過規劃分析後所勾勒出來的系統架構，分別依據物流資訊系統、物流現場作業控管系統與物流設備作業空間所進行的布置，再逐一分項進行細部設計；其中，各個項目的工作均有相互的交織關聯、相互影響，例如：進出貨的商品資料分析與作業模式規劃設計及倉儲管理的空間規劃有相互的關係；因此，必須由系統整合工程人員相互檢討配合與對應，才能提供物流公司完整的解決方案。

由此可知，物流資訊的考量必須結合現場作業控管系統與倉庫內部作業規劃的統一性，而非單純的資訊功能設計，其關聯性如下圖所示：

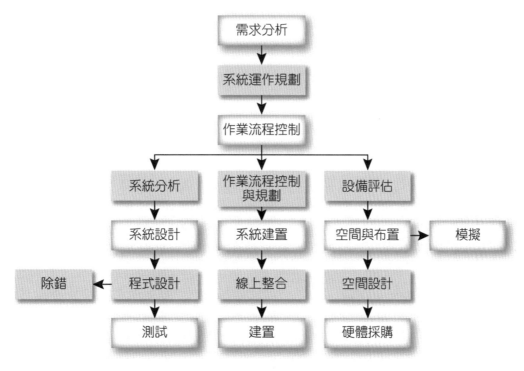

圖 9-1　物流資訊系統導入架構圖

一般而言，資訊系統的導入流程約可分下列三個部分：

（一）規劃階段

資訊系統開發，首先必須對系統進行初步的規劃，針對系統的主要需求、硬體及軟體架構進行了解，並且要針對人力分配、時程安排、經費預估…等工作進行現況需求分析及可行性分析，在分析的過程又可分五個步驟，其分析如下：

1. 專案定義：決定系統的問題癥結。

2. 需求分析：研究目前現行資訊系統的作法，並定義邏輯需求。

3. 訂定資料規格：有系統的分析需求資料。

4. 評估並確定邏輯設計：決定目前的處理方法是否需要修正。

5. 邏輯設計：以邏輯方式訂定細部系統並明定需修正的部分。

（二）開發階段

第二步驟為系統開發階段工作，其可分為系統分析、軟體需求分析、軟體需求設計、程式設計及測試五個階段。在這五個階段中將系統需求分配到硬體、軟體、資料庫、人員、文件與流程六個主系統元素，其中包括電腦化系統的分析、設計與製作三個步驟。

在系統開發時，應以清楚的系統規劃為開端，再選擇開發全功能系統或建立測試系統雛型。所謂的全功能系統開發是一個完整的系統，其可以滿足使用者與管理者的需求，因為全功能系統的開發得以讓已完成運作的系統不需有太多的修改，例如：現行的套裝系統軟體大多使用雛型法的概念，將軟體以快速的設計與製作，先建立雛型來供使用，而不做過多的修正，日後可以供作個人需求修改的依據。

（三）使用階段

該階段為系統的使用階段，其主要任務是進行系統的安裝、整合測試、使用者訓練，以及正式使用後的維護工作，在本階段中的困難度與技術性並不高，但是系統對顧客的滿意度與品質優劣等，皆關係到該系統導入的成敗。

在這階段，最重要的任務便是協助主要的使用者能夠利用這系統來達成預定的目標，其包含系統的安裝、使用、維護與功能擴充…等。

五、物流技術與發展

在科技不斷的突破之下，影響了物流資訊的發展，而物流資訊的發展對物流業務的發展亦產生了不同的影響；因為物流時間掌握的準確性及效率，將有助於提高企業在時間及成本的效益，例如：縮短交期可以減少庫存水準，正確的動態庫存資料可改變運送的方式，或是由倉庫支應的方式調度運送中的庫存；因此，物流資訊技術發展直接影響物流運作的方式，目前也有許多物流應用技術不斷被開發，以改善公司在物流經營上的需求，其可分述如下：

（一）全球定位系統

全球定位系統(Global Positioning System, GPS)是美俄冷戰時期的產物，其有 27 顆定位衛星以三角定位法來測量地面位置，最後是被用來做為核能潛艇及長程導彈定位使用，其訊號以短波傳送，因此，較不受天候影響。

GPS 可以作為貨品追蹤的利器，透過網際網路的使用及 GPS 的相互配合，顧客可以清楚了解貨物的流向，並更精確的排定時程；另一方面，對物流業者而言，除了顧客託運物品的追蹤，也可了解車隊的位置及托送狀態；同時，也可以更清楚掌控所有車輛，對於突發狀況的處理能更快速、更有效率。

（二）應用軟體的租賃使用

應用軟體租賃業(Application Service Provider, ASP)是為了企業提供配套整合服務，包括硬體、軟體與必要的顧問及訓練服務。再加上高科技的快速演進，物流業者並沒有足夠資源隨時掌握最新的變化，ASP 透過租賃機制，為企業量身訂做其所需的軟硬體，企業除了隨時可以將使用的軟硬體做更新之外，企業的員工也可以得到相關軟硬體等資訊技術的訓練。

最重要的是向軟體租賃者承租軟體，將會使公司在軟體的使用成本上大幅降低，因為軟體不再是整套購買，而且，軟體租賃業也會根據顧客本身需求來幫助其選擇最佳方案，如此，物流業者預算花費更有效率。

（三）全方位、全流程的物流服務

國內外大型物流業者目前皆提供全方位、全流程加值服務，其並非只是將物品送到目的地後再收取費用而已；其大多朝向提供整合型服務，來將整個物流運籌做串聯，以形成一個價值鏈。

（四）RFID 技術的應用

RFID(Radio Frequency Identification, RFID)技術是利用無線電的辨識系統，透過其內部微小的無線 IC 晶片，來識別及管理人和物件資料的一種系統，同時，搭配專用讀寫裝置，從外部讀取或寫入資料。

RFID 可能會使物流產業受到巨大的衝擊，其最大的轉變就是不再需要人力一件一件的清點貨物，以及結帳時不需要再將貨品從推車中一一拿出來掃瞄以進行對帳手續，只需使用物品上的 RFID 標籤對著整臺購物車輕輕一掃，帳單明細馬上就能呈現在終端機上。

RFID 在效能與方便性上遠遠超過傳統式的條碼，日後，將能克服為人詬病的安全性問題。

（五）訂單履行技術的開發

以物流的觀點來看，訂單履行係由電子商務接單開始、整合訂單處理、庫存檢核、倉庫儲位管理、進出貨分析處理、送貨排車規劃、報價、帳款收付、營運效能評估…等物流運籌的電子化技術。

其主要是強調如何透過訂單履行系統來滿足訂單，以達到資訊流動及物流的及時供應。

第二節　物流電子商務

一、電子商務的定義與發展

電子商務乃是以網際網路為媒介，利用資訊技術與金融機制，以解決傳統交易在尋找供應商、下訂單、交通及付款交易流程上的費時問題，透過電子商務的交易平臺，將大幅縮短交易的時間，也使得物流服務的重要性提

高。有鑑於電子商務環境對物流所帶來的重要衝擊及影響，在電子商務的環境下，物流產業必須與以往不同的改善現代化的物流服務，來提高本身的服務價值與績效。

根據美國政府資訊通訊基礎與應用任務小組所發表的電子商務與國家架構技術白皮書對電子商務的定義為，建立在電子資料交換應用所實施的線上資料與商務交易資料，其包含有：

1. 快速回應系統(Quick Response, QR)。

2. 效率顧客回應系統(Efficient Consumer Response, ECR)。

3. 電子資料交換系統(Electronic Data Interchange)。

4. 加值網路(Value Added network, VAN)。

Kalakota and Whinston(2007)從四個不同的角度來定義電子商務為：

1. 電子商務是透過網路來傳遞資訊、產品、服務及付款的交易平臺。

2. 電子商務是朝向商業交易與工作流程自動化邁進的一種技術應用。

3. 電子商務是根據公司、消費，以及管理階層的需求，著重於產品品質的改善及服務傳送速度的提升，藉以降低服務成本的工具。

4. 電子商務提供網際網路上產品與資訊的買賣及其他線上服務的能力。

由此可知，電子商務是利用電子機制來協助各種商業活動的進行，藉由通訊網路的媒介來達成商業個體間的雙向溝通，並透過各種資料來交換、分享商業交易個體的資料來滿足商業交易。

在一漸趨以知識創新為經營主軸的網路經濟時代，企業要能持續維持競爭優勢時，必須以高度應變能力，在降低庫存與減輕營運成本的同時，也對顧客需求以快速、即時反應、建立核心利基，來達到擴大經營績效的目標。因此，在製造商整合的思維下，電子商務將在 21 世紀成為顯著的全球化平臺，透過這平臺，可以改變產銷系統與經營模式，其非但促使得傳統功能式組織無可避免的隨之調整，在資源的運用觀念上要能有所變革。

電子商務的興起，是由資訊科技、通訊科技與電腦…等所結合而成的新通路與模式。其架構是一種網路上的運算處理程序，必須透過電訊傳輸網路將電腦及其他電子化設備連結在一起，使用者可以從自己的電腦來讀取存在他處的資訊，並且連結、傳播到其他電腦裡。

電子商務之所以能夠成為世界各國經濟發展的基礎,主要原因在於消費型態的轉變,而網際網路使用者迅速增加,與電腦、電子、通訊的結合均對未來的生活模式和品質產生相當大的變化。這是因為大多數的人經常透過網際網路將自已的電腦連結到全球網路環境,或是透過企業的內部網路連結到組織內部的工作環境,甚至是使用企業與企業的外部網路來與合作夥伴交換、傳遞資訊。因此,企業為了因應顧客需求的改變,使得其經營理念也必須從企業本身利益優先轉變成顧客利益優先與顧客滿意,才能促使顧客或企業從事獲取資訊或購買商品交易活動時,同時達到提升企業經營效率與競爭力的目標。

電子商務,簡單來說就是透過電子化技術及工具來從事商業活動交易;早期將電子商務定義成電子商業,近年來則因數位化服務的發展,並藉由電腦網路、現代化資訊技術及通訊科技的結合,使其作為改善產銷體系缺失的工具,也可應用在商業交易活動過程中,成為企業與顧客良好關係維護的技術,更可廣泛用於相同或相異的產業,來創造龐大商機。再加上電子商務是建構在資訊科技所發展規劃的網際網路上,使其得以發揮便利、快速、資訊豐富、精準及成本低廉的優勢,也讓電子商務成為現代商業交易與貿易往來的趨勢。

二、電子商務與電子市集

(一)電子商務的分類

近年來隨著電腦網路與通訊技術的結合,使得網際網路環境日趨成熟,使用人口快速成長,資訊科技應用與發展得以更為廣泛,因此,造就了電子商務的經濟奇蹟與電子市集的出現。電子商務的發展是以網際網路為基礎,藉由國際間「傳輸控制協定」及「網際網路協定」,將分散於世界各地的網路有系統的連結起來,以提供一個具有共同性服務及整合性的作業方式。

企業往來的對象,有下游的顧客,也有上游的企業,因此,電子商務基本上可分述如下:

1. B2B(企業對企業間的電子商務)

其係企業與策略聯盟成員間供應鏈網路交易的執行及資訊的交通,例如:零售、物流、製造等產業間的供應鏈管理及金融業連線的電子資金移轉作業…等。

2. B2C（企業對顧客間的電子商務）

透過企業電子商務服務的提供，可使企業直接與消費者進行商業交易，滿足企業與顧客雙方的需求。例如：企業可在網際網路上建立自己的電子商務經營網站，在不受時間與空間的限制下，直接與來自世界各地的消費者進行交易；在消費者而言，可以藉由企業的網頁來了解商品資訊，利用電子貨幣及其他安全付費系統來購買商品，甚至以網路來運送資訊、數位商品。

3. C2C（顧客對顧客間的電子商務）

顧客本身透過資訊網頁來得知企業本身的需求，並與企業之間進行往來，例如：Yahoo 及 eBay 在網站中直接與網路上的顧客進行交易。

4. C2B（顧客對企業間的電子商務）

其包含個人將產品或服務銷售到顧客，顧客可以個別或集體方式，利用網站傳輸與生產供應、代理廠商的溝通，來提出產品議價或進行服務支援活動。

（二）電子市集

網際網路的興起，已經改變了所有的商業規則，企業無不希望透過網路的力量，以低成本、高效率的經營模式，來建立更強大的競爭力。根據 BancBosron 的研究顯示，在產業價值鏈各階段交易中，一筆 20 美元的商品交易，其中從原料供、半成品製造、產品設計與製造、通路配銷占整體價值鏈 60%的交易價值，而從零售端點到消費者手中的交易價值僅 8 美元，因為前半段是屬於企業對企業電子商務所創造出來的附加價值、商機與發展潛力，也是目前諸多企業所追求的目標。

一般而言，運用電子商務機制將有助於企業獲得以下具體的效益：

1. 提升供應鏈運作效率

由於資訊流通速度受限訊息反應時間的延遲，以及人工處理時無法避免的作業疏失，都會折損了供應鏈的運作效率。然而透過網際網路建構的機制，可以提升供應鏈的運作效率。

2. 整合企業資源

在導入電子商務機制的同時，企業也同時審視與改造了企業對外與對內的運作流程，而這將促使所有參與業者共同檢視現有的作業模式，並妥善規劃與整合企業本身與合作夥伴的資源。

3. 強化顧客關係管理

電子商務機制最主要的目的在於強化顧客關係。因為透過網際網路與電子商務系統,得以尋找一個更好的顧客服務與行銷管道,進而建立良好的顧客關係。

(三)電子市集的演進

電子市集是指在網際網路上,用來提供上下游交易雙方進行產品或服務交易的虛擬平臺。這個虛擬平臺係由中立的市集交易管理員來進行管理,同時,這個交易的平臺提供了各種有形或無形的產品買賣交易,並提供支援性服務。

隨著商業環境不斷變遷,企業也必須隨之轉型以因應產業變動,也使得電子市集從單純的提供交易虛擬平臺,增加至只要與市場行為有關的業務,都可以算是電子市集的服務範圍,同時,這些服務的提供,也可說是當今電子市集成功的關鍵因素之一。

根據 Berry 和 Heck 的觀察,電子市集自出現至今,已歷經三個階段:

1. 由中立第三者主導的電子市集

這個階段係由於產業中的交易雙方缺乏營業效率及交易成果過高,於是由產業外第三者利用網際網路這一虛擬交易平臺,以吸引交易雙方在此進行相關資料的收集、資訊交換…等,進而達成交易。

2. 由產業中原有的領導廠商相互結盟的電子市集

由於業者太過於追求「效率及成本的降低」,而忽略了應把重心放在改進營運流程以創新服務的價值;另外,業者只試著將產業中的採購與銷售作業電子化,卻忽略了其他相關議題,例如:交易安全…等。為了解決這些問題,Berry 和 Heck 認為電子市集真正的利益不是單純只有來自交易,而是在市集內每家公司能夠獲取和分享更好的資訊。

3. 協同商務

電子商務的發展,到目前為止也逐漸發展到協同商務階段。協同商務是強調從產品的設計端,甚至是最後的成效評估,都能讓交易夥伴透過電子市集來同步作業,以提供買賣雙方一個專業的媒合機制。

協同商務是指包括市集內所有夥伴的文件、資料、資訊全面的整合與共享，自公司內各部門的整合到與外部供應鏈上游供應商、下游顧客的整合，進行協同商務。因此，協同商務已由過去供應鏈管理架構強調的企業間電子商務整合，到由供應鏈個體的整體協同商務。

三、電子商務所帶來的效益

由於電子商務係為全天 24 小時的電子平臺，因此，其不但可以讓消費者不受時間及空間的限制，也可以提供消費者即時且互動的個人化行銷，因此，電子商務的發展可對社會、對組織、對顧客有相當大的助益，其分述如下：

（一）對社會的效益

1. 對具國際競爭性的個人或企業將會帶來重組的效果。

2. 為了建立良好的網路作業系統，應用軟體的服務人才需求將會大增。

3. 電子商務使得企業可以控制它的最佳存貨。

4. 由於產銷資訊能快速反應，帶動資源快速流入，無論個人、企業或產業將會朝向更專業化的發展。

5. 藉由網路的通訊功能，使得企業間利用聯合採購或聯合銷售方式比以往更熱絡。

6. 可以使企業組織更趨扁平、結構更為精簡、效率更加速，可能造成結構性的失業。

7. 可能將競爭市場由舊式的市場轉換到電子商務市場。

（二）對組織的效益

1. 將企業的市場範圍從狹隘的國內市場擴展到國際市場。

2. 企業可以快速獲得更多顧客、最佳供應商及最適合的企業伙伴。

3. 可降低產品的生產、處理、運送、存放及接收…等工作所耗費的成本。

4. 可以藉由「拉」式的供應鏈管理來降低公司存貨。

5. 可以降低產品與服務的取得時間，來創造時間效用。

6. 可以支援企業流程再造，來改變企業體的作業程序，來提升生產力。

7. 可以改變公司形象、改善顧客服務、發掘新合作伙伴、簡化作業程序、壓縮作業時間、增加生產力、減少紙張成本，並能增加彈性。

（三）對顧客的效益

1. 使得顧客可以全年全休的在任何地方採購並進行交易。

2. 可提供顧客更多的選擇，包括：經銷商的選擇與零售商的選擇。

3. 可以得到快速的運送。

4. 可以節省採購的時間及成本。

四、物流與電子商務

（一）物流與資訊科技

　　過去，在物流的工作上較注重物品在流通通路上的有效流動，但是，卻經常忽視了資訊的重要性，因此，造成了物流成本的增加及顧客的滿意度減少。隨著科技日新月異的發展，許多新的技術也持續被應用到物流工作裡，其包含電子傳輸與管理資訊的能力；然而，在物流工作上，約略有下列幾種新的科技已在物流工作上被廣泛的使用，其分述如下：

1. 電子資料交換

　　電子資料交換常以 EDI(Electric Data Exchange)稱呼，其係指公司之間的商業文件依標準格式於電腦系統之間的交換，其所帶來的效益包括：(1)增加生產力；(2)改善通路關係；(3)增加企業的競爭力；(4)降低作業成本；(5)降低運送的錯誤率；(6)資訊提供的速度增快；(7)採購週期時間降低。這些效益來自於快速資訊的傳輸、不需重複輸入資訊…等。

2. 人工智慧系統

　　人工智慧乃是應用電腦程式技術於電腦工作上，使電腦能夠擁有如同人類思考與推理的能力，其包含專家系統、類神經網路…等，使電腦得以減輕人類在思考上的時間。

3. 通訊系統

通訊的主要技術有無線通訊頻道技術、衛星通訊、影像處理技術…等，可以促進資訊雙向交換的技術，透過通訊系統來提供更大彈性與回應，來提升物流的作業效率。

4. 條碼掃瞄技術

條碼及掃瞄技術係指應用於自動辨識系統上，以帶來迅速收集資訊及交換資訊的功能，最常見的技術是：條碼掃瞄技術、POS 系統、無線射頻辨識系統…等。

5. 通訊標準與資訊標準

通訊標準決定於通訊字母的集合、傳遞優先順序與速度，以使資訊設備得以正確的解讀彼此之間交換的資訊。並佐以資訊標準來定義文件的內容、類別、結構及順序。

（二）顧客服務內容的改變

滿足顧客的需求是企業持續經營的重要指標，同時，由於顧客對於自己的商品購買行為不只是對於商品本身所帶給他的效益，還有在購買行為中的服務，其亦包含括物流作業的服務。從提供企業供應鏈服務的角度來看，因為供應鏈本身複雜的網路特性，使得取貨或送貨的地點與時間可能會造成很大的變動；因此，透過電子商務，期能更加滿足顧客的需求與滿意度。

（三）整合性的物流服務

現代化的物流作業必須提供整合性的物流服務。物品在供應鏈體系中，由上游的製造商到下游的零售商，其作業流程相當複雜，其包含：取貨、運送、倉儲、存貨管理、審核、通關…等。因此，為了提高物流服務的效益，當物流業者所牽涉到的供應鏈體系層級越多時，其整合性的服務就越重要。

目前國內的物流業者亦有提供從入口報關、運輸、入庫、倉儲、訂單處理、加工、出貨…等整合性的工作，可惜的是，尚無法將國際物流工作做整合。

（四）物流電子化

物流電子化是物流業者在電子商務上的重要發展方向，其係透過電子化的應用工具來完成物流活動中的各項工作，其主要的特色在於整合各種軟硬體技術與物流服務；然而，完整的電子化物流服務更需仰賴顧客服務與物流作業服務的結合。

在物流電子化的應用程度上，根據物流業者所提供的服務內容、資訊技術，可分成：1.基本的物流服務；2.加值的物流服務；3.整合物流服務。

（五）資訊系統的整合

要將物流作業做到完美，必須強化物流資訊系統的整合。資訊的整合不僅是物流內部相關作業的資訊化，更是要能夠與外界溝通、交換的平臺；因此，為提供整合與迅速的物流服務，物流業者必須將其本身內部與外部供應鏈之間的業者做適當的整合，例如：各營運據點與總公司間寄送物品資訊的連結；總公司與分公司或轉運站之間集貨、併貨、運輸、配送…等資訊的往來；各倉庫之間儲位與存貨資訊的透明化與往來；貨物追蹤與查詢系統的建立…等，都必須仰賴內外部資訊的整合。

在試圖將資訊系統做整合時，無論是國內或國際的物流，在供應鏈裡的廠商之間的資訊系統必須有效的結合，使資訊能夠正確，以降低物流成本，並能提升高水準的物流服務；同時，由於物流的上游業者本身若能主動提供下游廠商提供適當的介面與流程轉換，定能對物流資訊工作做更有效的提升。此外，也有物流業者與國際大型企業資源規劃系統的公司做適當的策略聯盟，以使採用該公司所推出的企業資源規劃系統的企業，得以簡單且快速的與物流業者的資訊系統做適當的結合，例如：FedEx 公司與 SAP 公司合作，提供 FedEx 的應用系統介面給公司的委託企業，使其能夠在委託企業接到其本身的訂單之後，系統中會直接要求 FedEx 直接按照訂單來將貨品做揀貨、出貨，其整個過程也都被系統所掌握。

五、電子商務在物流可能遇到的困難

（一）顧客託送商品的安全送達與保密

物流作業中，經常接到顧客本身較為機密的文件資料，此時，物流公司必須保證在託送的過程中能夠安全且保密的將顧客委寄的商品安全送達，以使得顧客得以安心的將貨件做委託。

（二）不同資訊系統間的整合

除了資訊系統的整合外，物流公司與顧客之間流程的整合亦是相當重要，大部分的業者皆有其本身特殊的作業流程，同時，業者在與其交易的供應鍊裡的伙伴之間亦有其特殊的交易流程；因此，物流業者為提供整合的服務，更將顧客的作業流程與本身的流程做整合，如此一來，物流業者才得以提供適當與快速的物流服務。

（三）通關業務的流暢與作業程序的簡化

在國際化與共同市場概念的影響之下，世界各國之間的關務與關稅往來，複雜度也隨之降低，但是，在進出口報關工作相當頻繁的國家，仍是一項複雜的作業程序。對臺灣而言，在推動倉儲、轉運、全球運籌的大方向下，在通關業上，已有相當大的突破，基本上，通關作業以物流業者本身客觀的環境是無法改變的事實，只能配合其措施，循序漸進的改變本身的作業流程，才得以使通關的業務更為順暢，並能降低作業程序的複雜度。

（四）低成本與高效率

物流業者在提高其本身作業的效率與正確性之外，也必須不斷的加強其本身的資訊及自動化的能力；但是，在進行自動化的過程中，也必須考量自動化系統是否可以適應未來高彈性化的需求。因此，在選擇與投資設備時，必須思考公司未來的業務方向來做適當的決策，並取得自動化與人性化之間的平衡。

（五）由 3PL 轉換成 4PL 的角色

隨著國際化的需求與供應鏈日益複雜的轉變下，物流業者要如何轉型成為 4PL 服務的提供者並不容易，因為其間所牽涉到相當多競爭或不合作的企業與機關，所以，如何做好企業主唯一信任的物流公司，其挑戰性相當高。

（六）其他服務的提供

物流業者在其本身市場定位下，常提供不同的特殊服務，例如：專用軟體、供應鏈整合方案、電子商務方案、取貨交貨點與時間的彈性…等。由於投入任一種服務，物流業者本身都必須投入大量的人力與資源；所以，物流業者必須對本身市場定位做好適當的規劃，並據此來提供顧客所需的服務。

六、電子商務在物流的未來發展

（一）電子商務目前在物流上的應用

由企業應用層面來看，電子商務可以視為透過資訊平臺，將數位的輸入轉換成為加值輸出的一種處理過程，以作為企業組織間、企業內部及顧客間三個方向的運用。其分述如下：

1. 企業組織間的電子商務

企業組織間的電子商務(Inter-Organizational Electronic Commerce)即是組織運作的電子商務，其目的在於用以提升產銷體系中供應商管理、庫存管理、運輸配送管理、通路管理，以及帳務行政管理效率的工具。

2. 企業內部的電子商務

企業內部的電子商務(Intra-Organizational Electronic Commerce)的目的，除了用以協助企業連結外部組織，以確保資訊傳遞速度與正確性，以滿足顧客的需求之外，也可作為組織內部功能整合的工具，以達到提升工作群組溝通與文件資料整理分析的效率工具。

3. 企業與顧客間的電子商務

企業與顧客間的電子商務係利用電子商務所形成的企業與企業模式，來建立與消費者之間的關係，並創造新的商業通路，以形成新的商機。

（二）電子商務對供應鏈廠商的影響

電子商務的發展，使得供應鏈裡的廠商也能將豐富的資料廣泛的發送給顧客，使顧客得以接收到最新的訊息，也改變了傳統的企業與顧客之間的溝通與訊息傳遞方式；也是說，電子商務使得對傳統固定產銷模式裡所存在的各型批發商、代理商、貿易商或仲介商…等業者造成程度不一的影響。

（三）電子商務的未來

為因應全球化網路環境的發展，企業營運模式要大幅度的改變，例如：以點對點的方式將所有與企業經營相關的產品概念、採購、製造、配銷及消費者意見…等作業網路化，並透過互動的技術使各組織得以順暢運作。在未來，物流業者在應用電子商務資訊科技時，應著重於：

1. 以網路經濟為經營的思考模式

企業經營已面臨如何運用網際網路來創造商機、來維持生存的問題。隨著消費者與企業對網路科技認知的普及化、利用線上方式來獲得更便利的交易，或是更快速的配送和即時資訊，已逐漸成為商業交易的主要模式。

2. 以虛擬資源來提升生產力

電子商務改變了傳統生產組織與生產力的評估方式。企業在擬訂生產或行銷策略時，不再以自身擁有多少資源為限，生產力的評估具有高度虛擬化、知識化。

3. 以即時溝通來做為產品規劃方式

企業與外部供應商、中下游廠商之間的界限逐漸模糊，也顯見即時溝通方式將取代傳統的固定流程模式。

4. 以彈性化互動來做為價值調整方式

企業在產品觀念、製造、行銷…等環節，加上網路化互動的結果，將使得產品價值制度變得更為即時且富有彈性，亦即具有隨時調整創造價值的功能。

5. 以消費者意見來做為產銷的概念逐被重視

即時分析及預測消費行為已逐漸成為產品形成的基礎，同時，消費者的資料及購買行為亦能以即時取得。

第三節　物流運輸業

物流在企業及國家發展政策之重要性，再者運輸部分占物流費用有極高比率，故物流與運輸業在整體物流經營管理中占有極重要之地位。

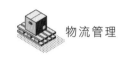

　　此外，運輸事業屬於服務業的一種，負責達成顧客的運送要求，配送過程中的任何疏失，都可能導致無法如顧客所求完成配送。物流的服務品質，對於物流與運輸業來說，顯得格外重要。

　　物流管理者對於物流與運輸業的營運管理，便顯得格外重要。因此本章將介紹有關由負責貨物運輸的相關事業。

一、物流運輸業的定義

（一）物流業的定義與分類

　　物流可依其主要經濟之需要活動歸納為「運輸業」、「倉儲業」、「工商服務業」或「批發業」等不同經濟活動之行業。

　　物流可依其主要經濟之需要活動歸納為「運輸業」、「倉儲業」、「工商服務業」或「批發業」等不同經濟活動之行業。在說明物流業之前，首先需對流通業作一說明。流通業的範圍為連結商品與服務自生產者移轉至最終消費者的商流與物流活動，而資訊流與金流活動相關產業則界定為流通相關產業。其中商流與物流活動主要的執行機構，以行業分類的角度來看，即是批發業、零售業與運輸倉儲業；因此，流通業專指批發業與零售業；而物流業指運輸業（客運除外）、倉儲業（包含簡易加工業）及流通輔助業（指報關行與承攬業）；而流通業與物流業兩者合稱「流通服務業」。

　　依主計處在民國 90 年修訂版中，將物流業定位在運輸倉儲及通信業類中之「儲配運輸物流業」，意即運輸與倉儲功能之結合。由於物流是一種活動機能，作業過程（流程）應界定為廣義物流，現階段並未定位為一個行業，公司名稱如欲冠上「物流」二字，公司營業項目至少需登記有倉儲業及理貨包裝業或倉儲業及運輸業為必要。而運輸業與倉儲業之定義，依據中華民國行業標準分類第 5 次修訂如下：

1. 運輸業：凡從事水、陸、空客貨運輸及有關服務之行業均屬之。

2. 倉儲業：凡從事獨立經營租賃取酬之各種堆棧、棚棧、倉庫、冷藏庫，保稅倉庫等行業均屬之。

　　以中華民國行業標準分類的角度來看，物流業或稱為物流運籌業，包括的產業型態有：貨櫃運輸業、貨運車隊、貨運站及貨櫃場、倉儲業、航空公

司、海運公司、船務代理、報關行、貨運承攬業、郵政業、快遞業、宅配業等。其中，貨運站及貨櫃場由於近年已經逐漸轉型成為物流中心，與原來純粹經營貨運站及貨櫃場的業者有相當的不同，因此雖然中華民國標準分類的範圍未將其區分出來，但是其所代表的 3PL 即第三方物流，提供物流服務之專業型物流公司的產業型態仍為重要的產業型態，為了符合實際產業現況，因此在本書中將其劃出，自屬一類。

（二）臺灣物流產業現況

物流業所包含的產業項目中銷售額比重最高的是儲配運輸物流業，銷售額達到 1753.64 億，為 15.98%。其次是汽車貨運業，銷售額達到 1660.7 億元，占營收比重之 15.13%，第三為貨運承攬業為 1047.90 億，占 9.55%；其中，航空運輸業雖然銷售額比重也在 9%以上，但是尚包含非物流之客運的部分，因此，銷售額應為高估。另外，海洋水運業也包括運輸旅客的部分，但是國內運輸旅客的船舶並不多，因此數值雖為高估，但是差距應不致太大。

在家數方面，汽車貨運業的家數遠遠超過其他運輸業，達到 6,014 家，比例最高，為 39.76%，其次是其他運輸輔助業，占 14.35%，達到 2,170 家，第三為貨運承攬業及報關業，比例約為 10%，分別為 1563 及 1539 家。

國內儲配運輸物流業者以多樣化商品配送型態之經營為主，其中主要仍以民生物資配送為主，特別是需要特殊配送設備的商品，如易損壞的 3C 產品及對溫度要求嚴格的生鮮冷藏食品等，皆需藉助專業的物流配送。

物流業主要服務項目為全島運輸、倉儲保管、流通加工及地區性配送，比重達到七成以上。由於物流業的服務項目逐漸擴展，走向多樣化服務，因此除了傳統的運送之外，還有流通加工，包含配合業者特殊需求或促銷活動等目的之零售商品再包裝及張貼標籤等服務、提供零售通路之產品配送、代收貨款等。

二、貨物運輸

運輸系統可簡單分為旅客運輸與貨物運輸，旅客運輸的運送對象為「人」，或稱為「旅客」，貨物運輸運送對象為「貨物」。

　　貨物運輸與旅客運輸亦有不同的地方，最基本的如運送對象不同，故衡量的單位也不同。其次旅客運輸的參與者為旅客本人，客運業者服務的對象為旅客。貨物運輸中，貨運業者服務的對象可能包含貨主與收貨人兩者。

（一）貨物運輸的衡量

　　一般在旅客運輸的衡量單位為旅客數與延噸公里，與旅客運輸相對的，貨物運輸亦可以貨物噸數與延噸公里為衡量單位，將貨物運輸部門的整體表現加總，以作為政府擬定總體經濟政策或運輸部門政策的參考。其中以「貨物噸數」的衡量僅考慮運輸系統承載的貨物噸數，作為整體運輸系統貨物運輸的指標。

　　使用貨物噸數做衡量單位未考慮運送距離因素的缺點，為了將運輸距離因素納入，因此使用「延噸公里」做為貨物運輸的衡量單位，一延噸公里相當於將一噸貨物運送一公里，即延噸公里同時將運送的噸數與距離納入考量，可以彌補僅使用貨物噸數作為衡量單位的缺點。貨物的延噸公里亦代表貨物噸數與運送公里數的乘積，衡量整體運輸系統的貨運指標時，可以下列計算式來求得貨物運輸的總延噸公里數。

$$TK = \sum_{i}^{N} Ti \times Ki$$

　　N：為所有貨物按運送距離做分組。

　　Ti：第 i 組的貨物噸數。

　　Ki：第 i 組的運送距離。

　　TK：總延噸公里數。

（二）貨物運輸的時間與成本特性

1. 貨物運輸的時間

　　(1) 貨物運輸的時間窗限制不如旅客運輸明顯

　　　　所謂時間窗的限制，是指必須在一定時間內完成某項運輸服務，與旅客運輸相對的，貨物運輸的時間窗限制較為鬆散，一般貨物託運人所要求的大多為貨物抵達人或目的地的時間，貨物在交給運輸業者後，業者是否立即運送，在什麼時候運送，對託運人而言並不重要。

(2) 貨物運輸的尖峰不如旅客運輸明顯

　　　　貨物運輸中除了都會運輸內的快捷文件或小包裹的時間窗限制為數小時之間，一般的貨物運輸者皆為隔夜抵達目的地，即貨物運輸可充分利用夜晚的時間完成。

　　　　旅客運輸的時段大多集中在白天與傍晚的時段，貨物運輸服務充分利用深夜離峰時段，除了其本身可避免白天的交通擁擠，享受深夜較快速的運送時間外，對於整體運輸系統的利用率亦提高不少。

2. 貨物運輸的成本特性

　　　　貨物運輸部分，如果貨物以公共運輸，則其所支付的運輸費用為運費，若使用私人運具運送（如公司本身擁有的車隊），則其所需支付的運輸成本與旅客運輸部分類似。換言之，就運輸成本部分，貨物運輸與旅客運輸所考慮的因素相同，差別較大的為隱含成本的部分。

　　　　在貨物運輸部分，所謂的隱含成本至少包含以下三部分：

(1) 貨物待運送前的堆積成本

　　　　由於貨物運送工具皆有一定的容量，因此貨主必須等到貨累積達一定的規模之後，才能以最經濟的方式託運，例如：若貨主以包車的方式託運則必須等貨物累積一卡車的容量時再託運，以獲得低的單位運價。若以整列火車或整艘船託運，則所需堆積的貨物更多。此種因需等待貨物累積到較經濟的託運量所產生的成本稱為貨物堆積成本。由前面的討論可發現，若貨主以滿載方式託運，則使用容量越大的運具，其貨物堆積成本越高。近年來由於標準化貨櫃運輸的普及，貨主無論選擇何種運具，皆大幅降低了貨物堆積成本。

(2) 貨物運送過程的車內成本

　　　　由於貨為有價值的商品，在運送時間內如同將貨物存放在倉庫一樣，無法銷售，因此在運送期間貨主所損耗的為購買貨物資金的利息，稱為貨物運送過程中的車內成本。

　　　　越貴重的貨物其車內成本越高，貨主越可能選擇高速的運輸服務，以減少運送時間，降低車內成本。一般價格較高的貨物皆使用航空運輸服務，而單價較低的貨物（如礦砂或穀物）則多以船舶運送，主要的決定因素即車內成本與運價間的比價。

(3) 其他隱含的成本

　　貨物運輸的隱含成本除了前述的堆積成本與車內成本之外，尚有運送過程中可能發生的腐壞、損毀或失竊，亦是貨主在選擇運送方式所考慮的。

三、汽車運輸

（一）公路貨物運送方式

1. 依營業差異區分

　　公路貨物的運送方式，可依營業的差異，區分成為整車或零擔貨運兩種，其分列如下：

(1) 整車貨運

　　整車貨運業大多是以個別租賃的方式來承運貨物，即無固定之路線與班次，完全依照托運業者之需求而定。由於市場之零散，一般較缺乏明確之營運組織，絕大多數係以靠行方式經營，其貨源主要係以自行尋找顧客，或經托運行轉手兩種方式取得。

(2) 零擔貨運

　　零擔貨運業者屬路線貨運業。此類貨運業者多屬於承運小宗零擔貨運，具有固定班次，並行駛一定路線，依據各營業所、站之貨物承運量，編製各路線之派車表，其營業所、站即相當於貨物集配中心，便於貨物之分類、儲存和配送，故一般而言，其營運效率較高。但由於零擔貨運必須擁有自身之場站即固定班次，因此投資額相當大，而且它必須占有相當的路線市場占有率，否則難以有效經營。

2. 依作業時間區分

　　公路運輸若依其作業時間，亦可區分為長途運輸及短途運輸兩種，其分述如下：

(1) 長途貨運

　　大部分的作業時間均用於車輛行駛，而裝卸貨物時間相對較短，其作業方法有：

A. 直接運輸：這種運輸方式為一次運完，中途不經過轉車，運輸工具亦不做更換。

B. 穿梭運輸：以原車於兩站做往返運輸，再運用他車繼續轉運來完成運輸工作。

C. 交替運輸：貨物繼續運送，中途不需轉車，僅需使用牽引機或更換駕駛人。

(2) 短途貨運

　　大部分的作業時間用於裝卸貨物，在車輛行駛時間相對較短；較常見於港口、空運站、倉庫間、鐵路終點站的運輸。

3. 依公路經營方式區分

　　在公路運輸上亦可依其經營方式，分成一般貨車與集配貨車兩種，其分列如下：

(1) 一般貨車

A. 特快車：由起站到終點站做直達，中途不再裝卸，一般均使用曳引車或半拖車來做運送。

B. 直達車：於行駛路線上僅需停靠少數幾個站，常使用於大站之間的運送。

C. 普通車：沿車裝卸貨件，提供由小站到大站，或從大站到小站之間的運輸服務，其缺點為容易造成貨車空間的閒置。

(2) 集配車

　　集配車是指集取托運貨，以及將路線班車所卸下的貨件送達到送貨人所使用之貨車，一般均使用小型貨車；在都市中，調派裝運零擔貨物的集配車有下列兩種：

A. 按路線裝運：將城市按運送的貨量排成順序號碼，貨件按順序裝卸。

B. 按區裝運：將城市分成若干區域，當路線班車到達場站之後，將貨件按受貨者所在位置的區域做分別登記，並將貨件送到等候的集配車上；同時，每一區域必須有一共用的集配車，以減少再卸放於場站上。

（二）我國汽車貨運業

　　我國汽車貨運業者在營業家數和營業車輛都趨於穩定的狀態；一般服務範圍以貨櫃運送、一般貨物運送及路線貨物運送為主。依據交通部汽車貨運調查報告中，營運貨車載送貨品運量統計，以貨櫃貨物運送占總運量的比重

最大，一般貨物運送比重位置第二，以一般散裝貨物運送為主，客源為國內一般非貿易加工貨物委託運送者為主，由於運送車隊及路線較具彈性，因此，近五年來在運量上均維持相當固定的比重。

汽車貨運業主要運送的商品是貨櫃貨，所謂貨櫃貨是出口或進口的商品，其運送產品內容眾多，其次是水泥製品和其他非金屬礦，在運送貨品的前十名，多為大宗原物料。

同時，路線貨運必須在對的路線上定時發車，同時，需取得路線經營權；由於其路線固定，因此，對貨主在安排貨物運送上較為方便，例如：宅配業即是此類型的運輸。

四、鐵路運輸

我國經營鐵路貨運業者僅有一家，為臺灣鐵路局。臺鐵貨運主要是承攬大宗貨物的運送服務，但受近年來國內景氣不佳的影響，另受到公路貨運以及海運的競爭，使得貨運量以及貨運收入持續減少。同時，從 1998~2002 年，臺鐵陸續報廢 539 輛貨車，但因財源不足，僅有用現有貨車繼續經營，或是以貨主自備貨車輸運。

在貨車車輛數方面，臺鐵 2020 年底計有 2,836 輛，較 2020 年 2,865 輛，減少 1.01%，2021 年則車輛數持續減少，達到 2,755 輛，減少幅度為 2.85%。2021 年在車輛種類結構比方面，以敞車車輛比重最高，達到 21.37%，其次是蓬車 21.34%，蓬斗車占 19%。

在貨運量方面，2020 年鐵路貨運量達到 1,215 萬噸，較 2021 年 1,237 萬噸減少 1.78%，為 22 萬噸，2021 年貨運量衰退幅度變大，達到 7.82%，僅有 1,120 萬噸。2002 年平均每日運送 33,282 噸，較 2021 年 33,894 噸，減少 1.81%，2021 年則較 2002 年減少 7.82%，為 30,680 噸。

在貨運里程方面，2002 年延噸公里數為 91,905 萬噸公里，較 2020 年 98,463 萬噸公里減少 6.66%，為 6,558 萬噸公里，而 2021 年亦持續呈現衰退現象，衰退幅度達到 8.0%，為 84,533 萬噸公里。

在貨運收入方面，2020 年貨運收入為 109,913 萬元，較 2021 年 118,314 萬元，減少 7.1%，為 8,401 萬元，而 2020 年貨運收入持續衰退 8.32%，為 100,770 元。

臺鐵歷年均是以大宗貨物為主要的運送項目，在貨運量方面，2021 年鐵路貨運主要的運送品項以石灰石占總貨運量比例最高，達 37%，其次水泥占 24%，煤炭及穀物均占 13%，就趨勢而言，臺鐵貨運量呈現逐年遞減的趨勢，其中除穀物、砂石較為穩定之外，其餘大宗貨運產品均為衰退趨勢。

五、海上運輸

在海運市場上可分三個主體，分別是海運運送者、海運承攬運送業者及海運託運人。以下就海運運送者與海運承攬運送業者作一說明：

（一）海上運輸的主體

為船舶運送業者，由於船舶運送業每一個航次必須到達一定的貨運量才有經濟利益，因此，船舶運送業者常會給予託運量大的託運人較優惠的運價，以提高輪船的載貨率，因此產生了海運承攬運送業。

（二）海運承攬運送業者

其本身並非貨主，而是聚集一般貨主的貨物，若以海運承攬運送業者所承攬的貨物型態而言，可分為整櫃貨及併櫃貨兩類。以所須支付的費用而言，若為整櫃貨則貨主無論是否有充份使用貨櫃容量，亦須負擔海運承攬運送業者所要求的整櫃運費，意即貨物不滿一個貨櫃亦須付擔一個海運承攬運送業者所要求之貨櫃運費；若為併櫃貨則是有使用此貨櫃之貨主依據所使用之容量的比例來分擔海運承攬運送業者所要求的運費，但需再額外負擔併櫃費，這是因為是由海運承攬運送業者將託運的貨物併櫃。

（三）船舶運送業

廣義的船舶，依《船舶法》第 1 條之規定：「在水面或水中供航行之船舶。」狹義的船舶，依《海商法》第 1 條規定：「在海上航行及在與海相通水面或水中航行之船舶」；船舶運送業（簡稱為船公司），指以船舶經營客貨運送而受報酬之事業。

根據交通部統計資料，2021 年底國內經營客、貨運送之船舶運送業者計有 251 家，國內主要海運業者以陽明公司與長榮公司為經營遠洋定期航線之大宗，而萬海航運主要業務為近洋航線。

海運業是指以船舶做為運輸工具的行業，其經營方式有下列三種：

1. 定期航運

定期航運是指經營固定的船舶，固定的航線，有固定的運價，依照預先安排的船期往復航行，載運經常性客貨運輸之海運業。定期航商大多自有船舶：定期航商之特性為船舶速度較快，設備較新，經常將船期刊登於報紙上，以供拖運人查詢，為海運經營最要之一環，世界先進國家均有規模龐大航線眾多之定期船隊，因此定期海運市場任一航線之營運家數眾多，任一航線之競爭相當激烈。

定期航線主要以貨櫃輪運輸為主，而貨櫃航運主要運量需求來源為工業用品之製成品及半製成品等，航線分布是影響海運業者營運收入的主要因素，國內經營定期航線主要廠商為長榮及陽明海運，其主要航線占營收比重以美洲航線（包含美西及美東航線）居冠，其次為歐洲航線。

2. 不定期航運

不定期航運是指經營無固定船舶，無固定船期，無固定航線，無固定運價之海運業務，所運送之貨物散裝乾貨或石油為主。在不定期航線部分，多是採用不定期航線單向運輸經營，運輸物品包括無法使用特別包裝運輸之大宗物資或原料，如穀物、煤炭、礦砂、木材等，運費較定期貨櫃運輸便宜。

根據交通統計要覽之我國各港口貨品裝卸量資料來看，海運業載運貨品以定期航線之貨櫃占主要比重，近年來占總裝卸量比重皆在六成以上。在運輸貨品之內容方面，進口是以基本金屬及其製品以及礦產品載運比重最大，分別達到 1.82 億公噸以及 1.21 億公噸的量，而出口貨品也是以基本金屬以其製品以及礦產載運比重最大，分別達 1.33 億公噸以及 0.78 億公噸的量，其中，進出口貨物中，由我國籍國輪承運量達到 17.52%，外國籍承運量的比較高達 82.48%，而相對而言，又以進口貨品由我國籍貨輪承運的比重較高，達到 19.69%，而出口貨品僅占 8.93%。

3. 附屬專用海運

附屬專用海運乃是大規模之企業為維持能定期獲得原料之供應，而自購或租傭船舶自運貨物，船舶的管理上有兩種情形，一為企業本身之船運部門自行經營管理，另一為委託企業外之輪船公司代為管理，例如：中油、中鋼、台糖與台電…等國營事業，皆有自己的船隊。

(1) 貨櫃運輸

　　根據裝運貨物的貨櫃種類不同，可分為全貨櫃船、半貨櫃船、可變貨櫃船及混合貨櫃船，一般評估貨櫃運輸供給狀況主要以全貨櫃船及半貨櫃船為主，可變貨櫃船及混合貨櫃船則多為載運特殊貨品，但於貨櫃船供不應求時期，可裝櫃為全貨櫃船或半貨櫃船；而載運貨物方面，以一般雜貨為主，根據交通部統計月報資料估計，近年來仍以礦產及其製品、金屬及其製品、農林漁牧產品及石化製品為主，因此此類貨品之需求量及製造廠商之經營狀況皆為影響貨櫃運輸之需求因素。

(2) 散裝運輸

　　其為海洋水運業之另一重要經營模式，散裝運輸與貨櫃運輸最大之不同為散裝運輸屬於不定期船舶裝運，通常以單程及近洋之基礎原物料運輸為主。目前散裝船依載運能量大小可區分為輕便型、巴拿馬極限型及海岬型三種，分述如下：

A. 輕便型

散裝輪載重量低於 5 萬噸，主要運送貨物為穀物、石灰石及水泥…等。

B. 巴拿馬極限型

巴拿馬極限型散裝輪為載重噸數介於 5~8 萬噸之間，承載貨物以穀物為主，有時也會承載部分鐵礦砂及煤炭，由於船身小可輕易通過巴拿馬運河，故稱為巴拿馬極限型。

C. 海岬型散裝輪

係指載重量 8 萬噸以上船隻，所載貨物為鐵礦砂及煤炭等工業用物料，因為船隻較大，無法穿越人造運河，因此必需繞經南美好望角到達美東港口，因此稱為海岬型。

　　散裝航運以煤礦、鐵礦及穀物為大宗，除受原物料需求狀況影響外，天候及季節因素也為主要影響因子，另外，由於散裝運輸載運貨品多半為工業用基礎原物料，因此各產業整體景氣狀況也會影響散裝運輸業者之經營。

(3) 其他用途船舶運輸

　　為載運油輪及化學輪等特殊物品，其中我國之小型航商主要以經營多用途船為主，由於該船型可載運物品限制較少，因此於運能缺乏時，能發揮短期運能調節之功用。

海運業與全球景氣及國際貿易量息息相關，其中貨櫃運輸業因多極限型為載運製成品及機械器具，因此受進出口貿易量及企業資本支出高低影響大，而散裝運輸業則因載運貨品以基礎原物料為主，因此受各區域建設狀況及各國對原物料需求程度不同所影響。

六、航空運輸

我國航空運輸於民國 68 年自臺北松山機場遷移至中正機場，原設計之倉庫容量為年處理進出口及轉口貨運量 20 萬公噸；然而在民國 72 年時，總貨運量已突破 20 公噸，在臺北航空貨運站不斷地改善倉儲、設備與管理，以提高作業能量的努力下，其實際處理貨量已大幅提高。航空貨物運輸講求時效性，加上保稅問題，因此航空物流業者分布均在機場附近，其中以桃園中正國際機場與高雄國際機場兩地為主，以提供最方便、迅速的服務。

依據國際機場協會之定義，航空貨運僅包含郵件及貨物，不含行李。所謂國際航線貨運則包含進口、出口及轉口之郵件及貨物。就航空貨運的總量，以國際航線的貨運量最大，國內航線貨運則維持穩定局面，未有太大變動，近年來我國航空貨運屬於逐年成長的趨勢，除了 2001 年受到國際景氣衰退的影響，貨運量有所減少之外，其餘年度均為成長趨勢。

2020 年由於國際景氣復甦及貿易活動持續，使得裝卸貨運量有提升，較 2019 年成長 7.2%，其中國際航線貨運量為 157.9 萬公噸，較去年成長 7.5%；但是，國內航空貨運則較國際航空貨運量相差相當大，國內航線貨運量僅有 5.3 萬公噸，較 2019 年減少 1.2%。

在航空貨運品項上，在進口方面，比重最高的是其他製品類，高達 42.4%，其次為電力與電器產品，占了 29.4%，第三是農產品與水產品，比重僅有 6.4%。由於航空運費較高，除非是高單價少量的商品，或是重視新鮮度的商品，否則是不會使用航空器來做運輸；因此，電力與電器產品為主要的航運運送品，尤其是電子通訊產品在低庫存、及時的生產政策下，多會以航空運輸來節省時間上的花費。

在出口方面，主要出口產品是電力及電器產品，比重達到 60%，其次是其他製品，占 28.6%，水產品占 5.5%，我國電力及電器產品為我國的主要出口產品，而受限於客戶低庫存政策、電腦半成品移回我國組裝等需求的影響，多採航空運輸，因此出口比重最高。在水產品方面，則受惠於我國水產事業的發達，因此，出口比重占第三。

在航空貨運收入方面，直至 2020 年為止，航空客運還是主要的收入來源，但是客運及貨運的比例逐漸拉近當中，不過，受到 2006 年景氣不佳的影響，貨運收入較其他年為低，2020 年則持續衰退，2020 年航空貨運收入為 551.8 億臺幣。

七、郵政、宅配及快遞

（一）郵政業務

受限於法令，過去郵政業務皆由中華郵政來辦理，2002 年郵政法修正之後，郵政業務改採許可制，開放民間企業加入經營，且訂定「中華郵政股份有限公司設置條例」作為郵政總局改制為公司的母法，因此 2003 年郵政總局始改制為公司，成為中華郵政公司，業務項目中的郵政物流服務，包括各類郵件收寄投遞、各類郵件電子追蹤查詢及與貨運業策略聯盟是屬於流通服務業之範圍。

民營企業加入郵政業務是從 2001 年 9 月開始，民營之上大郵通公司開始私人郵件之遞送服務，打破郵局長期獨占郵政業務之情況，並且在 2003 年 6 月以強訊郵通公司的名稱，成為公開發行公司，目前正計畫正式上櫃。

郵政業郵件服務中，以函件的資費收入為主要收入來源，比例高達 87%，其次是快捷郵件 8.2%以及包裹之 5.3%。就件數的比例來看，2007 年函件的比例仍最高，達到 99.5%以上，包裹以及快捷郵件的比例僅有 0.3%及 0.2%，相較於 2000 年則有衰退趨勢。

郵政業務受到網際網路的發展的影響，2002 年函件數量首次呈現下滑趨勢，包裹的運送也受到宅急便等宅配業務與便利商店合作，以其高密度的收貨地來吸引客戶，以致於郵政包裹業務下滑幅度相當多，而快捷郵件也受到便利商店收件便利性高的影響，郵政的快捷郵件運送件數也成逐年下滑的趨勢。

（二）宅配及快遞

快遞業可以分為陸運快遞及航空快遞兩類，由於稱「快遞」將其中運輸業中劃分出來，是因此其物品的運送講求「時效性」，其中陸運快遞是以市區內郵件及包裹遞送為主，我國陸運包裹遞送快遞多是由汽車貨運公司或倉儲

物流兼營,市區快遞則多是擁有小型的機車車隊的業者經營;而航空快遞則多是經營國際快遞的運送,因此,專營航空快遞者多有專屬貨運機隊,例如:UPS、DHL 及 FedEx 等,而我國的航空快遞業務多由航空公司來經營。

　　快遞業的統計資料並不容易估算,由於政府統計資料是以運輸業來歸類之,並未以運送貨品的時效性來加以區分,因此,陸運快遞的業務是歸屬於陸上運輸業中,如汽車貨運,航空快遞業務則是歸屬於航空運輸業之中;不過,可以知道我國外銷產品中之產品生命週期較短的資訊通訊電子產品,因具有時效性,因此是航空快遞的主要運輸產品,同時,具生鮮時效性之農林漁牧業產品也是航空貨運主要運輸之商品。

　　所謂宅配即指車輛直接到家取貨、或將商品直接配送到家。宅配業所運送之貨件主要為一般個人或家庭之小件運輸商品,而其所服務之對象除一般個人外,尚包括以直接行銷方式販賣商品之業者,因此運送貨件之內容琳瑯滿目,亦跨不同溫層。一般而言,宅配所承作之貨件,其重量限制在 20 公斤以下,長寬高尺寸以不超過 150 公分為原則,並在不同的區域範圍內做不同的定價。

　　由於宅配是運送貨品,屬於陸上運輸的範疇,加上近年來與便利商店、加油站、藥局…等據點的結合,使得市場成長率增加相當快速。事實上,宅配所搶占的都是過去郵局的包裹運送市場。除了宅配業者之外,許多貨運公司也經營宅配市場,例如:新竹貨運也推出一日配、大榮貨運也都有類似的服務,再者,由於宅配所強調的是快速運送貨品,因此,其與快遞業仍有所不同。

物流個案

■ **日本 KASUMI 超市的物流**

Chapter 10

物流系統規劃與管理

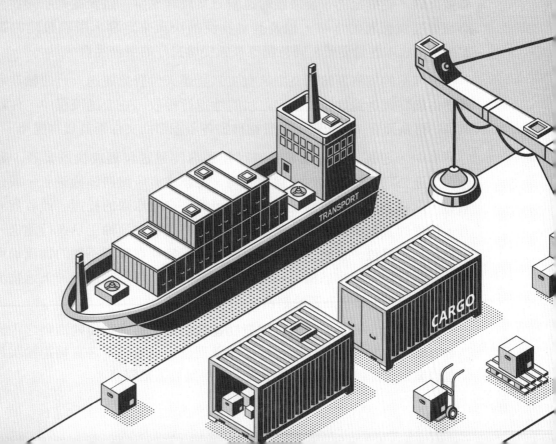

第一節　物流運輸系統

　　運輸為物流活動主要項目之一，隨著在經濟活動範圍之擴大，以及降低運輸成本之要求，貨物運輸將扮演著重要之一環。本章將介紹運輸在供應鏈中所扮演之功能，及在制定運輸決策時所必須考量之因素及運輸工具的選擇與設計。

一、典型的物流網路模式

　　由於網路而成長的電子商務，必須依賴有效的運輸系統，以提供顧客便利的商品配送服務。因此當商品的配送服務隨著電子商務成長時，運輸在供應鏈將扮演著極重要的功能。

　　運輸就是利用各種運輸工具和運輸設施，將人或物從一個地方運送到另一個地方的活動。運輸在供應鏈中扮演著將貨物廣為流通的行銷功能，其中當然也免不了有成本的支出，但是卻可以因為換取時間及地點上的效益，而產生了附加價值。運輸功能必須與整體的物流策略成為一體，然而，說來容易做來難，要擬定出一套最佳的運輸方案實非易事，這要從產品的性質、廠商想要提供服務的水準，以及其他物流的決策來定奪。所謂最佳的選擇方案，不但成本盡量要低，同時還應兼顧提供良好的服務品質。

　　在典型的貨物運輸行為中，貨主／託運人付費給運送人／運輸業者，將貨物由起點運送到收貨人指定之目的地進行接收。在上述流程中，付給運輸業者的稱為運費，而記載上述貨物移動各項細節的文件稱為貨物提單。

　　其中，運送人／運輸業者有可能是專門遞送包裹或快遞業者、零擔貨件、貨運公司、整車貨件、貨運公司、海運業者、鐵路運輸業者、或是空運業者，同時，運送人運輸業者本身也可能是自有車隊的托運者或收貨者；再者，托運的貨物會被裝載於貨櫃中，然後被置放在運輸工具進行運送，運輸工具包括了飛機、貨船、管線、車輛…等。貨物在數個不同的物流場所間移動；上述貨件／貨物是指同一批進行運輸的所有訂單，最後，上述物流場所的動線及據點安排稱為運輸網路。

　　從實務而言，為了有效管理貨物運輸活動，通常把運輸活動之內涵加以區分為輸送作業與配送作業。輸送作業則是提供營業所之直接運輸服務，而配送作業則是提供顧客與營業所間之直接集散運輸服務。

（一）輸送

指利用載重 5 噸以上之大型貨車，載重大量貨品，行駛較長距離，單點或點對點的運交作業，通常為工廠到物流中心之間；此種輸送活動，又可稱為整車運送。

（二）配送

指利用中小型貨車於都市或鄰近地區，分配貨物運交多卸貨點之作業，其行駛距離較短，且載運量較少，通常為物流中心到客戶之間。

簡言之，輸送與配送是為達成貨物分配目的而進行之基本運輸型態，輸送是指貨物在兩地間「大量供貨」之運輸過程，例如：從工廠到倉庫，或由營業所到另一營業所，而配送則是指貨物在兩地間「少量配貨」的運輸過程，例如：從營業所到顧客處。

（三）其他輔助性活動

在運輸活動的過程中，為了有效執行輸送與配送作業，為了衍生其他輔助性之運輸，例如：進行主要運送活動後之回程載貨、為有效配送之接駁轉運等，因應不同需求的運輸行為皆屬之。

另外，由供應鏈的角度，亦可分為正向的運輸活動與反向的運輸活動。

1. 正向的運輸活動

其為傳統的由上游原料供應地向下游消費者傳送商品之運輸體系，又可分為流入活動與流出活動。

(1) 流入活動

為工廠或物流中心之採購部門向供應商訂購商品後，商品由供應商流入工廠或物流中心之過程，實務上稱為原材或商品移運。商品流入活動就物流中心之角色而言，因其運輸活動往往由供應商負責，故物流中心管理之重點，乃在於對供應商準時供貨及商品驗收之監控。但是對專營物流業者而言，為有效運用其車輛，亦常主動扮演協助其供應商交貨之角色，如此一來，則更易進行物流中心內貨源之掌控，亦可強化與顧客間之關係。

(2) 流出活動

　　　　為工廠或物流中心之訂單處理部門接到下游客戶訂貨後，所進行之商品運輸作業，其作業流程、車輛及人力配置等是否具有效率，除直接影響企業之營運成本外，更是衡量顧客服務水準之關鍵因素。

2. 反向的運輸活動

　　　　此為近年來新興之由下游消費者反向傳送具再生性即在使用性之物品至上游工廠或物流中心之回收活動。滯銷品之回收亦屬此範圍。

　　　　由於顧客逐漸增加，顧客分布之範圍亦隨之擴大，需要運輸服務之數量亦不斷增加；因此，輸、配送作業必須因應調整，除營業所必須增加外，轉運站亦應運而生，以使作業更經濟、有效，從而構成更複雜且更方便有效之現代化輸配送系統。

　　在現代化輸配送系統包括主線輸送與集散輸送，兩者純為業者對其大量貨物流通的安排。主線輸送係指轉運站間之運輸，而集散輸送則是轉運站將貨物分散至各營業所之運輸，二者均未與顧客直接接觸。至於所謂的「集配」，則是指營業所與顧客間之集貨與配送作業。這種物流作業方式之改變，顯示出運輸作業之較細分工，也增加了運輸效率。

　　因此，貨物運輸之作業係包含輸送與配送等二種基本作業方式，因此在進行運輸規劃時，亦應同時考慮此二種作業方式。至於運輸規劃之種類，主要包括：規劃期間之運輸計畫、每日運輸計畫、特別運輸計畫三種，其分列如下：

1. 規劃期間運輸計畫

　　　　乃針對未來一定期間對已知之運輸要求進行期前規劃的主計畫，俾使其對所需資源，如車輛、人員、油料等預作統籌，以滿足顧客需求之計畫。例如家電業針對冷氣銷售旺季預測每月每地區之銷售數量，以利儲運部門此期間內作業順暢。

2. 每日運輸計畫

　　　　針對前述主計畫，逐日進行實際運輸作業之調度計畫，例如訂單的增減、取消、送貨排程、時間聯繫、車輛調派等，及每日運輸計畫的目的，係希望運輸作業盡量成為例行性之業務，俾讓行車人員有所遵循。

3. 特別運輸計畫

針對突發或不在主計畫範圍內之運輸活動，或不影響正常性之每日運輸計畫所做之規劃。例如：針對廠商之特賣活動、突發性之大量配送、顧客要求之緊急配送等。

二、運輸活動的構成要件

為了要提供運輸服務，不論為何種運具與方式，有其一定的基本的構成要素，這些要素為商品、客戶、車輛、行車人員、路徑、地點、時間等，運輸功能是否能順利達成，完全看這些要素間能否密切配合而定，因此物流管理者應對這些要素有充分了解，其包含：

1. 貨品：係指運送標的物之種類、形狀、貨量、包裝程度、材積等。

2. 顧客：係指托運者及收貨者。

3. 車輛：係指運輸工具，需視貨品之特性、數量及配送地點來決定。

4. 行車人員：指司機或隨車員在實務的配送活動上，經常需要面對不同的環境及顧客，因此通常都選用較有耐性及敏感度強之司機，以確保服務品質。

5. 路徑：路徑指運送路線、運送活動之主要路徑，可以指定並要求行車人員遵守，而配送活動常因配送點之多寡、道路狀況，而無法完全事先規劃，夜間配送則較不受限制。

6. 地點：指運送起點或貨品需求點，主要是要了解這些地點環境、停車卸貨空間分配及配合之條件，例如月台、裝卸設施等。

7. 時間：由於車輛裝載貨品不一定在自有的倉庫，有時亦在託運顧客處，故應了解裝、卸貨地點所容許之收貨時間，以避免車輛未知等待。

運輸有助於達到生產上的規模經濟。如果廠商能夠在單一地點大量生產，並因此而降低了部份生產成本，節省下來了費用，又豈僅是成品的運輸成本而已，由此可見，國內也好，國際間也好，低成本的運輸條件，實在造就今日大量運輸的功臣。

三、運輸系統的範圍與分類

運輸系統為提供運輸服務以滿足使用者活動目的的有形硬體設施與無形組織或法規，及使用運輸服務的旅客、貨主或受貨人，即包含前一節所指的運輸要素。

運輸系統的分類可依運輸方式、運輸地域、載運對象、服務性質扮演角色加以劃分，分敘如下：

（一）按運輸方式分類

運輸方式即是「運具」，運輸系的範圍依運輸方式可分為公路運輸、鐵路運輸、水路運輸、航空運輸與管道運輸五個系統。

（二）按運輸地區分類

運輸地域是指運輸之起迄點所跨的範圍。依運輸地域可將運輸的範疇分為國際運輸與國內運輸，其中國內運輸又可分為城際運輸與都市運輸兩類，再將運輸系統分為國際運輸、城際運輸與都市運輸的意義在於其運輸問題發生的時間與發生的原因皆不相同，且各有其特性。都市運輸的尖峰發生於每日上下午，且造成擁擠的原因以通勤為主。國內城際運輸有其季節性，其目的以訪友或遊憩為主。國際運輸的尖峰亦有其季節性，產生尖峰的主要原因亦是如此；此外，國際運輸有通關的問題，較為特殊。

（三）按載運對象分類

依運輸系統載運對象的不同，可將其分為旅客運輸與貨物運輸，旅客運輸簡稱「客運」；貨物運輸簡稱「貨運」。

（四）按服務性質分類

根據運輸服務的性質，可將其分為非雇服務與雇用服務兩類，前者由私人運輸提供，後者由公共運輸提供，以都市運輸為例，屬於私人運輸者如自用的小客車、機車與自用貨車等。

公共運輸又可據其特性分為公共運送人與非公共運送人兩類，以都市旅客運輸為例，計程車與租賃小客車屬於非公共運輸人，一般沒有固定的路線與班次；公共運送人提供的服務一般而言皆有固定路線班次，都市的公共運

送服務又可依其特性分為大眾運輸與大眾捷運兩種，前者如一般市區公車，後者如臺北都會區的大眾捷運系統。

（五）按角色分類

依扮演的角色不同，可將與運輸系統有關者分為使用者、經營者、政府與非使用者四個族群。使用者為運輸系統的服務對象，客運的使用者為旅客本身，與貨運相關的使用者則包含貨主與收貨人。運輸系統的經營者則為各種運輸方式客貨運輸服務的提供者，例如：鐵路局、統聯客運、長榮海運、中華航空公司等。政府則為主要運輸系統基礎建設的提供者與法規的制訂者。非使用者泛指未使用運輸系統而受到運輸系統影響者，如機場附近居民受到噪音的負面影響或捷運車站附近的業者享受到土地增值與顧客增多的好處。

四、運輸工具

隨著科技的進步，使得運輸工具從以往的管路、水路、公路、鐵路、到航空。

（一）管路運輸

在所有的運輸工具中，管道運輸是較獨特的方式，且運送的貨物也只限於天然氣、油類或石油化業之產品等。因此，這種方式對大部分的人來說較不感興趣。在路徑及管線鋪設之投資成本上較高且均須由運輸業者負擔，但在操作成本方面則非常低廉。

（二）水路運輸

水路運輸之主要優點即在成本方面。較低的作業成本，加上因船隻有相對較大的容量，固定成本可以因為較大的運輸容量而被吸收變小。水路運輸為速度較慢之運送方式，且若托運人或收貨人都在水道旁邊的話，這也是一種及門的運送服務。因此，水路運輸最適合於低單價、大體積之貨物在相當長之運送距離且有水道可利用之條件下的物品運輸。

（三）公路運輸

公路運輸是指藉由陸地上的通路，將人員或貨物運送到目的地的過程。以公路運輸不需考慮運輸路徑的問題（經由一般道路或高速公路），但仍須付些費用給政府，諸如執照、汽油、相關稅收及使用道路時收費站通行費。

裝卸站一般為運送者所有，但也可能其他私人所有或政府所有，部分則自有或承租且由運送者使用，如果為自有車輛，則此為一主要之投資花費；然而，與其它方式相比較，車輛之成本屬小成本，這也意味著對以公路運輸的運輸業者來說，他們的大部分的成本為操作上的花費。

（四）鐵路運輸

鐵路運輸有其一定的路徑、裝卸站及承載用具，所有這些代表了一個龐大的資本投資。因此，鐵路運輸必須以較大的數量來吸收其固定的成本，除非有足夠大數量的貨品需要運送，不然將不需要去設置及操作。另外鐵路的路線，以火車運送貨物可使用上百的聯結臺車，而每臺車的之承載容量可以達到 160,000 磅。

因此，鐵路運輸方式適合於將大體積及大數量的貨物進行長距離的運送，它們靠、離站之頻率一般會少於以卡車運送之方式。

鐵路運輸的速度適合於長途運輸，此種服務一般來說是可靠的，且對貨物運送來說火車也具有一定的彈性，對於大量的貨物，如煤礦、麥等來說，鐵路運輸是比一般公路運送便宜。

（五）航空運輸

航空運輸是以天空為通路，利用飛行器，將人或物運送到目的地的過程。由於天空包含整個地面，所以，在使用空運時可以到達任何角落，以公路需要實體的固定陸地建設、航空運輸就比較沒有這方面的需求，但它需要一座適合的空中交通系統，包含飛航管制及巡航系統，這些系通常由政府提供。運輸業者亦必須支付部分費用來維持這些系統的營運；同時，運輸業者也可以自有的方式或承租的方式來提供航空運輸所需的航空器；再者，航空飛行器是空運成本中投資最重的部份。

航空運輸的優點在於服務的快速，尤其是遠程距離時更可見其優勢，大部分空運貨櫃是經由飛行航空器來運送，因此，其運送時程會受限於飛行器

的服務時間；同時，如果有適合的裝卸設備，則可提供較快速、有彈性的空運運輸服務，只是，其成本高於其他運輸工具；因此，空運適合高價值且重量輕的貨物運送或供緊急之用的運送。

（六）複合運輸

前面已經分別討論了幾種不同的運輸工具，然而貨物在整體的運輸過程中，往往必須仰賴兩種或以上的不同運輸工具來完成，亦即所謂的複合運輸，這在全球運籌中更為常見。

所謂「複合運輸」，乃是因貨櫃之普遍應用，在國際間成長迅速，故亦有譯為「聯運」、「綜合運輸」等，其同義字尚有，因其在貨物托運人至收貨人間的運輸過程中，乃是經由兩種以上之運輸工具聯合承運的。由於公路之運具能提供戶與戶之運輸效果，故比航空、海運、鐵路重要。

複合運輸型態可分為公路貨車與鐵路之聯運系統、公路貨車與水運之聯運系統，以及公路貨車與空運之聯運系統。主要之複合運輸型態說明如下：

1. 公路貨車與鐵路聯運方式：其運送方式是將卡車拖車置於火車平車上，藉由卡車與鐵路運輸的相互合作，所提供的一種運輸方式；這種聯運方式亦可稱之為背載運輸。

2. 公路貨車與水運聯運方式：此種運送方式又稱為船背運輸。由於船上無裝卸貨物的設備，而將貨櫃裝載於特設之卡車拖車上，經岸上所架之跳板駛進船艙，貨櫃與拖車同留艙內，到達目的港卸貨時，貨櫃連同原拖車一起駛出，此種駛上駛下的聯運方式，便是公路貨車與水運聯合運輸的典型例子。

3. 公路貨車與空運聯運方式：此種運輸方式亦可稱為鳥背運輸，是由卡車直接駛進機艙，飛機卸貨時再行駛離，並將貨物採及門服務方式輸送到目的地。

此外，由於複合運輸乃是至少以兩種不同運輸工具，以完成運送任務。但必須以單位裝載系統為前提，才能結合各種不同運送工具，使最初的起運單位直接將貨物送達到最後需要者手上。所謂單位裝載化就是將一般的小件貨物予以匯集，湊成一定標準之重量或體積，以配合棧板或貨櫃使用，並加速運輸的一種運送方式。使用貨盤之單位裝載化，稱為棧板化，使用貨櫃之單位裝載化，稱為貨櫃化，而棧板化和貨櫃化都屬於單位裝載系統。

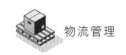

棧板是單位化中，用以固定放置貨物的受貨台，上面鋪有平板，其下設有間隙的裝卸用具，提供包裝所用之捆包材料，以棧板為單位裝載系統，完成一個運輸作業，因可利用堆高機作業，故能節省空間及設備。目前不論海運或空運，均以貨櫃之使用較多，棧板因裝卸作業耗時較多，使用不若貨櫃普遍。單位裝載化除將貨櫃標準化之外，再加上裝卸作業之機械化，一般而言，單位裝載化有下列優點：

1 裝卸時間縮短：利用貨櫃運輸，因裝卸速度提高，轉介的手續簡化，作業不受天候的影響，因而縮短貨物的運輸時間。

2 節省包裝及倉儲費用：貨物因有貨櫃保護，個別包裝的標準可以降低，而且中途儲運不必進入倉庫，可以露天儲存，因而節省不少包裝費用及倉儲費用。

3 貨物運送較為安全：利用貨櫃運輸貨物，因有貨櫃的保護，貨物的濕損、汙損、破損、短少及被竊等事故可以減少，因此較為安全。同時，保險及理賠費用均可節省。

每一種運輸之方式都有不同的成本及特性，這些特性也決定了對不同型式的貨物運送所需使用的方式，例如：航空運輸較貴，機艙空間有限，適合體積小、價值高、具時效性的貨物；反之，體積龐大笨重，像煤、鐵礦等原料，則適於水路運輸。

每種貨物的輸送作業，各有其最適合的運輸工具，例如：貨物的外表、體積等特性，會限制物流經理人對運輸工具的選擇。例如：氣體、液體的運輸，利用管道運輸較方便。

五、影響運輸決策的因素

供應鏈中的運輸扮主要角色：1.貨主／託運人是否為要往供應鏈的兩點中移動產品者；2.運送人／運輸業者是移動或是運送這些產品者。

當我們要做出運輸之相關決策時，要考慮的因素很多，這得視其是扮演貨主／託運人或是運送人／運輸業者而定。運送人／運輸業者之投資決策會重視運輸之基本建設，例如：鐵路、車輛、卡車、飛機…等；作業決策者則足使投資之資產回收擴大化，相反地，託運人則是運用運輸來使其成本最小化，以提供客戶適當的反應與服務。

運送／運輸業者的目標是要使投資決策及設定作業政策有使投資回收最大化，例如：航空公司、鐵路局或卡車公司…等。運輸業者在資產投資或設定規格與作業政策時，必須考慮下述之成本：

（一）運具成本

為用來運送物品之運具採購或租賃成本。不論運具是否使用都會產生此運輸工具的相關成本；因此，被運送人／運輸業者得視為短期作業決策的固定成本，當要做長期的策略決策或是中期的規劃決策時，這些成本則列為變動成本，以決定採購或租賃之運輸數量。

（二）固定作業成本

包含了任何有關於場站、登機門與人工相關成本，無論運輸工具是否在使用中，例如：卡車或航空站設施等自然產生固定成本，而與到站之車輛或飛機數無關；如果駕駛員與運輸班次無關時，則他們的薪水亦屬此類成本項中。在作業決策中，這些成本均為固定。對牽涉到他置與設施大小之策略與規劃決策而言，這些成本則為變動成本，因為此固定作業成本通常依作業設施大小而定。

（三）運輸成本

此成本是發生在每次車輛開始離站而運輸的途徑上，其包含了人工及燃料費用。運輸成本乃依據運送距離而非運送數量。當我們在進行策略或規劃決策時，此項成本被視為變動成本；同時，在進行有關運送路徑長度等決策時，亦可視為變動成本。

（四）數量相關成本

此類成本包括了裝卸成本及因輸送量而變化之燃油成本，在運輸決策中，除了裝卸人工外，這些成本通常均被視為變動成本。

（五）經常費用

此類成本包含了運輸網路排程規劃及資訊技術之投資成本。當一家卡車公司投資路徑規劃軟體以讓管理者得到較佳之輸送路徑時，則此項軟體投資及作業均視為經常費用：空運業甚至將路徑與排程之機組員成本亦包含在經常費用中。

　　運輸決策同時會受到其客戶反應能力及市場可接受價格之影響，例如：Fed Ex 為達成快速包裹遞送而設計了空運網路運輸中心；相反地，DHL 則運用了空運及陸路運輸組合而提供較便宜之運輸模式。此兩種運輸網路之差別則反映在排程價格上，例如：FedEx 之收費是以包裹量為基礎，而 DHL 則以包裹量及目的地為計價基礎。由一個供應鏈角度來看，當價格與目的地無關且快速運送非常重要時，採用空運網路運輸中會較適當；當價格因目的地而變化且允許輸送速度較慢時，則卡車運輸模式便較適當。

　　貨主／託運人決策包含了運輸網路設計、運輸模式選擇以及對每一客戶指派其特定的運送方式。運送目標則是在達成客戶要求反應條件下，使其總成本最小化；因此，在做運輸決策時，貨主／託運人必須考量以下成本因素：

1. 運輸成本：此為不同運輸業者將產品運送給客戶所支付之所有費用。其乃依據不同貨主／託運人所提供之運輸模式而定。對非自行擁有車隊之貨主／託運人而言，此運輸成本被視為變動成本。

2. 存貨成本：此為貨主／託運人之供應鏈網路因持有存貨所發生之成本。在指派每一客戶至載具的短期運輸決策中，存貨成本被視為固定成本；當貨主／託運人在設計運輸網路或規劃作業政策時，此存貨成本被視為變動成本。

3. 設施成本：此為貨主／託運人供應鏈網路中各種設施之成本。當供應鏈經理做策略決策時，設施成本為變動成本，而對其他所有運輸決策而言，則為固定成本。

4. 處理成本：此為訂單裝卸及其他運輸相關的成本，在運輸決策中視為變動成本。

5. 服務水準成本：此為無法符合輸送協議所產生之成本，有的時候會明示於合約中之一部分；另一方面此亦可視為客戶滿意度之反應指標，故此項成本應在策略、規劃及作業決策時考量之。

　　當貨主／託運人在作運輸決策時，不但要考量所有這些成本間之條件互換，同時亦會受到其承諾顧客之反應能力與來自不同產品或顧客所產生之邊際成本所影響，例如：線上雜貨商 Webvan 公司承諾逾客戶所選擇時段之 30 分鐘內宅配到家；相反地，DHL 並不由客戶來選擇運送時間，而是在其工作

天中任一時間遞送包裹。於是由此兩家公司所設計之運輸網路及與需求相關之車輛數便可反映出兩家公司策略之差異。

六、運輸成本

運輸成本為影響貨主／託運人決策時主要考量之因素，因此本節進一步介紹運輸成本，讓貨主／託運人藉由選擇較佳的決策，以獲得最適的運輸成本。我們將利用車輛運送為例來說明運輸流程，但對於其他的運輸方式其原理應該是相同的。

貨物可直接由貨主／託運人送至收貨人手中、或者經過一個集散站，在集散站運送的流程來看，貨品經分類後由適合於短途運送的車輛進行短程之運送至集散站，接著依據目的地分類後裝上車經由高速公路網運至另一集散站，在那裡貨品卸下再度被分類，並被裝上當地的送貨卡車，最後送至收貨者手上。

在上述的運輸流程中有四個基本的成本要素，將影響到運輸成本，這四個基本成本要素，分述如下：

（一）託運成本

當進行貨物運輸時，貨物是被收置於可移動之容器內進行託運作業，而此容器有其承載重量與空間上之限制，無論是以何種方式運輸，移動此容器是有其基本成本存在，而也依其是否全滿而定。

對使用卡車而言，成本包括油料費、司機薪資及車輛折舊…等，這些成本花費依所運送距離長短而異，而非所運送貨物之重量，無論卡車是否滿載，皆有相同之固定基本成本；如果不是滿載，則運送成本需分攤至卡車中同類貨品之上。因此，總託運成本直接由運輸之距離來決定，而不是運送之重量。

例如：對某一特定貨物，路線貨運成本是每公里$3 且距離為 100 公里，故其總運送成本為$300；如果託運者託運 500 噸貨物，則其總成本將與託運 100 噸之貨物相同，但是，其每噸之託運成本是不同的。

由此可知，託運成本會因每公里的成本、運送距離而有所不同；同時，每單位重量的託運成本將會因為託運的公里成本及運送距離及重量而有所不同。

在運送的方面上有兩個限制須考慮，重量上的限制及運送工具體積上的限制；對某些貨物來說，由於運送時體積上的限制，使得運送的頻率會增加，如果託運人要運送較多的貨物時，須增加貨物運送頻率；相反地，也有些貨物，將以不同的方式進行運送以節省空間，例如：個人電腦或腳踏車等是以分解成零件的狀態進行運送，這些是為了在單一運輸工具上增加運送貨物頻率的方法。

（二）撿貨與送貨成本

撿貨與送貨成本與運送作業成本基本上是類似的，但運送時間上的考量在成本上會比運送距離的長短有較大的影響。運送時對每一次貨品的撿貨及重量都須計算。如果託運人將各分批撿貨之貨物整理成同一批品項進行運送，將比分批撿貨運送要較便宜。

（三）集散站之理貨成本

集散站理貨成本係依據一運送批量需要進行裝載、作業處理及卸載的頻率次數而定，如果運送數量為滿載的卡車承載數量，則貨物於集散站不需再處理而可直接交給收貨人；但是，如果只是占有部分的承載量，它們則需至集散站進行卸載，重新分類及裝載至負責於高速公路上運行的車輛上；到了目的地區域後，貨品需再度進行卸載、分類及裝載至負責當地運送之車輛上。

每件個別的貨物都必須處理，如每個客戶都要了小量的運送數量，則運輸業者將期望裝有較高的集散站理貨成本，因為他們可以對個別的運送包裹收取搬運的費用。

降低集散站理貨成本之基本原則為將數量多而小的運送批量整裝為少數之大批量來減少理貨成本。

（四）帳單與收款成本

每次進行貨物運送時，都會產出一些書面資料，例如：估價單、送貨單、發貨單、發票…等文件，這些成本必須藉由帳單與收款成本減少來降低成本，亦即鼓勵顧客批次購買、大量購買。

總運輸成本包含了上述之託運、撿貨與送貨、集散站理貨及帳單與收款成本，對任何運輸批量，托運成本會因運輸距離的長短而有不同；然而，撿

貨與送貨成本、集散站理貨成本、帳單與及收款成本均為固定；因此，對任何貨物運輸其總成本，將包含一個固定成本部分及相關的變動成本。

第二節　物流網路設計

一、何謂物流網路

　　最佳化的物流網路設計需滿足對顧客回應的需求之下，將存貨持有成本、倉儲以及運輸成本降到最低。由於企業的供應商及顧客都不同，因此，最佳化的網路設計也不相同，本節將介紹網路設計，以提供制定最佳化的物流網路規劃之依據。

（一）物流系統

　　一般來說，完整的物流系統包括中央性倉庫、區域性倉庫、物流中心…等，分別執行商品流通過程中後勤支援之作業，其功能如下：

1. 兼具集貨、儲存之功能。

2. 具有分貨之功能。

3. 負責理貨及配送之功能。

　　其中，區域性倉庫所儲存之貨品屬需求頻率較高產品，為及時滿足顧客需求而儲存於此，作為緩衝與調節之用。

　　在傳統的物流系統中，區域性倉庫儘負責由中央性倉庫送來之大批貨件分撥成小貨件至各消費地之配送中心，提供短暫儲存之效用。為減少商品流通中之物流環節，物流中心逐漸取代區域性倉庫之地位，透過少數幾個物流中心集中理貨，可以大幅減少存貨分散在各地之損失，並使物流層級逐漸扁平化。而物流中心集中化後，服務之配送範圍擴大，亦可將物流設施「散」的功能加以分割為理貨、配送兩個部分獨自運作。換句話說，「理貨」交由物流中心集中處理，至於「配送」的部分，則透過轉運站配送至各零售點，此種物流系統較適合產品品項眾多、理貨複雜度較高的行業。

　　由於物流中心集中化後，服務區域之配送半徑擴大，為了滿足一定之顧客服務水準，於各區消費地設置轉運站進行配送，使產品快速流通至需求所

在地，可大提昇物流系統之效率。由於轉運站內沒有儲位儲存，如此一來，可減少在各消費地大幅設置物流設施等相關管理成本支出。

（二）物流網路的定義

物流網路乃是產品從供貨點到需求點流動的網路結構，其決定使用什麼樣的物流設施、物流設施的數目、物流設施的位置、分派給各物流設施的產品和顧客、物流設施之間應使用什麼樣的運輸服務及如何進行服務。產品的物流網路，可以由當地的倉庫提供需求，也可以直接由工廠、供應商或港口供應；當地的倉庫又可由區域的倉庫或直接由供貨點提供需求。當運輸需求量改變、或是增加、或是減少，或是需求量分布改變時，業者必須重新調整物流設施位置、大小或功能結構，達到物流設施固定成本與總營運成本最佳化，此為設施區位問題或網路設計問題。由於產品的不同，企業的物流網路可以比一般的網路層次更多或更少，也可能有完全不同的物流網路。

（三）物流網路的主要決策

物流網路基本上是由三項主要的決策所構成，即存貨決策、設施地點決策，以及運輸選擇和路徑規劃的運輸決策。其各項決策的相關問題如下：

1. 存貨決策

(1) 維持什麼樣的週轉率？

(2) 每一項產品需要維持在哪一個設施據點？

(3) 需要維持什麼樣的產品庫存水準？

(4) 什麼樣的存貨控制方法是最好的？

(5) 推式或拉式策略需要被使用？

2. 設施地點決策

(1) 物流設施的最佳個數、位置和大小？

(2) 哪一個工廠供應商可以服務此設施地點？

(3) 哪些產品需要從工廠直接運送或經過倉系統？

3. 運輸決策

(1) 哪些顧客需求由哪個設施據點來提供？

(2) 使用哪一種運輸模式，來決定產品運輸路線的物流網路？

　　上述三項決策的各個子問題彼此互相影響，交互關聯，設施地點決策所決定倉庫的地點會影響倉庫與零售點之間的運輸指派、運輸距離及補貨前置時間；有載重限制之車輛其配送點的多寡與路徑也會影響補貨量及其衍生的庫存成本；而零售點庫存量也會影響配送頻率及其衍生的運輸成本；不同存貨控制，例如：推式系統與拉式系統與運輸決策，例如：零售點共同配送與零售點獨立配送亦會影響地點決策。

　　所以設施地點選擇、運輸及存貨問題這三個子問題在網路決策制定上應被視為一體而同步規劃，不該單獨看待，而且藉由三者間完善的規劃以降低成本、改善效益、提供服務，進而達成企業組織的目標。

（四）物流網路規劃

　　網路設計問題的選擇會影響中、短期的營運規劃，最終會影響其營運利潤，網路規劃是一個相當複雜的組織，它包含了大量人力與物料資源的整合，且不同因素之間複雜與互為消長的關係，影響著不同的決策；一般而言，其可分成下列三個層級：

1. 長期策略規劃

　　其係指高層管理者的決策問題和長期資本投資需求問題，其中包括區位模式及網路設計模式，此網路設計模式是將區位以一般化表示，其主要的決策項目的：

(1) 實體網路的設計與評估。

(2) 主要場站設施位置。

(3) 資源的取得。

(4) 服務水準的訂定。

(5) 費率的決定。

2. 中期策略規劃

　　此階段在合理和有效的分配資源以提高系統的整體績效，主要包括服務網路的設計及車輛選擇問題，業者內部稱之為營運規劃；一般而言，在中期戰術規劃包括有以下決策：

(1) 服務網路設計。

(2) 貨物指派或稱貨物排程。

(3) 空車平衡。

(4) 人員與車輛之排班。

其中貨物排程與運具選擇與均衡問題，有互為因果之關係，因此有些學者將其合併考慮稱之為載運問題。

3. 短期策略規劃

任何營運業者都希望使得利潤最大化或至少維持於競爭地位，而策略規劃與戰術規劃的設定在一個已知靜態的資料下的決策，例如：貨運量、旅行時間都是確定的，但是真正營運的當時，可能貨量變得很大或是很少，而路面的旅行時間因當時的交通狀況而使得無法準時，所設定的營運規劃便無法營運得很順暢，因此在短期的營運決策需將隨機置入系統中考慮，包括的主題：

(1) 支援業者營運的動態模式。

(2) 考慮不確定性的可能路徑。

在營運策略中之營運計畫層次裡，由於必須同時考量三個子問題，故通常亦使用層級式的決策方式，一般會知道運輸需求和公司的運輸網路結構下，業者先決定貨物路徑，再決定路線上之貨櫃型態與數量，最後決定貨車路線及貨車與司機行車時間表。

二、典型的物流網路模式

網路就是對連接各點的路徑做一個安排，並將物品經由它從某一點至另外一點，一般所熟悉的網路有高速網路系統、電話網路、鐵路系統，以及電視網路，例如：鐵路網路是由連接各車站間的多條固定路線所組成。在本單元主要介紹的物流網路模式，包含有運輸問題、最短路徑問題、最小展開樹問題，以及最大流量問題四種類型的問題。

（一）網路的組成要素

網路是以圖形來表示，它由節點和弧線兩個主要的元素所組成。節點通常用圓形表示，弧線則以連接節點的直線表示，節點一般是代表位置，例如：城市、交叉點、航空站、鐵路車站；弧線則是連接節點的路線，例如：連接城市或交叉口的道路，以及連接車站的鐵路路線或航空站的航線。

圖 10-1 所呈現的網有 4 個節點和 4 條弧線，代表臺北的節點稱為起點，其餘的 3 個節點之任一個都可能是目的地，它與網路中我們所欲到達的地點有關；此時，必須要注意各個節點都有指定一個數字，因為這是要指出網路

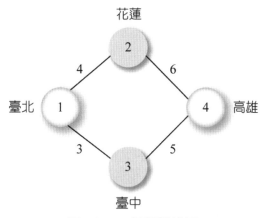

圖 10-1　網路路線圖

中的節點和弧線時，使用數字比用它的名稱來得便利；因此，現在我們可以稱起點（臺北）為節點 1，並且從臺北到花蓮的弧線稱為弧線 1-2。

　　另外，在各弧線上指定一個數值，表示兩節點的距離、時間長度或是成本。因此，網路的目的就是要決定網路中點與點之間的最短距離、最短時間，或是最低成本。圖 10-1 中四條弧線上的數值 4、6、3 和 5 分別表示各對應弧線通行的時間（以小時計）。因此，旅客由圖可以知道，從臺北出發，經花蓮到高雄需時 10 小時，而經臺中到高雄則需時 8 小時。

（二）運輸問題

　　這一種網路模式系統由不同的供應廠提供貨物給不同地區的需求點，此類問題的目標乃在於如何使總運輸成本最低，稱為運輸問題，亦即在數個不同供應量的供應廠中，如何運輸、如何使貨物能以最小的經費，供應至不同的數個銷售點，其次一個運輸模式，可提供新設工廠的地點，倉庫的所在地及銷售點等之選擇，使得滿足供應與需求量時，其運輸系統總成本最低。

（三）最短路徑問題

　　最短路徑問題是要決定由起點到某個目的地之間的最短距離，例如：某貨運公司有數部卡車從臺北分別載運柳橙到高雄，從臺北到各個目的地的路線，以及卡車行駛各條路線所需的時間；此時，該貨運公司的經理想找出卡車運送柳橙到各個目的地之最佳路線，亦即找出最短的運送時間之路線，此問題即可利用最短路徑的求解技術來處理。在運用此技術時，將卡車行駛路線的系統表示成 O-O-O-O。

（四）最小展開樹問題

前一節所介紹的最短路徑問題，其目標是決定網路中起點和目的地之間的最短路徑。我們在例子中，決定了從起點到目的地城市的最佳路線。最小展開樹問題類似於最短路徑問題，但它的目標足連接網路中的所有節點而使得支線的總長度為最小。

為了說明最小展開樹問題，我們考慮下列的例子。自來水公司想要在由數個市郊住宅區所形成的社區安裝自來水管路，每個郊區必須要與主要的自來水管路相連，自來水公司希望所鋪設的主要水管之總長度為最短路徑，以供公司鋪設可能的路線及各路線所需的水管長度。

（五）最大流量問題

在討論最短路徑問題時，我們已找出從臺北起點到數個目的地的卡車最短行駛路線，在最小展開樹問題中，我們求出了水管的最短連接網路。這兩類問題都沒有考慮到對某類物品的運送，其弧線的流量有容量的限制，有些網路問題，其弧線上的流量有可容量的限制，此類網路問題，其目標是希望從起點到目的地的總流量能達到最大，這類問題我們稱為最大流量問題。

最大流量問題有很多，包括經過管線網路的水、瓦斯或石油的流量經過作業系統的流量；經過道路網路的交通流量，或是經由生產線系統的產品流量，在這些例子中，網路上弧線的流量有其限制，並且通常各有不同的可容許流量；同時，在這些限制條件下，決策者希望決定流經系統能獲得的最大流量，例如：臺北和高雄之間的鐵路系統網路例子來說明最大流量問題，或煤礦公司利用鐵路從臺北運送煤礦到高雄，在其契約內限制了該公詞中各弧線所能運送的公噸數。

在這些限制條件下，該公司想要知道每週從臺北運送煤礦到高雄的可用最大公噸數。網路弧線上緊鄰節點右邊的數字表示各該鐵路弧線可供該公司使用的公噸數。例如，從節點 1（臺北）到節點 2 有 6 公噸可供使用，從節點 2 到節點 4 有 8 公噸可用，從節點 4 到節點 6（高雄）有 5 公噸可用等等。另一方面，各弧線緊鄰節點左邊的數字，則表示在相反方向的運送時，可使用的公噸數，例如：從節點 6 到節點 1 沒有公噸可用；從節點 1 到節點 6 的弧線稱為有向弧線，因為只有在單一方向上有流量（從節點，到節點 6 有流量，而從節點 6 到節點，則沒有流量）。注意弧線的兩個方向可能都有流量，譬如節點 6 和 5 之間，以及節點 5 和 3 之間。這些弧線稱為無向弧線。

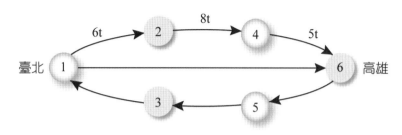

圖 10-2　最大流量問題網絡圖

　　網路模式，即將問題以節點、弧線以及位於節點或弧線上的函數形式表達出來。因為其結構特殊，故許多網路問題可以用有效率的線性規劃演算法的解題技巧，或是非線性規劃的技巧，求出最佳解。

三、物流網路設計

　　當企業在設計其物流網路最適化時，它必須考慮許多因素。在設計的步驟中，首先，必須了解一個合適的物流網路應與企業策略有密切關係，因為設計一個企業物流網路的程序是相當複雜的，其步驟分列如下：

（一）步驟一：定義物流網路

　　首先，企業在設計一物流網路時需考慮所有的影響因素；同時亦必須先了解企業策略與供應商的需求。

　　同時，在此步驟中，必須建立物流網路的因素和目標，例如：了解高階經理人的預期是在設計物流網路所不可或缺的要素。其次，也必須了解關於物流網路所需的資金、人力和系統等相關資源。

　　另一個可能要考慮的是，第三方物流公司(3PL)的服務可以做為達成企業物流目標因素之一；因為它將擴展企業的物流網路，將外部與內部自有的網路資源同時成為企業物流網路的解決方案之一。

（二）步驟二：執行物流稽核

　　物流稽核提供企業對企業物流有較廣的觀點，此外，它也有助於蒐集許多必要的資訊，使該資訊有助於在未來的設計物流網路時有所助益。在物流稽核的步驟上，使得下列的資訊變得更有用，其分別為：

1. 顧客需求和重要的環境因素。

2. 主要的遠程與近程物流目標。

3. 從供應鏈的觀點來指出目前的物流網路與企業角色。

4. 物流成本及關鍵績效指標的標竿或目標。

5. 辨認當前與期望的定性及定量之物流績效差距。

6. 物流網路設計之主要目標。

（三）步驟三：檢視物流網路替代方案

檢視物流網路的可能替代方案涉及到應用合適的量化數學模型於目前的物流系統，以及考慮之替代方案，以及考慮之替代方案。這些量化模型的運用提供對各種可能網路之功能與成本／服務效率的建議，值得注意的是，透過量化的數學模式所尋求的最佳解，模擬模型以複製到物流網路，透過啟發式技術僅能提供廣泛問題定義，但是無法提供物流網路最佳解。

一旦選擇合適的計量模型，將有助於辨識與物流稽核階投所確認的物流網路的關鍵目標，一般企業常會藉由模型來解決主要的問題，但其所建立的模型效益可能有限。

（四）步驟四：區位分析

一旦已建立期望的物流網路一般性因素後，下一個任務為對物流設施可行方案的特定城市與場址的屬性進行分析，分析方法包含定量與定性兩方面，在定量分析之因素已結合在上述步驟三中。

企業藉由蒐集先前已確認之場址的資訊，以達成此步驟，此外，企業也可能會以地理、地質學、及設施設計的觀點，來檢視有潛力的設施，再者，為了輔助內部可利用資源，公司可能聘請專家以協助處理區位選擇的問題。

企業在進行區位選擇時，通常第一次會先刪除在物流觀點上不經濟之區域，因而降低可選擇之數目，例如：考慮在臺灣東部地區選擇建立物流中心時，若應用物流區位決定因素，則可能會發覺最適物流區位乃在林口或基隆區域，因此，使用區位分析方法，以明確的地點，使減少潛在設施數量。

（五）步驟五：制訂決策

在此必須依據步驟一的準則來評估步驟三、四所建立的物流網路和場址；同時，必須考慮因企業物流網路及整體供應鏈的需要改變時之影響；其次在第三方物流公司之可能性，及其相關的成本、服務與策略面等考量。

（六）步驟六：發展執行計畫

一旦已建立整體方向，發展一套有效的執行計畫，是相當重要的。這套計畫應做為從現在的物流網路改變為預期物流網路的藍圖。企業必須了解物流網路程序將可能產生顯著的改變，所以企業承諾必要的資源投資，以確保平順、適時執行物流網路是重要的。

四、影響網路設計的因素

網路設計主要考慮的因素為顧客服務被滿足及滿足顧客服務的成本。企業必須要評估在採用不同的運送方式對於顧客服務需求和成本的影響，顧客需求被滿足影響著公司的獲利，而成本也連帶地決定了物流網路的獲利情形，一般而言，影響網路設計的因素包括：

1. 回應時間：回應時間是指從顧客送出訂單到接收貨品之間的時間。

2. 產品多樣性：產品多樣性是指顧客期望從配送網路上得到不同產品或配置的數量。

3. 產品可獲性：產品可獲得性是指當顧客訂單到達時，在倉庫中有產品的可能性。

4. 顧客經驗：顧客經驗包含發出與接送其訂單的容易度，它也包含單純的體驗，如是否能夠喝一杯咖啡，和銷售人員所提供的價值。

5. 訂單的能見度：訂單的能見度為顧客追蹤從訂單發出到運送端的能力。

6. 產品退回性：產品退回性指的是顧客退回不滿意貨品的容易度與配送網路處理退貨的能力。

當顧客可容忍較長的回應時間時，則可以將其設施的地點遠離客戶，並可增加每一點點的存貨數量；相反地，當顧客較為重視短時間的回應時間時，則需要將地點設置離顧客較近之處，此時企業需要有許多設施，並且在

每一地點有較少的存貨數量，所以降低顧客的回應時間會造成配送網路中設施數目的增加。當設施的數量減少，設施的成本也將隨之減少，這是因為設施的整合可使一個企業發揮其經濟規模。

五、營運網路模式

（一）營運網路類型

　　營運網路的設計是以節點與節線來表示整個營運規劃，營運網路設計的類型分為具軸輻式與不具軸輻式的直接網路兩大類。

1. 直接網路

　　指任何流量從起點至其訖，中途沒有任何的停靠。期間，由數個節點所形成的網路，如果任兩節點間都有一貨物起迄對配送，則網路中的任兩點間皆必須有一節線連接以提供服務，此一節線即是運具的路徑，在此一節線上，運具與貨物行走共同的路線。此種網路結構不需轉運，故有較短的旅行時間，因為有較少的裝卸貨次數，故有較少的裝卸成本。然而此種網路結構有較多的節線，其中許多的節線都未能被充分的利用，故各運具的承載率較低，有較高的運具與運輸人員之成本。

2. 軸輻式網路

　　指的是透過中繼站的設計，減少網路上節線的連接，節線在運輸的網路上表示運具，因此可以減少運具數而使營運的總成本降低，而在其他的應用，如電信上，也可以減少網路線的數量等。由於在連接相同數目的場站時，軸輻式網路可大幅減少直接相連的路線數；因此，在內部營運網路的型態上，軸輻式網路常被使用於國外大型零擔貨運業，在與中繼站的連接上可分成「限制每一營業所僅可與一中繼站連接之單一指派軸輻式網路」與「每一個營業所可與多個中繼站連接之多重指派軸輻式網路」。

　　基本上，軸輻式網路的結構是由節點與節線所構成。節點包括營業所與轉運的中繼站等兩大類，其中營業所的主要功能是旅客或貨物的集散點。其中具轉運功能的營業所又稱為轉運站。轉運站是允許旅客或貨物在相同運具但不同型態或大小的運具間進行一對一的轉運，例如：旅客由短程支線小型飛機全體轉換至長程幹線的大型飛機，或者貨物由小型的貨車全部轉交至大型的貨車，過程不允許重新再行分類。中繼站的功能則是讓由營業所或其他

中繼站所到達的旅客或將送達的貨物，重新分類、組裝，再搭上或裝上離開的飛機或貨車，抵達至迄點營業所或其他中繼站作再次轉運；最後，營業所將到達的貨物，進行配送至收貨者。

網路結構上的節線則是站所與站所間，運行的路面或航空運具，一般而言，節點與節線上皆具有成本、時間以及容量等屬性。

（二）集中化與分散化

營運網路是屬於長期性的決策且投入成本龐大多屬於沉沒成本，一旦投入若決策與規劃設計正確則其為企業在現行商業環境上的競爭利器，但若決策或在規劃設計過程中沒有依本身的需求或忽略了某方面的因素而造成績效不佳，不但投資的成本無法完全回收，也喪失了一項競爭優勢；因此，任一個設計過程的決策皆會成為一個系統成敗的關鍵。

一般而言，營運網路有集中化與分散化的二項主要考量。集中化指的是決策由中央供應網路所決定，運作目標是要最小化系統總成本，同時滿足一些服務水準要求。分散化指的是每一個設施採取對他有效率的策略，而不會考量對供應鏈中其他設施的影響，因此，分散式系統會導至局部最佳化。

集中化的優點有：

1. 減少工廠到倉庫的運輸成本。

2. 改善存貨的管理。

3. 減少安全存貨和取得較好的機會來協商運輸服務。

分散化的優點有：

1. 可快速的回應滿足顧客的需求。

2. 可減少倉庫到顧客的運輸成本。

3. 有更多可待售的商品來增加銷售。

由於過去物流設施分散，因而造成運輸距離延長、增加時間；辦理訂貨、下達發貨指令、向外訂貨、處理商品過多、揀取商品…等等也都會耗費時間；但是，現在的企業基於存貨風險及經濟壓力不斷提高，再加上運輸服務，包括：高速公路網的發展已產生成本低廉、穩定、快速的績效。時間和距離都已不成障礙，同時資訊技術的應用已使顧客需求可快速、準確地在通

路中運輸，使得企業重新思考物流區位策略，從運輸、資訊技術及存貨經濟原理來看，以少數的流通倉庫來服務廣大地理區域的各市場，往往可產生更經濟的物流系統；因此，集中化物流設施已成為企業重新思考物流體系的重要策略之一，亦符合歐美先進國家物流體系的發展趨勢。

再者，若採用集中化的策略，透過合併少數物流設施的方式，移除物流體系內不具運作效益的物流設施，此舉，不但可以減少固定成本的支出，也讓物流設施運作具有規模經濟的效益，更可減少分散在各地的存貨積壓，使存貨週轉增加，並減少存貨持有成本。

六、營運網路流程

（一）貨運運送流程

物流業者以站所與運具來構建營運網路，將顧客的貨件由託運者手中快速且安全的送達收貨者處。營運網路包括有內部營運網路與外部地區服務網路，以下將針對業者之場站、外部服務網路與內部營運網路做較詳細的說明。貨件之運送，包括自客戶承運之起點，及至客戶欲交付之目的地，期間涉及外部服務網路及內部營運網路。具體而言，營業所利用小型車輛對客戶提供承運服務，將承運貨件被送至發送站營業分類後，利用大型車輛直接載運至到著站營業所，或透過中繼站轉運到著站營業所，再利用到著站營業所之小型車輛送至客戶手中。

（二）網路架構

物流業者以站所與運具來構建營運網路，將顧客的貨件由託運者手中快速且安全的送達收貨者處。營運網路包括有內部營運網路與外部地區服務網路，以下將針對業者之場站、外部服務網路與內部營運網路做較詳細的說明。

1. 路線貨運業的營運場站

一般路線貨運業的場站，可區分為多項不同種類，若以站所功能區分，一般路線貨運業之場站種類可細分為下列數種：

(1) 營業所：執行貨件集散、分類等工作。

(2) 中繼站：執行貨件轉運、分類等工作。

(3) 營業站（代辦處）：為加盟之站所，僅代收送貨件。

(4) 集貨站：僅執行收貨工作。

　　中繼站與其他站所之功能差異較大，其能大量地處理貨件並且做轉運的工作，國外之中繼站通常以完全機械化進行貨件處理。而營業站乃是委託其他經營者所設置，至於集貨站則僅具收貨之工作，不具營業所發送及分類之作業，故與營業所相較之下較不完全。

　　此外，國內路線貨運業對於顧客之貨物，無大小及包裝之限制，故場站的作業無法機械化，因此全靠勞力作業，導致效率不佳，因此為減少高成本的轉運作業，所以中繼站或大型營業所只有小規模之中繼轉運功能，如此使得場站月台上必須同時處理發送、到著及轉運貨物，而降低月台之作業機能。

2. 外部服務網路

　　在外部服務網路的部份，通常顧客可以將貨件直接送到營業所、營業站或集貨站，或者用電話、網路之方式請路線業者送至家中或者於指定地點取貨。不管如何，業者在貨件之起點端會從營業所派小型車輛，至顧客指定地點、營業站或集貨站收貨，通當集配車出發之營業所可稱為起點營業所，至於貨件之訖點端，則是由訖點營業站所利用小型車輛將貨件交付給收貨者。

3. 內部營運網路

　　在內部營運網路的部份，其作業流程可大致敘述如下：

(1) 一般貨物由外部服務網路以集配車收集後運送至營業所進行處理。

(2) 經由場站人員分類組裝後，再以大型車輛運送乾點營業站；此時，若貨物需經由轉運，則是先送至中繼站，中繼站先行分裝整理並以大型車運送至乾點營業所，等訖點營業所將所有自其他站所運達之貨物再次組裝分類後。

(3) 再透過外部服務網進行配送的工作。

（三）貨運業現行營運流程

　　利用以上的營運網路架構，營運網路之貨物運送流程包括：

1. 貨物起點營業起點營業所的受付貨物、發送貨物處理。

2. 中繼站的轉運作業到貨物訖點營業所的配送貨物、到著貨物處理。

以下是其流程說明：

(1) 發送貨處理

    A. 收貨：營業所調度車輛至訂定契約客戶或要求服務客戶處收貨。

    B. 卸貨：卸貨員將貨物卸於營業所之月台上。

    C. 編號：發送人員按貨物清單，包括客戶自行送達貨件、執行編號，寫下訖點管業所。

    D. 建檔：電腦人員將資料輸入電腦，列表交給司機，並傳送至總公司彙聚成收帳資料。

(2) 裝貨

    由於所有貨物均須經由中繼站轉運，因此裝貨員必須依照不同轉運地點將貨物裝上不同之大型車輛，此時同一部車將裝載同一起點不同訖點的貨物。

    A. 卸貨：貨件由內部營運網路中之大型車輛運至中繼站，由卸貨員將貨卸下，由理貨人員依貨物清單核對貨物量及到著站。

    B. 分類：裝貨員將貨物依目的地進行分類，再次搬上不同目的地之大型車，此時同一部車將裝載不同起點卻訖點都相同的貨物。

(3) 配送

    A. 卸貨：貨件由內部營運網路中之大型車輛運送到到著站，再由卸貨人員將貨件卸下，並交由發送人員依貨物清單核對貨物量及到著站。

    B. 分類：將貨物依目的地進行分類。

    C. 配送：將貨物安全地送至顧客手中。

    營運網路的貨物運送流程，無論是發送貨物、轉運或到著貨物均需要組裝分類的處理時間。

七、區域轉運

（一）區域轉運興起的原因

    物流配送中有關物流的配送各項問題對於企業而言，都是創造利潤及減少成本不可或缺的考慮因素。業者成立不同型態之場站，期望透過不同場站之轉運功能具體實現物流效率與效益並有效降低成本。針對區域轉運物流，其興起的主要原因如下：

1. 企業成本：在顧客導向現代化企業中，企業必須持續消除不必要的成本，並提高顧客滿意度，以提升競爭優勢。

2. 社會成本：過多未充份運用的轉載工具在道路上行駛，對交通、空氣及居住民眾的生活品質都會產生嚴重的負面影響。

3. 顧客交期：若單一企業為了充分運用轉載工具，則勢必犧牲了顧客交期；如此，可能會嚴重違背了現代顧客導向的供應鏈，因此，採用區域轉運且進一步配合相關技術，以取得兩者之間的平衡點。

4. 工具改變：當載運工具改變時，例如飛機運送貨物至機場，再透過公路網在國內運送至需求地，或負載量大的交通工具進入都市地區，因受法令限制及交通擁擠之影響，必須改由小車來運送，不論是工具種類的改變抑或是車輛之大小改變均屬之。

（二）運輸轉運型態

現代企業為了能夠有效的反應顧客的需求，快速將貨品送到顧客手中並降低本身的貨運成本而加入轉運中心的行列，例如：當許多車輛進入轉運中心之後，並不需進行配送的車輛上的貨物分配給其他必須進行配送的車輛後，就可直接離開轉運中心；如此一來，以一定貨物來看，轉運中心可更有效地使用車輛，透過資訊系統之即時回饋與轉運系統之有效分配物，將資訊流與物流正確的連結，以充分運用回頭車的產能，可避免道路上過多無效率的運具行駛，如此轉運中心便可有效地達成其使命。

現代的配銷通路限制可視為供應商、物流中心及零售商之三階通路，將配銷通路中的物流中心設為轉運點，依運輸轉運型態的不同分為下列幾種模式：

1. 配銷通路第一階的供應商僅能將產品配送至指定分區的第二階轉運中心，轉運中心再將商品轉運至指定分區的第三階零售商。

2. 配銷通路第一階的供應商能將產品配送至任意的第二階轉運中心，轉運中心再將商品轉運至指定分區的第三階零售商。

3. 配銷通路第二階的供應商能將產品配送至指定分區的第二階轉運中心，轉運中心再將商品轉運至任意分區的第三階零售商。

4. 可至每轉運點，且每轉運點皆可至每需求點，配銷通路第一階的供應商能將產品配送至任意的第二階轉運中心，轉運中心再將商品轉運至任意分區的第三階零售商。

5. 配銷通路第一階的供應商能將產品直接配送至任意分區的第三階零售商。

6. 配銷通路第三階零售商的商品可分區內相互配送。

　　經由上述之說明得知，可提供轉運功能之場站，例如：貨運場站中之中繼站與物流中心在區域轉運物流中是十分重要且必要的。

物流個案

■ 全日物流宜蘭冷鏈物流中心開幕

Chapter 11

物流營運績效評估

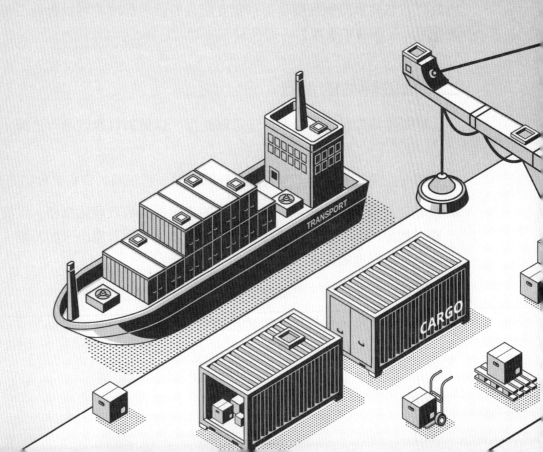

第一節　績效評估的定義

　　一個成功的物流系統必須要能有效的協調各作業流程、提供顧客價值、減少不必要的成本。物流管理者主要的職責之一，在於達成物流組織資源的有效利用，而績效評估便是檢驗物流系統是否如預期之效。

一、績效評估的定義

　　績效評估是管理控制的一環，績效評估及績效管理有助於公司能更有效的管理資源、衡量並控制目標。所以績效評估制度是一個結合獎酬制度的衡量方式，在短期的衡量應具有日常作業的控制系統及目標修正的功能，長期之下則為策略管理、規劃及達成之工具。

　　績效評估的主要目的是要協助完成組織的策略、使命乃至於願景。一個好的績效評估制度不僅可以促進組織績效目標的達成，同時可以了解組織中經營的情況，判斷企業經營目標或經營策略是否正確，是否有效的分配及使用有限的經營資源，從而發現經營問題發生的原因並採取對應的行動。如果績效評估制度和獎酬制度也可以相互配合的話，那麼更可以對員工產生激勵的作用，促進員工生產力的提升。

二、績效評估的步驟

　　績效評估即是在衡量系統、策略產出，以做為日後改進的依據，其步驟分述如下：

1. 首先，企業必須針對某個特定流程或觀點，將相關的資料都收集完成。

2. 接著定義績效評估指標，將所收集的資轉換成績效評估指標，以檢視此流程或觀點的各項活動的產出表現，加以評估；倘若產出未如預期，則進一步再分析問題的所在。

3. 詳細了解問題之後，再研擬出解決之道，重新訂定決策。

4. 針對新的決策，重新起始整個績效評估的控制。

三、物流績效評估的步驟

要有效的評估一個位於全球經濟體下供應鏈的績效，可以遵循以下三個基本步驟：

（一）了解目前營運的流程現況

在一個穩定的市場，績效評估的衡量指標或許可以一成不變，可是在一個快速變動的高度競爭市場中，則必須對供應鏈的變化保持高度的警戒，並且了解這些變化對績效評估有何影響。

了解目前營運現況的第一步就是找出其中主要關鍵的供應鏈。從宏觀的角度來看，主要的供應鏈過程都會包括：採購、購料、製造過程以及配送，而供應鏈的結構則有供應商、工廠、倉庫以及顧客等四大主要範圍。所謂關鍵的供應鏈則有其特色，不是製造過程複雜冗長，便是屬於關鍵原料或零組件交期長且不易控制。透過一般公司內部的標準作業過程，都可以大致找出這些關鍵的供應鏈。以通用汽車部的標準作業作流程為例，使是透過策略計畫部門，設施工程部門，以及 3PL 的協助來完成。

只有徹底了解目前營運的過程現況以及關鍵供應鏈，才能從供應鏈中成員彼此間的互動關係，發現那些績效評估是真正重要的。

（二）確認影響公司營運的重要因素

公司的高層必須明確指出公司的主要生意為何，檢討現行的績效評估衡量指標，並且決定那些部分是絕對必須被衡量的指標。

（三）確認誰使用何種衡量以及為什麼使用

好的衡量指標不僅能幫助管理者做出正確的決策，更能幫助公司各個階層人員進行改善與創新思維，所以衡量指標必須根據不同的使用者而異。

第二節　績效評估指標

一、績效評估指標的意義

　　績效評估指標，亦有人使用不同的辭彙，例如：關鍵績效指標、重要績效指標與績效評估指標等等，但事實上，這些名詞的意義是完全一樣的。

　　簡單來說，作為一項數字化管理的工具，關鍵績效指標必須是客觀、可衡量的績效指標。其意義在於當我們進行某一項任務之前，針對該項任務的目標，事先設定一套未來的績效標的，在任務進行時，我們針對實際執行的績效加以衡量，並和原來訂定的標的比較。這項比較可以作為執行績效偏離目標的分析依據，並據以調整未來的執行步調。同時，「關鍵」限制了指標的數量。通常會將指標的數目有所限制，如果對各方面都來進行評價考核，面面俱到，反而抓不住重點，勢必造成無法把握任務的關鍵，從而也就無法將考核項目作為自己工作行為的指導準則；反之，如果指標項目只有少數的關鍵幾項，則可以非常清楚的掌握。

　　供應鏈績效評估系統中，績效評估指標在短期內有助於日常的作業控制及目標之修正，長期之下則可做為公司之策略管理、規劃及目標之工具。當評估指標被高階主管採用後，可以用來獎勵員工，或規劃行動，也就是說，績效評估指標的價值在於它將會引導出高階主管的後續行動。因此，績效評估指標的選擇也將會影響企業的未來各項行動方案。

　　換言之，績效衡量模式應該同時考慮多個影響構面，以完整呈現績效狀況。然而，選擇適當的績效衡量指標是一件很困難的事。一般而言，績效指標必須滿足下列幾個條件：

1. 績效指標必須合理而且具代表性，以反映實際的情形。

2. 績效指標必須滿足一致性。

3. 績效指標必須與生產者和消費者之間的商業及配送程序有關。

4. 績效指標不僅能以實際的單位來表示，也可以財務項目表示。

5. 績效指標必須能清楚的以成本表示，並能提供一個投資決策的基礎。

6. 績效指標須能反映管理人員的責任。

二、傳統的績效評估指標

傳統上財務分析是衡量一個企業經營好壞的一項重要指標，通常資深的市場分析師和股市分析師較為偏好財務分析方面的指標，而這些指標通常基植於財務報表上。以下我們將財務性的績效評估分為二個方面來做說明：

（一）財務性指標

1. 獲利評估

獲利一般指收入超過支出的部分，也就是所謂的盈餘，在某程度上，獲利也是保障企業未來可以繼續營運的能力，所以無論是股東、債權人、員工，獲利率是評估一個企業最容易使用的一項評估指標。當然對於不同對象，對於獲利指標的觀點也會不同，例如：股東可能較為注重其投資未來的價值，以及企業支付股利的能力，債權人注重的是企業繼續支付利息的能力，員工則對於部門獲利與其薪資或職務願景等較感興趣。

(1) 利潤邊際率

為銷售額所能創造的利潤率。一般以毛利邊際作為企業基本獲利的合理指標，但也可以在成本、費用的考量下，採用不同基礎下的利潤邊際，例如：營業收益邊際、稅前盈餘邊際以及稅後盈餘及保留盈餘邊際等。

(2) 資產報酬率

為企業資產所能創造的利潤率。主要用來評量公司如何有效運用其資產或可用資本的方式。一般採用平均資產作為評估的依據，必要時它可以使用如有形資產、淨營業資產、淨流動營業資產等不同的基礎，作為評估的考量。

(3) 股東權益報酬率

股東的投資所能創造的收益率。主要是以股東的觀點，來評估他們所應享有的投資收益或報酬，這是股東是否願意將資金繼續投資於企業的一個重要指標。

(4) 超額利潤與經濟附加價值

所謂的超額利潤評估是指企業的營業淨利中，超出營業資產必要報酬的部分，經濟附加價值的概念與超額利潤相似，只有某些計算細節的部分不同。當用超額利潤或經濟附加價值來評估績效時，目標即為超額利潤或附加價值總額的最大化，而非投資報酬率的最大化。

2. 效率評估

　　企業的效率是產品或服務產出與所需投入資源之間的關係。企業管理人員的主要責任之一，就是要有效利用企業有限的人力、資產、財務等資源，來創造最大的收益。以下說明在效率評估上，通常我們會著重的幾個問題：

(1) 人力資源管理

　　這個項目的評估，包括：員工平均薪資、平均員工銷貨收入、平均員工盈餘、每一收入單位的員工成本、董事薪酬、股票選擇權等。

(2) 有形資源的管理

　　不同的營業性質與方向，資源管理的評估方向也會有所不同。對大多數的公司而言，資產週轉率極適合評估管理資產的效率，另外如資產折舊、資產重置比率、研究發展與銷售比等，都是評估有形資源管理的重要方法。

(3) 財務資源的管理

　　即公司財務足否健全的評估，可用的工具包括：利息償付比率、流動資金的評估與變現能力的評估等。

（二）非財務衡量指標

　　財務性的衡量指標雖然相當的重要，但是只強調財務上的衡量會有幾個重要的缺點，首先財務指標反應的是企業在市場的績效歷史，無法在績效發生前即提供預警；再者財務指標衡量的是營運的結果，並未能反映出企業的策略，如果不滿意衡量結果，我們無法區分究竟是企業的策略有問題，亦或者是策略的執行有問題；最後財務指標比較能夠衡量過去決策的結果，卻不容易評估未來的績效表現。

　　由於財務性指標的缺點，越來越多的企業開始嘗試著擴大指標的類別，1980 年代的品質管理運動中，品質被認為是競爭中的策略武器，例如：不良率、反應時間、準時交貨等指標，被用來評估產品、服務及營運上的績效表現；對於品質的衡量，也漸漸演變為顧客為本的策略，並加入如顧客滿意度、顧客保留率、市場占有率、與對產品與服務所感受的價值等評估指標。

三、傳統績效評估的缺失

傳統績效評估多以財務報表為評估指標，財務報表為組織內部的表現而無法顯示出外部性，且由財務報表上只能讓管理者得知實行決策的結果，而無法用來預測未來的績效；因此，一般而言，傳統績效評估指標缺失頗多，分列如下：

1. 偏重短期衡量而非長期衡量，導致為了短期利益而犧牲企業長期發展。

2. 偏重財務面而忽略公司全貌之真實性，公司面對之實際問題，包括：相對於競爭者之產品領導性、運送之可靠性、顧客之滿意度皆被忽視，而只注重每股盈餘、股東權益報酬率等指標。

3. 效率衡量多於效果衡量，若注重生產力而非產出價值的結果會造成員工處於為瑣事白忙的狀態。

4. 經濟衡量多於效率衡量，僅僅計算投入／產出的效率衡量，績效衡量也只侷限於帳載資源的耗用量。

5. 功能性衡量多於顧客相關連衡量，衡量系統只專注於部門績效而未將滿足顧客需求以及增加顧客價值與部門活動相連接。

第三節　供應鏈績效衡量系統

現今具前瞻性觀念的公司，將產品從原料、製造、運輸、配銷至顧客手中的一連串過程視為一個整體系統來看待。由於市場變動迅速，公司也不停改變其供應鏈的結構來增加效率，控制成本並改善顧客的滿意度。因此，公司對於供應鏈管理的優劣，將直接影響到公司的獲利能力與市場占有率。在全球化的現今，雖然組織管理與評估較以往更加不容易，但公司仍需要一套有效的衡量指標，以系統的角度來評估公司的績效。

一、績效評估系統的特性

目前許多有效的績效評估系統常具備一些共同的特性，可用來衡量一套績效評估系統的有效性，這些特性包含：

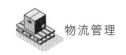

（一）包容性

其能涵蓋所有相關方向的評估方法。供應鏈績效評估系統各構面需能評估整體供應鏈相關部分，例如：單純評估供應鏈成本面的績效評估系統則不具有包容性。

（二）多方面性

績效評估系統能在不同的作業情況下做比較。供應鏈績效評估系統應能提供受評估者間互相比較。

（三）可測量性

需要的資料是可以測量的。在供應鏈績效評估各績效指標應提供容易量測的方便性。

（四）一致性

評估系統能與組織整體目標一致。供應鏈績效評估系統應能符合整體供應鏈的目標，有助於對整體供應鏈進行診斷。

二、供應鏈績效評估架構

在過去有關績效衡量指標可分成單一績效指標及多重績效指標兩種。單一績效指標雖然簡單，但是不足以描述系統績效，因為無法達到有效系統績效評估的包容性，而忽略了供應鏈的互動以及組織的策略目標。Beamon(1999)提出了一供應鏈績效評估的架構，其中包括：資源型態、輸出型態及彈性型態三項，其分述如下：

（一）資源型態

主要是衡量成本方面，有效率的資源管理是能獲利的關鍵因素，目標在於達到高標準的效率。這類型態的指標包含：

1. 總成本：此指標表示所有資源使用的成本。

2. 運輸成本：此指標代表所有的運輸成本，包含：運輸、處理…等成本。

3. 製造成本：此指標代表所有的製造成本，包含：勞工、維護、重做成本。

4. 存貨：此指標表示與存貨有關的成本，包含：存貨投資成本、存貨退回成本、在製品、最終產品等成本。

5. 投資報酬率：此指標測量企業的收益，此指標通常是代表淨收益／總資產的比率。

（二）輸出型態

　　主要是衡量顧客服務方面，如果沒有可接受的輸出，顧客將會轉到別的供應鏈，目標是達到高標準的顧客滿意度。這類型態包含了下列指標：

1. 銷售額：此指標衡量總收入。

2. 利潤額：此指標衡量總利潤。

3. 訂單滿足率：此指標代表訂單立即滿足的比率，包含：目標訂單滿足率、平均滿足率。

4. 準時配送：此指標衡量訂單、產品的配送績效，包含：產品延遲時間、訂單的平均延遲比率、訂單的平均提早比率、準時配送的比率。

5. 缺貨／待料：此指標衡量訂單、產品可獲得性，包含：缺貨比率、待料數量、缺貨數量、平均待料層級。

6. 顧客回應時間：此指標表示當顧客下一訂單到此訂單生產後配送給顧客，其所花費的時間。

7. 製造前置時間：此指標表示製造一特定產品所花費的時間。

8. 運送錯誤：此指標代表不正確運送的數量。

9. 顧客抱怨：此指標表示顧客抱怨的數量。

（三）彈性型態

　　主要是在衡量系統如何反應不確定性方面，在不確定的環境，供應鏈必須能夠回應改變；目標是有能力回應一直在改變的環境。這類型態包含了下列指標：

1. 數量彈性：該指標代表允許變動需求的能力。

2. 交期彈性：該指標代表有能力改變已規劃好的配送時間之彈性。

3. 組合彈性：此指標代表允許多種產品生產的能力。

4. 新產品彈性：此指標代表有能力去引進並生產新的產品，包含：可修改原有的產品。

　　也有學者認為資源型態、輸出型態、彈性型態各自有其不同的目標，一個好的供應鏈績效測量必須能衡量這三種型態，因為每一種型態對供應鏈的成功都是很重要的，而且他認為這三種型態是彼此相關，且互相影響的。

第四節　供應鏈作業參考模式(SCOR)

　　美國供應鏈協會(The Supply Chain Council)亦提出 SCOR 模式(Supply Chain Operations Reference Model, SCOR)，以作為評估供應鏈的績效之模式。SCOR 模式的評估重點在強調企業必須改善顧客服務、降低成本並提升資金運用效率等活動。顧客服務乃企業成敗之關鍵。因此供應鏈必須對顧客提供最佳的服務水準，亦即企業能在適當的時間、地點，提供顧客所需要的產品及服務，並透過適當的供應鏈管理，以降低整體營運成本。提升供應鏈間資金運用的效率，以縮短原料採購、產品銷售、交貨到收款與原料付款的週期等。

　　美國供應鏈協會也發展了一套評估整體供應鏈的績效衡量指標，這些指標可以依照每個企業的情況而有所改變，企業可以透過這些指標來對供應鏈管理的狀況加以評估。這些指標總共有 12 項，其說明如下：

1. 交貨比率：有多少比率的訂單是依照時程來做配送。

2. 訂單種類的滿足率：訂單通常有許多貨品種類，而貨品種類的滿足率對於顧客服務是個很好的衡量指標，此指標是表示訂單中貨品種類在時限內滿足的比率。

3. 完成訂單的前置時間：顧客不希望當他們下完訂單後要等很長的時間才能拿到，所以減少前置時間會增加企業競爭優勢。

4. 完整無缺的訂單滿足：這個衡量指標是表示有多少訂單能及時被滿足且配送。

5. 供應鏈的回應時間：這個衡量指標是表示當供應鏈的流程想改變時，需花多長時間去反應。

6. 產品彈性：這個衡量指標足評估生產製造設施當要去滿足增加的需求時，所需的回應時間。

7. 供應鏈管理的成本：有效率的供應鏈管理應該提供較低的供應鏈管理成本，此項指標是指供應鏈管理成本占整體成本的比率。

8. 收入中保固成本的比率：這個成本會直接在兩方面影響帳本底線，一方面是影響到保固支出本身，另一方面是可能會降低顧客意願和滿意度。

9. 每位員工的附加價值：增加企業整體的財務績效依賴此項指標，如果是沒有附加價值的活動將是個浪費，應該將它從流程中消除。

10. 存貨能供應的存貨天數：此項指標評估當所有的供應來源都被切斷時，企業能夠持續經營且不受影響的時間。在供應鏈環境中，這個數值將可能非常小。

11. 現金的循環時間：存貨對於現金資產是非常大的浪費。投資到存貨的金錢到將此存貨賣出而轉換成金錢的這段時間，對企業而言是非常重要的。

12. 資產的週轉率：此項衡量指標比上述現金的循環時間包含的更為廣泛，資產的循環與存貨的循環非常相似，此項指標是指同一樣資產被使用進而產生收益的次數。投資者會期待企業的資產能有效地被利用。

第五節　平衡計分卡

平衡計分卡(Balanced Scorecard, BSC)是在 1992 年由 Kaplan 和 Norton 首度提出，原來是為了解決傳統的績效評估制度過度注重財務性指標的問題，並在實際的應用與實行後，發現與策略相結合的平衡計分卡才能發揮績效衡量的真正目的，揭露了「平衡計分卡」不僅僅只是一個「績效衡量系統」，更是一個「資訊時代的策略管理工具」。

一、何謂平衡計分卡

為何稱為平衡計分卡呢？其可以從內部及外部、過去及未來、主觀及客觀之平衡的角度來說明，其分述如下：

（一）外部及內部的平衡

外部平衡強調財務面及顧客面；內部平衡強調企業內部流程及學習與成長面。

（二）過去及未來的平衡

其係用以衡量過去努力成果的量表；另一邊是驅動未來績效的量表。

（三）主觀及客觀的平衡

其一邊是主觀的、帶有判斷色彩的績效驅動因素；另一邊是客觀的、容易量化的成果量度。

因此，平衡計分卡是一個將策略化為行動，並將策略的執行指標化的工具，它提供了一個平衡管理的概念，來尋求在短期和長期的目標之間、財務和非財務的量度之間、落後和領先之間，以及內部與外部的績效觀點之間的平衡狀態，再透過溝通來使員工更能了解企業的願景，以把策略具體化，來使員工深知自己對企業的貢獻，也讓管理者更容易追蹤策略的執行成果。在這個知識經濟的時代，無形資產日益重要，使得平衡計分卡的觀念也更能為企業提供更大的助益。

二、平衡計分卡的四個構面

平衡計分卡的架構與實質內容上，可羅列如下：

（一）財務構面

財務構面反應了企業過去經營的績效，並顯示出企業策略的實施與執行，其對於企業的營利與股東的利益是否有所貢獻都能從中得到解答；因此，企業應該針對其所處的生命週期，以不同的財務策略，來決定適合的財務衡量尺度。例如：企業的生命週期可分為成長期、保持期、收割期，再配合其相關的財務性議題，來選取合適的財務性衡量指標。

（二）顧客構面

其重點在於衡量企業顧客關係的管理，因此，企業必須找到自己的目標顧客與市場來進行區隔，並隨時監督企業在這些目標與區隔中的表現。其可細分成下列兩項：

1. 核心衡量群：其包含顧客滿意度、新顧客的取得、顧客延續力、顧客獲利力及市場占有率。

2. 顧客價值主張：其為核心衡量的驅動因素，與特定市場的區隔有關。顧客的價值主張企業透過不同的產品來提供不同的服務。

（三）內部流程構面

內部流程構面所關注的是如何達成顧客滿意度與企業的財務目標。當財務構面與顧客構面目標度量制定出來之後，首先必須先界定出一個完整的內部流程價值鏈，這個價值鏈啟始於創新流程，來發展新的或改善現有的解決方案；並透過營運流程，將產品與服務傳遞給顧客，最後再提供售後服務，讓顧客從產品或服務中獲得最大的滿足。

平衡計分卡的企業內部流程目標會突顯或引發一些新的流程，這些流程目前可能不存在，但是卻與企業策略的成功有重要的關係，這也是平衡計分卡與傳統績效衡量方法上的不同。

由於內部流程價值鏈可以用來建立企業內部流程構面的度量，因此，企業可以藉由創新流程來開發新的顧客或開發新的市場，以達成企業的長期目標；同時，以營運流程來對現有的顧客及市場經營，來達到企業的短期目標。

（四）學習成長構面

學習成長構面是企業為了創造長期的成長與進步，所必須建立的基礎架構。廣義的學習成長度量包括：員工、資訊系統能力、激勵與授權等三方面。平衡計分卡的財務、顧客、內部流程往往會顯示出企業的實際能力與所要達成的目標有落差，為了要彌補這個落差，所以企業必須投注資源，進行員工技術再造、資訊技術與系統的加強、與激勵制度的調整。

所以學習成長構面的衡量指標，在員工面方面，包括：員工的培訓、技術、滿意度與延續率等；在資訊系統能力方面則包括：系統的可用性、時效

性與正確性；激勵方面則廣義地包括：員工激勵、授權、員工目標與企業目標的一致性等。

第六節　物流中心的績效評估

經濟部商業於民國 91 年設置優良物流中心作業規範(Good Distribution Center Practice, GDCP)評鑑，主要目的在於推動商業科技發展，藉對物流中心或物流服務公司之作業的診斷、評比，以鼓勵改善、互相學習，促進物流服務相關產業共同成長及發展，建立效率化的物流產業體系，落實商業自動化整體效益。同時藉公開廣宣、表彰優良的方式，將優良的物流服務廠商介紹給使用者，以提高國內物流服務品質及滿意度。

因此，物流服務公司通常會採用該作業規範以做為評估物流中心績效之主要依據，其分述如下：

一、廠商適用範圍及規模

GDCP 評鑑係針對專業物流產業而設置，因此將適用範圍限定為第三者物流公司，即指以收取物流服務費用為主要收入者；同時為使評鑑具公平性，參考「中小企業認定標準」，依實收資本額小於或大（含）於 8,000 萬，將廠商區分為中小型企業及大型企業二類。

二、評鑑類別

GDCP 評鑑考量物流業界的習慣與物流作業的分工與整合，將物流作業程序區分為倉儲理貨及運輸配送等兩類，其中倉儲理貨類指在特定地點內對其他廠商之貨品進行包含進貨、倉儲、理貨、接單、訂單處理、流通加工及出貨等作業，而運輸配送類指自取得其他廠商之貨品至將貨品交付到特定地點或特定人士間包含取貨、出貨、裝車、運輸配送及交付等作業。因此配合物流作業區分及廠商規模區分將 GDCP 評鑑區分為中小／大型倉儲理貨類及中小／大型運輸配送類等四類。

三、評鑑作業組織

GDCP 評鑑作業為計畫工作型態,因此在計畫下成立「優良物流中心作業規範工作小組」,其組成及工作職掌如下:

(一) GDCP 工作小組

由計畫執行人員擔任,負責年度計畫擬訂及執行、作業要點草案之擬訂、修訂及申請備查、評鑑標準草案擬訂、評審員名單擬訂、評鑑作業之協調及管制、廣宣活動等。

(二) GDCP 評審小組

商請產、官、學、研及資深物流專家組成,負責 GDCP 評鑑之初評、複評、決評等工作,其中初評及複評採分組方式進行。

其組織如圖 11-1 所示:

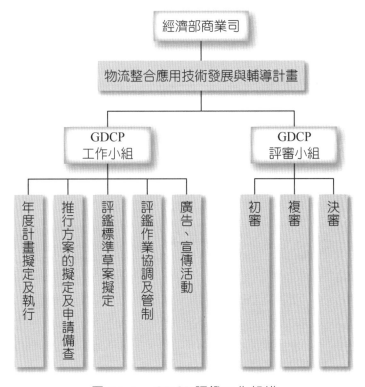

圖 11-1　GDCP 評鑑工作組織

四、評鑑作業流程

表 11-1 為 GDCP 評鑑標準,包含組織營運及物流作業兩部分,其中組織營運分為管理、標準化、人力資源、客戶關係及社會責任與貢獻等五項;物流作業分為倉儲理貨及運輸配送兩項,分別適用於倉儲理貨類及運輸配送類之評鑑。

評鑑標準中如有部分細項不適用於申請廠商時,申請廠商可以在「物流中心作業說明書」內註明理由,以供評審員評分參考。

GDCP 評鑑分為申請、資格審查、初評、複評、決評、頒發獎狀及優良個案發表…等步驟,其作業流程圖 11-2 如下:

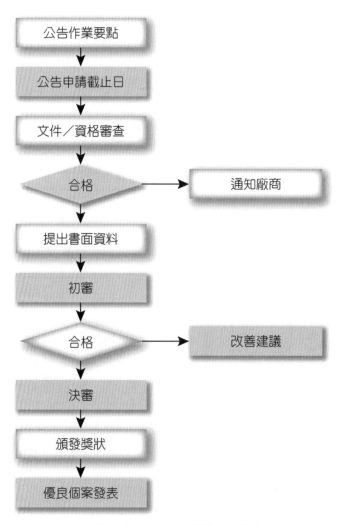

圖 11-2 GDCP 評鑑流程圖

表 11-1　GDCP 評鑑標準

分項		細項	評鑑參考
組織營運 40%	管理 15%	法令規章	營業證照申請、符合環保、工安法規。
		經營管理	公司經營理念、願景、策略與目標。
		資源運用	設施、設備、材料、工作環境、支援廠商與合作夥伴。
		組織權責	各部門職掌、組織型態。
		作業程序	流程界定、作業程序書。
		整體績效	流程績效、公司績效、部門績效、評估方法。
		品質管理	作業流程控管、ISO 9000。
	標準化 7%	棧板	棧板化、標準化、上下游一貫化。
		條碼	條碼、其他自動辨識系統、上下游一貫化、CNS 標準。
		容器	配合：棧板、籠車、車輛、客戶。
		顏色	識別：批、儲區、設備、容器、表單標籤、客戶、貨品特性、人。
		計費	考慮：商品大小、重量、保溫、批量、倉儲期間、配送地點、配送時限、流過加工、折扣等。
		資訊	報表格式、資料格式、資料傳輸、與上下游的一致。
		其他	其他標準化措施、標準化的成本與績效。
	人力資源 8%	甄選	甄選來源、甄選辦法。
		訓練	訓練計畫、訓練方式、職涯規劃、專業發展、新進人員訓練。
		工作認知	對組織目標的了解、認知本身工作對目標的貢獻。
		工作職能	具備工作所需之知識與技能。
		工作道德	取用公物、保密、利益迴避、收受饋贈。
		績效評估	個人績效、小團隊績效、訓練績效、獎懲。
		員工福利	團體保險、每週工時、加班、津貼、婦女照顧、休假、醫療健檢。
		其他	穩定性、流動率。

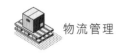

表 11-1 GDCP 評鑑標準（續）

分項	細項	評鑑參考
組織營運 40%（續）	顧客關係 10%	
	顧客需求	顧客需求調查。
	抱怨處理	顧客售後服務處理、記錄與查核。
	滿意評估	物流服務時效、揀貨配送準確性。
	夥伴關係	相互持股、長期合約。
	資訊分享	銷售預測、市場調查、電子公共平臺。
	照顧弱勢	以較優惠的方式來照顧弱勢。
	公益活動	參加公益活動來提升公司形象。
標準化 60%	倉儲理貨作業 60%	
	職掌說明	倉儲理貨相關部門職掌、個人職責。
	作業規範	作業程序書、工作說明書、工作方法、作業熟練度。
	倉儲環境	溫度、溼度、光線、清潔。
	進貨作業	資訊傳遞、點收方式、驗收方式。
	儲位管理	溫層、動線、產品特性、產品編號及特性。
	設施布置	規劃分析與動線的設計。
	存取設備	人工操作省力化程度。
	倉儲安全	防火、防水、防盜、防傾斜、防蟲、防腐、防震。
	訂單處理	下單方式、下單複雜程度、處理方式與處理週期及訂單處理後資訊產出。
	揀貨作業	動作的簡易程度、人力的負荷程度、防止誤揀的方式。
	補貨作業	補貨資訊、計畫與排程、補貨動線。
	包裝檢驗	人工包裝、自動化包裝。
	流通加工	排程、批次規劃。
	退貨處理	退貨處理流程、退貨資訊輔助。
	自動化	資訊化程度與電腦化程度。
	績效分析	倉儲理貨各作業績效、人力使用率、機器設備使用率、客戶別績效、產品別績效、績效／成本、檢討改善措施。
	緊急處理	停電、電腦當機、發生災害、書面計畫。
	其他	相互持股、長期合約。

表 11-1 GDCP 評鑑標準（續）

分項	細項		評鑑參考
標準化 60% （續）	倉儲理貨作業 60% （續）	職掌說明	運輸配送相關部門職掌、個人職責。
		作業規範	作業程序書、工作說明書、工作方法或輔助工具、作業熟練度。
		排車作業	人車路線固定、每日重新安排、可臨時插單處理、人工／電腦。
		裝車作業	月台及車輛之標示、點貨（驗貨）、動線流暢裝車方式。
		排車產出	配送點、距離、路線、司機對地區的熟悉程度、材積重量、配送到達時間、行車速限。
		配送過程	記錄、追蹤、回報。
		交貨作業	卸貨快速、點交快速清楚、服務態度、交貨資料的傳遞方式。
		配送處理	配送資料查詢、行車路徑記錄。
		司機管理	司機管理辦法、制服鞋帽、品德、教育訓練。
		車輛管理	車輛管理制度、車輛外觀、行車違規、保險。
		自動化	資訊化與電腦化程度、自動化程度、應用範圍、應用效果、省能源程度、各作業系統整合程度、資訊與自動化設備相連程度。
		績效分析	績效／成本、配送準點率、時間、里程、積載、服務品質。
		緊急處理	車輛中途故障、車禍、物品遺失。

物流個案

■ 讓物流資產成為服務

memo

物流組織

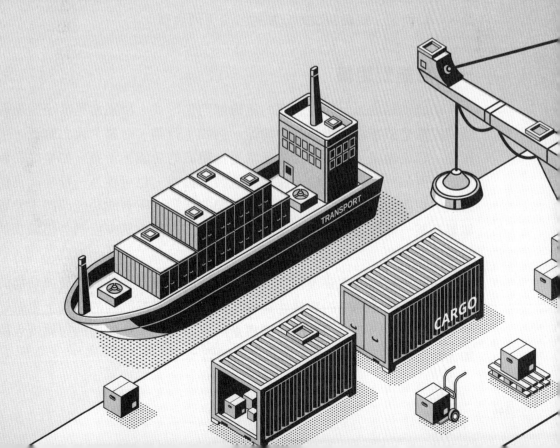

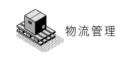

　　近年來，物流組織面臨了許多新的挑戰，諸如：物流經營效率的提升、經營成本的降低、顧客服務需求擴張的壓力…等，使得各家物流公司不得不調整自己的物流組織以因應外在環境的迅速變遷。

　　同時，為了符合商品市場多樣、少量的消費需求，以及物流中心為主的專業物流組織的興起，使得競爭激烈的市場展開一連串的改革，以提供更有效率、更專業、更完整的服務，並以更低的成本來提供給消費者。

第一節　物流組織的型態

　　物流組織的主要目標就是對各項物流活動的規劃與控制予以協調。隨著企業的不同，這種協調活動可以透過正式的組織予以進行；此時，往往不只需要有正式的組織結構，也需要仰賴組織功能的發揮來協調各項物流活動，來建立物流管理人員之間的合作關係。

　　同時，各物流公司不得不調整本身的物流策略，以因應環境的迅速變遷，各家物流公司的發展策略，又受公司本身條件及組織目標的影響，因此，一般而言，組織類型的分類約各有下列幾種：

一、功能別組織

　　功能別組織是一種最普遍的組織部門化形式，特別常見於小型組織。功能別組織是依據組織所執行的功能，例如：行銷、財務、人力資源、生產與作業…等來編組。這裡的功能通常是指組織的功能，不過，如果從物流管理功能，例如：倉儲、運輸、採購、包裝來編組，也可視為一種功能別組織的方式。相同的功能往往指向相似或相同的活動，所有的功能部門主管可能皆隸屬於某一高階主管，例如：物流經理之下，而由其來協調各組織功能領域的活動。

　　功能別組織的主要優點在於其行政管理的簡單性和較能發揮功能的專業性；此外，由於功能的專業性比較相近，因此在部門內的協調上也較容易，但另一方面，隨著公司產品與銷售量的逐漸增加，功能內的複雜度也隨之增加，而這種組織形式的效率則將反之降低。

功能別組織的主要缺點包括：

1. 容易造成功能的偏見與短視，不易發展出全面性大格局的管理人才。

2. 容易走上官僚體制，決策速度也較慢。

3. 由於沒有人對任何產品或市場負全責，所以往往使得特定的產品或市場缺乏足夠的照顧與規劃，因此對於那些管理者不感興趣的產品或市場便很容易被忽視。

4. 各個功能部門之間往往會互相競爭，以取得相對於其他功能部門更多的預算與更高的地位，因此部門的協調越加困難。

5. 成敗責任的歸屬和績效評估也相對困難。

二、產品別組織

一家提供多種產品與品牌的公司，通常會傾向以產品或品牌來作為部門化的基礎；如果組織所提供的產品種類間的差異性很大或產品項目相當繁多，而超過功能別組織所能掌握的能力範圍時，產品別組織就是很適當的方式。產品別組織下的部門經理往往負責某一特定的產品或產品族群的生產與行銷，以及其他相關事宜。

當產品別組織的規模達到某一程度時，此時產品部門就可以擴張成事業部。一個事業部就好像一個小型公司，往往下轄著各種功能部門的主管，而每個產品事業都可以自給自足，也都能掌握影響該產品績效的所有資源。

產品別組織的優點為：

1. 產品別管理者可以快速地反映出產品在市場所面臨的問題。

2. 績效與責任歸屬通常較公平、較客觀、也較容易。

3. 產品別管理者因為下轄著各種功能部門，所以該職位可以作為訓練未來一般管理者的絕佳機會。

4. 產品別管理者可以有效地整合與協調組織內與該產品相關的資源與活動。

產品別組織的缺點：

1. 產品別管理者要同時負責很多產品相關的功能領域，因此常常在功能性上專業不夠，再者，適當的產品別管理者也不容易尋找。

2. 產品別組織往往造成功能的重複與浪費，致使效率降低，例如：同一顧客因為購買許多隸屬於不同產品部門的產品，所以經常使得許多不同產品別的銷售人員前往拜訪。

3. 產品別組織往往造成不同產品間的整合難度加大。

三、顧客別組織

當目標顧客可以分成幾個不同的使用群體，且不同的群體具有不同的購買偏好與決策，顧客別組織會是較為理想的組織方式。顧客別管理者可以配合其業務的需要，要求組織的其他部門提供功能性服務，而負責重要顧客的管理者，甚至可能在其麾下擁有數位直屬的功能性專家。

顧客別組織管理者與產品別組織管理者擔負相似的職責，只是產品別組織管理者是以產品為主軸，而顧客別組織管理者是以顧客為主軸，它必須分析其所負責的特定顧客，提供給顧客相關產品。顧客別組織的基本假設是，每個部門的顧客有其共同的問題和需求，部門化後的專業人員應做能符合各類顧客的要求。

顧客別組織也擁有許多和產品別組織類似的優點與缺點。整體來說，其最大的優點乃在於其整合組織活動來配合不同顧客群體的需要，而最大缺點也是在不同顧客部門間的整合較困難。

四、地區別組織

另外一種組織型態是基於地理區域，亦即地區別。如果產品在不同區域上會有不同的銷售特性，則地理區域組織較為適當，通常一家產品行銷全國市場的公司會考慮以地理區域來作為編組，例如：組織可能將地理區域組織將大中華地區分為臺灣、香港及大陸等幾個區域，每一區域分別設有專責主管，再在每一區域下細分為幾個小區域。

如果組織的顧客是分散在一個很大的區域內，這種形式的組織將是很有價值的，因此，地區別組織對於大型的全球性公司特別適用。全球性公司通常將全球市場分為幾個重要的區域市場，每個市場依據其市場持性有效地設計其組織活動。

地區別組織也和產品別組織及顧客別組織具有相類似的優缺點，地區別管理者可以快速地反應各地區域的獨特需求，但是也有造成功能的重複與浪費，致使效率降低的類似缺點。

五、矩陣式組織

當組織同時採用混合上述兩種以上的組織方式來進行編組時，則可能會採用矩陣式組織因為當組織相當複雜，或是組織的產品同時具有很多特性時，單一型態的部門化方式可能並不適當，因此可採用兩種、甚至兩種以上的方式來進行組織的部門化，例如：同時採用產品別和顧客別進行部門化的矩陣式組織，即是一種混合型態的組織方式。

在矩陣式組織的優點：

1. 矩陣式組織可以使大型組織依然具有小型組織的優點，管理者可以同時將其注意力集中在產品、顧客、地理區域或功能專業上。

2. 管理者可以避免因為諸如產品別組織、顧客別組織、和地區別組織的功能重複所造成的浪費。

矩陣式組織的缺點：

1. 容易激化組織內的權利爭奪與衝突。這是因為組織內的職權相對上較為模糊，因此功能經理和專案經理間的衝突往往會加大。

2. 矩陣式組織需要更多的主管人員，導致薪資成本較高。

3. 矩陣式組織需要更多的協調需求，因此更耗費時間與精力。

六、網路式組織

網路式組織是一種跨公司的組織方式，當一個公司為了尋求彈性和專業性，往往會採取策略聯盟的方式來結合數家相關公司，而形成所謂的網路式組織，因為這樣的結合可能成本較低、或效率較高、或是較為有利，然後透過總部的管理者或其他人員來進行協調與整合。傳統上的一些企業功能，例如：會計、行銷、生產，甚至研發，都被分散至各個地方，然後再透過電腦連線或網路來進行連結。

網路式組織的主要優點在於它只保留了組織本身最專業、最擅長或最具競爭優勢的部分，而將其他部分分散到全球各地，如此可使組織在全球的基礎上尋求機會與資源；同時不管是公司本身或外部的資源，網路式組織都能使資源的運用發揮至極致。

當然，網路式組織也有其缺點，其缺點分列如下：

1. 由於並不屬於組織的內部，因此對策略聯盟的其他組織可能缺乏控制能力。

2. 組織充滿高度變化性，當變化產生就會引發新的關係、因而產生適應性的問題。

3. 組織的承諾度不高，因為變動性高的組織關係導致員工缺乏認同的對象。

網路式組織的進一步型態則是虛擬組織。虛擬組織是指網路的某一位成員就其專長在某一領域上發揮其專業性，而且通常他們只貢獻核心專長，虛擬組織會因為市場需求的出現而快速形成；但也會因市場需求的消失而瞬間解散。

網路組織與虛擬組織不是一種無疆界組織，亦即是一種不依傳統結構的界限或種類，來加以定義或限制的組織設計。無疆界組織會增加與環境的互相依賴，因而模糊了組織的疆界。

無疆界組織的出現使得實際的工作場所變成虛擬的工作場所，最後整個工作場所變成一種資訊的網路。無疆界組織的重心不足放在不同任務部門的功能專長上，而是放在核心過程上，所謂核心過程是指企業的基本核心，例如：某一組織的獨特能力或科技，它包含了從頭到尾完成整個工作，而非著重個人化的工作任務。

 ## 第二節　物流中心

近年來，隨著便利商店、超市、量販店的興起，國內民生消費品的行銷通路有了極大的變化，傳統多層次複合的通路，漸漸轉化為由供應商物流中心直接送至各零售賣場據點的作業方式。這種以物流中心為主的行銷通路能為企業節省更多的成本和時間，爭取商機；同時，物流中心對產銷秩序的維

持、交通之改善也更能符合及時配送的服務品質,都有積極正面的效益產生。

根據經濟部商業司之定義,「物流中心」係指針對製成品由工廠送到消費者手中之流程與管理,使銷售過程能作更有效處理而設置之單位。故凡從事將商品由製造商或進口商運送至零售商之中間流通業者,具有連結上游製造業至下游消費者,滿足消費者多樣少量的市場需求、縮短流通通路、降低流通成本等關鍵性機能,即可稱之為「物流中心」。

物流中心已跳脫了傳統所認為的簡單倉庫保管儲存的功能,是通路整合下的新產物,在功能上,物流中心可以取代傳統的通路中間商,並且整合了運輸業與倉儲業的服務,它扮演著將產品由生產者端轉移到消費者端之中介角色,透過有效整合供應鏈之物流、商流、資訊流與金流,使產品從製造、配送、銷售至消費者手上之過程中所包含之活動能快速有效地達成,促進產品流通、提高營運績效並滿足顧客需求,以達到整體供應鏈之最適化。

由於物流之目的在於將產品適時、適量、適地的交付給顧客,配合商品日趨多樣化、多元化之發展趨勢,傳統物流活動逐漸提升為策略性機能,具有彈性應變能力之「物流中心」乃受到重視。物流中心簡單來說,可以分為「集」、「存」、「散」等三個主要功能,分述如下:

一、集貨

利用物流中心的設置,其主要經濟效益乃將廠商的貨物集中收取。

二、儲存

部分貨物有時會目前不用而留待以後再用或是經營者在銷售過程中,對未出售的產品進行適當的保管與儲備,尤其是當製造商的產品線或具高度季節性現象時,具有緩衝與調節作用,也有創造價值與增效的作用。

三、發貨

針對顧客之需求,將不同供應商之貨品在物流中心進行理貨作業,並配合配銷策略的運用,將顧客所訂購的貨物配送至客戶指定交貨地點。簡單來說,包括理貨、配送等兩個部分,分別說明如下:

（一）理貨

　　理貨作業又可細分為貨件併裝與貨件拆裝兩個部分，分述如下：

1. 貨件拼裝乃利用配送中心拼裝來自多家不同工廠的物品於同一運輸工具，並運送給同一顧客或同一市場區城之指定的交貨地點。其主要之經濟效益在於將不同工廠的小貨件拼裝，使運輸費率大幅降低，並減少顧客收貨時的壅塞情況。

2. 貨件拆裝乃是在配送中心接收一輛大型運具從一家供應商送入的綜合不同顧客訂單大貨件，再加以拆裝成各顧客的貨件，將之轉載於小運具後，再配送到各個顧客指定的交貨地點。

（二）配送

　　將產品送到顧客手中的活動，主要的目的在於克服供應商與零售商彼此之間在空間上的距離，並配合市場需求提供快速供貨的功能。

 第三節　物流中心的類型

　　由於物流中心配送貨物、資本額、功能別會因為不同的考量而有不同的分類，並常因為不同的服務考量，使得物流中心有不同的分類。

一、依企業策略區分

　　依據投資廠商的背景及企業策略運用方式的不同，物流中心的類型可分成下列 8 種，其分述如下：

（一）由製造商所成立的物流中心

　　製造商為配合其商品配銷所成立的物流中心。國內的專業物流中心如統一集團的捷盟行銷、泰山企業的彬泰流通、味全集團的康國行銷、桂冠公司的世達低溫流通、東帝士集團關係企業東雲轉投資的東日山物流、久津公司的久津物流、耐斯企業轉投資的和盟物流等為此類物流中心。近年來製造業者在整個通路結構產生變化下，已逐漸由過去多層次的批發管道改為直營，

商流部分由公司的銷售部門負責，直接對客戶處理訂單，而物流部分則由物流中心進行商品的直接配送。

（二）由批發商或代理商所成立的物流中心

由傳統批發商或代理商發展的物流中心。國內主要的業者有進口休閒食品批發的小豆苗公司所成立的小豆苗全商品物流、德記洋行的德記物流、主要配送寶龍洋行各項商品的僑泰物流及什貿物流等，這種物流中心的功能與型態介於 RDC 及 MDC 間，其重點在於加強對商品之掌握。

（三）由貨運公司成立的物流中心

由貨運公司發展的物流中心。國內的物流中心如新竹貨運、大榮貨運等在擁有全國最廣大的運輸網下，藉由全省各營業所、營業集貨站發展成專業的物流配送中心，此外還有聲寶集團的東源儲運、配送冷凍低溫食品為主的永通交通及陵陽公司和以一般貨品為主的新竹貨運等；基本上，這些物流業者是以貨品的轉運為主，但近年來其業務範圍逐漸由單純的貨物轉運發展成為共同配送中心，尤以東源儲運為代表。

（四）由零售商向上整合所成立的物流公司

由零售商通路業者發展的物流中心。這種由零售通路通常都是由連鎖型便利商店業者所發展的物流中心，是由末端通路向上整合所發展，與製造商向下整合所發展的物流中心發展過程有些許差異，國內主要的業者有全家便利商店的全台物流，例如：國產集團轉投資、頂好惠康超市的惠康物流及光泉牧場公司轉投資萊爾富個性商店的萊爾富物流…等，此外，主要負責關係企業連鎖零售系統配送業務的捷盟行銷及康國行銷，若由零售系統向上整合角度來看，也可歸類為此類型物流中心。

（五）區域性物流中心

負責特定小區域之物流中心配送業務，例如：日茂物流。

（六）中繼站或轉運站型態之物流中心

作為物品暫時存放之轉運站，或為大型車輛轉換成小型車輛之中繼站，例如：聯強國際。

（七）由直銷商或通訊販賣業者所成立的物流中心

由於此類型皆是直接將商品運送到消費者手中，故須具有處理少量多樣商品的能力，且需有商品重新包裝加工的能力。例如：安麗、統一型錄販賣…等。

（八）具有處理特殊貨品能力的物流中心

具有處理特殊貨品能力的物流中心，為因應日漸多樣化的商品運輸，增加產品的配送速度，且符合顧客的品質要求，例如：生鮮食品的新鮮度要求，具專業處理能力的物流中心滿足了這方面的需求，此類型的物流中心，例如：臺北農產生鮮處理中心、統一集團速達公司的「宅急便」服務等。

二、依服務對象區分

若依照服務的對象，物流中心可依其經營型態分為 3 類：

1. 封閉型物流中心

此類型物流中心之主要特色為僅配送企業內部所需之商品，著重於服務企業內部而不以營利為目的。

2. 專屬型物流中心

此類型物流中心之主要特色在於服務企業集團，對集團子企業提供物流服務，有時也提供外部企業之服務。

3. 泛用型物流中心

此類型物流中心的特色在於「開放型」之配送通路，不限定某一封閉通路，可以提供服務給任何有需求的產業。此類物流中心純粹提供專業物流功能，並不涉及物流活動。

三、依配銷通路區分

若將物流中心依配銷通路進行分類，大致可將物流中心分為 4 種類型：

1. 配送至府的物流中心：由於直銷、郵購、電視購物，與電子商務等行銷方式之興起，廠商透過物流中心直接將商品配銷到消費者手中，配銷對象為最終之消費者，其特性會因消費者生活形態與購買行為而有所不同。

2. 零售通路之物流中心：配銷對象以零售商為主，包括連鎖商店或超市之賣場，以及單品、獨立之零售商店。

3. 批發通路之物流中心：配銷對象以區域性之大批發商、量販店為主。

4. 綜合經營之物流中心：無特定之配送對象，從大批發商至連鎖超商均可配送。

四、依倉儲保管溫層區分

物流中心亦可依據倉儲保管溫層功能之不同分為以下幾種類型：

1. 常溫型物流中心：常溫下作業，處理一般適用於常溫保存之食品、罐頭、化妝品、清潔用品、設備…等，一般物流中心多屬於此類。

2. 冷凍型物流中心：溫層控制在-25~-18℃，主要配送物品為冰品、冷凍食品…等。

3. 冷藏型物流中心：其溫層控制在 1℃左右，主要配送物品為生鮮食品、乳製品…等。

4. 空調型物流中心：其溫層控制在 16~18℃，主要配送物品為巧克力、糖果、藥品等。

五、依貨櫃起訖點區分

考慮到國際性之物流活動，物流中心可依貨物起訖點區分為以下 3 類：

1. 轉口型物流中心：供應商由國外進口貨物，經由物流中心組裝後，再配送至其它國家的顧客。

2. 進口型物流中心：供應商由國外進口貨物，藉由本地物流中心配送至國內顧客。

3. 出口型物流中心：供應商將本國供應之貨物，藉由物流中心組裝後，配送至國外顧客。

無論物流中心如何分類，物流中心的核心在於物流的管理與物流程序的規劃，如何達到「低成本、高效率、商品多樣化、配送頻率高、準時送達」的專業物流目標，並且基於考量未來物流中心將扮演企業運籌管理樞紐角

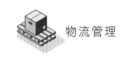

色，和物流中心發展朝向「共配化」、「異業結盟」、「全球化」的發展趨勢下，不論由製造商、批發商、零售商和貨運公司等所成立之物流中心已非純粹單一類型，而是走向開放綜合型，以提升物流中心之競爭優勢。

物流中心位居生產工廠與銷售據點之間的中繼單位，是物流與資訊流交集匯流之處，擔任前端，例如：銷售中心、服務、採購、組裝與後端，例如：製造中心的橋樑，物流中心不僅涵括了傳統的「倉儲業」、「運輸業」，亦替代了傳統的批發商及營業所的功能，因此物流中心在多方面不同於傳統運輸與倉儲業。

在運輸功能方面，物流中心是以一種顧客導向的觀念積極去滿足客戶需求，強調行銷與物流之結合，注重顧客滿意度與運輸成本之間的平衡，而非一昧地追求最低的運輸作業成本。

在倉儲功能方面，物流中心也延續這種積極創新的態度，採取利潤導向；透過其先進設備與管理之專業能力，物流中心強調時效性與滿足顧客需求，可以讓倉儲功能更具生產性，並充分發揮物流機能；物流中心以企業內獨立部門或子公司之型態，甚至可以不侷限於僅提供企業內部之倉儲服務。

第四節　物流中心與傳統倉儲中心之比較

物流中心位居生產工廠與銷售據點之間的中繼單位，它是物流與資訊流交匯之處，不但擔任前端與後端的橋樑，也包括傳統「倉儲」與「運輸」功能，同時，也取代了傳統的批發商及營業所的功能；因此，物流中心在許多方面都不同於傳統運輸與倉儲業。

在運輸方面，物流中心是以一種顧客導向的觀念積極去滿足顧客的需求，強調行銷與物流的結合，同時也重視顧客滿意度與運輸成本之間的平衡，而非一昧的追求最低運輸作業成本。

在倉儲功能方面，物流中心也延續了這種積極創新的態度，採取了利潤導向，其係透過先進的資訊設備及專業的管理能力，將物流中心所強調的時效性與滿足顧客需求的目標，讓倉儲功能發揮的更淋漓盡致。

第五節　物流中心的作業模式

　　物流中心的作業模式主要在描述物流中心的內部作業範圍係自「進貨作業」開始，直到「出貨作業」為止。在專業分工的環境下，物流作業常會由不同的廠商分工完成，如運輸配送交由專業的交通貨運公司負責、流通加工委由包裝或其他專業公司處理等，因此物流的主要作業可區分為倉儲理貨及運輸配送等程序。其中倉儲理貨程序包含集貨、進貨、入庫、理貨及流通加值等作業，而運輸配送程序包含出貨、裝車、運輸配送、交付等作業。

　　同時，物流中心依作業溫層之不同可區分為常溫物流中心與低溫物流中心，一般所說之低溫物流是指商品溫度在攝氏 18℃ 以下之物流中心；此外，考量目前的專業物流服務－第三方物流已成為企業在國際物流運籌架構中不可或缺的一環。

　　最後在國際物流方面除了原本的保稅倉、進口倉與出口倉作業之外，目前新成立的國際物流中心，其物流作業運作與管理方式，亦將隨著國際化、全球化經濟發展更趨重要。因此本書一併將國際物流的內部作業模式納入考量，以便提供較為廣義的物流作業模式。

　　物流中心的作業方式，無論是人力、機械化或自動化的物流系統，若無正確、有效的作業方法來做配合，無論是多麼先進的系統、設備，也未必能達到最佳的效果。物流中心的內部作業可依經常發生的作業類別與特性，分成下列 9 項工作：

一、進貨作業

　　進貨作業是指對進入物流中心的貨品做實體上的領收，從送貨貨車上將貨物卸下，並核對該貨品的數量與狀態，其狀態部分則分別有品質的檢查、相關送貨條件的檢查與實際收貨數量的確認，然後將必要的資訊予以書面化或是輸入電腦。

　　低溫物流在進貨作業時，因為貨品溫度必須保持在一定的溫控品質狀態下，無法長時間逐項驗收，因此需要先行入庫再確認商品資料，或是設置低溫緩衝區域並在極短的時間內完成進貨驗收工作。

　　國際物流的進貨作業對於進口貨品與出口貨品的處理方式均為相似，進口貨品進入進口倉或是國際物流中心，在貿易條件的約定中已先行決定。對於資料的確認動作，貨品若以貨櫃方式進入時，需要確認貨櫃資料，其餘散裝貨品則需檢視隨貨物附帶之資料。

二、 搬運作業

　　「搬運」是將不同型態之散裝、包裝或整體之原料、半成品或成品，由平面或垂直方向加以提起、放下或移動，可能是要運送，也可能是要重新擺設，而使貨品能適時、適量移至適當的位置或場所存放。其中，可能採用人工方式、人工輔以機器、機器輔以人工或是完全自動化作業方式搬運貨品。搬運作業在物流中心運作中協助相關作業模式順暢進行。

　　低溫物流的搬運設備受到低溫商品保存條件的影響，有較多的限制與配合要求。在低溫環境所使用的搬運設備，無論是固定式的輸送設備或是彈性較大的堆高機，相關的機電動力組件如馬達、控制器等，就需要符合低溫環境使用的規格。其次，低溫作業環境下，應盡量減少搬運作業，配合低溫物品儲位管理原則，降低人員與設備在低溫環境下的工作時間。

三、 儲存作業

　　儲存作業主要任務在於把將來要使用或者要出貨的物料做保存，且經常要做庫存品的檢核控制，不僅需要善用空間，亦要注意存貨的管理。尤其物流中心的儲存與傳統倉庫的儲存因為營運型態不同，更要注意空間運用的彈性及存量的有效控制。在物流中心的管理中，貨品又可分為靜態管理與動態管理二種不同目的與需求。

　　低溫物流的儲存作業對於儲區的規劃方式與常溫物流不同，因為低溫商品儲存空間通常較常溫商品空間為少，所以通常將商品盡量集中存放於一處，以減少人員無謂的走動。低溫物流儲存設備的資本投入遠較常溫商品為高，除了儲存設備的考量外，低溫物流節能設施更是需於事先作完整的規劃，否則未來維持費用將成為物流業者沉重的負擔。

　　進、出口倉與國際物流中心處理的貨品，有一般貨櫃集散場業務，貨品總額與貨主資料眾多，通常無法如同一般物流中心配合貨品特性與貨主資料

來進行儲位管理，而改以較大範圍的「儲存區」及「承攬業者」的特性來管理。

四、 盤點作業

貨品因不斷的進出庫，在長期的累積下庫存資料容易與實際庫存數量產生不符的現象，或者有些貨品因存放過久，致使貨品品質機能受影響，難以滿足客戶的需求，因此，盤點作業是為了有效的控制貨品數量，而對各儲存場所進行數量清點的作業。盤點作業又可依倉儲管理的特性分為循環盤點與定期盤點。

在低溫作業環境中，因為人員在低溫中停留時間不宜過長，因此，在進行盤點時，需將冷凍貨品移至冷藏區運行盤運作業，一般常溫貨品則無此作業環境上的限制，其可直接在儲位進行盤點作業。

五、 訂單處理作業

由接到客戶訂貨開始至準備著手揀貨之間的作業階段，稱為訂單處理作業，包括：有關客戶、訂單與配送資料的確認、存貨查詢、單據處理及出貨配送。訂單作業可以採用人工或資料處理設備來完成，其中，人工處理較具有彈性，但只適合少量的訂單，因此，一旦訂單數量稍多，人工作業處理將變得緩慢且容易出錯，而電腦化處理能提供較大速率及較低的成本，其適合大量的訂單；相對於人工作業的導入成本較高。

訂單處理作業較不會因為不同的物流作業模式而有太大的差異，在常溫物流、低溫物流與回際物流的作業模式下，其訂單處理作業皆相當類似。

六、揀貨作業

揀貨作業為典型的物流中心內部作業，其作業方式與行為由各物流中心依顧客的不同需求自行訂定最適的作業模式；在低溫物流作業環境下，人員可停留在低溫倉庫內的時間有限，需將貨品以批量方式自儲存區域揀取出來，再至低溫緩衝區分貨。進、出口倉處理的貨品較為單純，多為一次處理完畢，唯需將貨品以船公司或承攬公司為區分單位，以便現場作業人員找尋待處理貨品。

七、補貨作業

補貨作業包括：從保管區域將貨品移至另一個為了做訂單揀取的動管揀貨區域，然後將此遷移作業做書面上的處理，一般補貨作業的搬運以商品的最大儲存單位為搬運單位。因為在低溫環境下負責倉庫管理的作業人員在低溫倉庫的作業時間受限制，低溫物流作業較少考慮補貨作業，儘量減少貨品的搬運與異動。

八、流通加工作業

在物流中心的流通加工作業泛指依客戶需求，委由物流中心處理商品改包裝、重包裝與貼標籤等產生附加價值之工作，貨品於出貨前可以依客戶的出貨指示，由物流中心加以完成，可以降低由客戶自行處理所花費的時間與成本。

低溫物流的流通加工作業與常溫物流的作業差異不大，但是受到低溫特性的影響，例如：一般標籤紙不易黏附在低溫物品上，容易脫落，而且流通加工的簡易設備如加熱封口機，不適合在低溫環境下操作，因而可以進行流通加工作業的項目有限；進、出口倉的貨品通常是貨主事先處理完成的，較不需任何加工處理，國際物流中心的流通加工作業需配合海關同意之作業規定，再由物流業者協助貨主完成。

九、出貨作業

將揀貨分類完成之貨品做好出貨前檢查，裝入妥當的容器，做好標示，根據車輛趟次別或廠商別等指示，將貨品運至出貨準備區，最後裝車配送。

低溫物流在處理出貨作業時，同樣考量作業時間，貨品若是需配合訂單先行分貨至店家，需在預冷區完成出貨前之確認作業，待出貨貨車到達時，可直接將貨品上車。

進、出口倉與國際物流中心的出貨作業需配合當地所屬海關對於貨主申報之貨品同意放行後，方可進行相關出貨作業，而非一般物流中心是以客戶通知為依據，因而國際物流中心必須提供貨物查驗、進口放行與出口放行等管理系統配合當地海關之作業規定管理進出口物品。

物流個案

- 普洛斯成立日本最大的私募物流基金

memo

物流及全球運籌管理

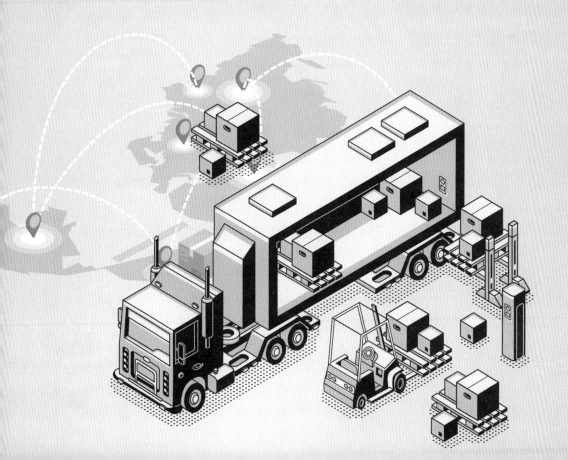

memo

國際物流與供應鏈管理

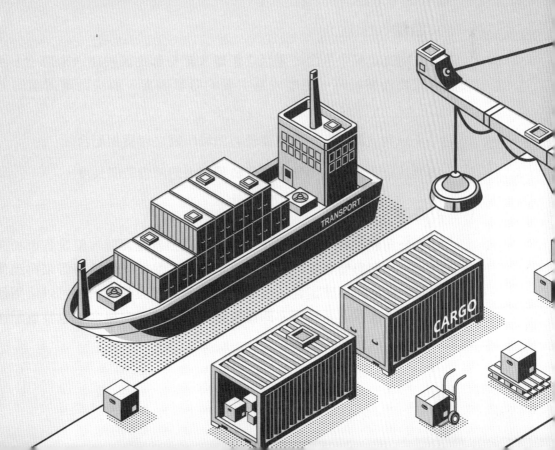

為因應全球貿易自由化與國際化的潮流趨勢,加上經濟成長、運輸及資訊科技進步…等因素,企業紛紛向國際化發展,並利用各國比較優勢來進行國際分工,使得企業體系的製造、行銷與物流…等活動分別位於不同的國家,也形成了全球運籌的蓬勃。

就企業的角度來看,企業為了達到彈性、快速反應以滿足顧客需求,同時也為了降低庫存及提高週轉率,如何提供快速的實體配送到全球各地,已成為企業所關心的重點。

第一節　全球運籌管理的定義與範圍

一、全球運籌管理的定義

Bowersox(1996)提出 4D,即是距離(Distance)、需求(Demand)、差異化(Diversity)與文件(Documentation),明確指出全球運籌與國內物流之差異範圍,茲說明如下:

(一) 距離

國際物流流程中,由於運送之距離大部份都比國內運送來得遠,因此在設計國際物流系統時,距離成為主要的考量因素,解決距離困境的方案有二:

1. 建立全球物流網路,並與主要營運領域所需之存貨相配合。

2. 改善物流能力,以縮短造成存貨負荷擴大的前置時間長度。

(二) 需求

雖然公司無視於國界的存在,不斷地擴張營運範圍,但是各市場文化的差異始終是一個影響著當地產品的變數。而產品的複雜性將帶來物流營運上4 個方面的衝擊:不確定性、控制性、存貨水準與彈性,並可以使用延遲策略來支應市場需求之差異,亦即儘量延遲最後產品之組合、包裝或配送,直到最後市場之需求確定時為止。

（三）差異化

差異化主要係指國際與國內市場文化上的不同。物流管理者在設計國際物流系統與監控物流績效時，必須考慮，例如：海關作業、物流基本建設、產品特性等，都可能導致全球物流管理上差異的因素。解決之道在於了解這些文化上差異，並且儘可能地透過全球行銷，克服經濟規模之限制，去加以適應。

（四）文件

當貨物在不同國界間移動，文件變得非常複雜、耗費成本，在數量上也相當可觀，並且有時也會有其自己的文件通路。每個國家都利用這些關鍵性文件做為進出口證明及不同的用途，例如：銷售條件與信用證明、責任歸屬、報關證明、關稅課徵、禁止輸入品控制、包裝要求規範等等。發展一個有效的國際物流系統，應該致力於文件流程的簡化與文件傳輸、管理的電子化。

二、全球運籌管理的種類

全球運籌之種類有以下 3 種型態（張有恆，2008）：

（一）國外市場之物流

國外和國內市場之物流作業，基本上並沒有太大的差別，然而，由於國與國間存在有各種環境與配銷條件上的差異，例如：貿易文件的準備、匯率的變化、市場大小、都市化程度、地形、交通運輸、以及基本建設等的不同，因此在物流策略與作業方式上的考慮仍有許多不同之處。

（二）國際多市場之物流

目前全球各個市場大多由各個獨立自主的政府所控制，而各國政府為促進其經濟發展，對其境內的市場或多或少都設定一些進入障礙，以控制雙邊或多邊之間的貿易行為，常見的有：

1. 關稅障礙。

2. 進口配額。

3. 不同的課稅系統與稅率。

4. 不同的運輸政策。

5. 不同的產品法律。

6. 產品成分之規定。

7. 貨幣系統以及外匯管制。

（三）全球性的物流

　　全球性市場是由全球不同國家的市場所組成，因此對於全球性之物流管理者而言，可使用的各種組織或設施包括：

1. 服務性組織：例如，交通運輸公司、運輸業、貨物承攬運送業…等。

2. 公共設施：例如，自由貿易區、公共倉儲、港埠與航空站…等運輸設施。

3. 現代化的硬體設備：例如，電腦、電傳、貨櫃與巨型噴射貨機…等。

　　國際物流的重心在於考慮雙邊或多邊國際市場間物品的儲存與配送，而全球性物流的重點則在於考量所有可能參與物品流動之各個國家間物流管理。

第二節　　全球化的企業經營趨勢

　　全球化的分工，使得許多產品的生產跨越不同的國家，例如：飛利浦在比利時布魯塞爾的電視機廠，使用德國的映射管及法國的傳導器，義大利的塑膠及比利時另一廠的電子元件組合生產電視機。而 IBM 在蘇格蘭組裝的個人電腦，採用購自法國的電子組件，義大利米蘭的電路版，暨購自德國或法國的記憶體。因此，以出口為主的國家，對全球運籌管理策略之展開與運用就顯得特別重要。

　　在全球化的企業經營環境下，廠商對海外投資有下列的主要考量，包括：

一、全球市場的考量

國內廠商要能積極開發國外的市場，他們需要獲得更多的市場訊息，以生產客製化的產品來滿足各式各樣當地市場的需求。因此，廠商要有全球化的生產設施，及配銷與供應網路，以快速服務來滿足顧客不同層次的需求。由於台灣資訊廠商大都以國際大廠代工為主，因此配合國際大廠客戶在新興市場之供貨而設立生產據點，以掌握客戶資訊進一步提高附加價值。從全球運籌的觀點，生產據點若接近市場，關鍵零組件能夠有效流通、縮短供應鏈以降低存貨風險並獲取較佳的利益；因此當地交貨接近市場以提高市場反應力，也是生產據點外移的主要考量。

此外，考量新興及具成長潛力的市場，例如：金磚四國的中國、巴西、印度及蘇聯，希望透過先設立生產據點作為進入當地市場的跳板，以便後續開發當地市場，也是促成生產據點外移的動力之一。

二、全球技術考量

最近幾年廠商成功的關鍵在於快速研發，以先進技術設計生產出自己的新產品。這種速度競爭，刺激許多公司將生產與研發設備建立在國外，例如：新竹科學園區許多研發單位在美國矽谷，廠商經由跨國公司的知識分享，利用先進科技研發新產品，以獲得市場的占有率；此外，由於運輸與通訊科技的發達，貨物進出更加通暢，使得各種國際間的營運活動更加方便。

三、全球成本考量

在海外設立生產組裝據點，採用廉價勞工降低成本，其考量不侷限於工廠土地及勞工的經濟性。由於電腦關鍵零組件價格波動很大，因此對於相關零組件的當地採購、交貨，也是降低成本提高競爭力的重要關鍵。尤其許多廠商均以 OEM 代工方式生產，考量人工、土地、零組件與原物料等生產成本，紛紛到海外設廠，以期降低生產成本。

此外，由於許多日韓等競爭廠商也將其生產據點外移至較低成本地區，國內廠商因應成本結構改變所帶來的的競爭壓力，為求取較平等的競爭地位也促使產業的外移。

四、總體經濟及政治考量

　　以臺商在面臨西進（投資中國大陸）與南進（投資東南亞）的全球化重大決策為例，其考慮的總體因素包括：匯率波動、地區貿易協定、市場開發程度、非關稅障礙與政治環境的安定等因素；這些總體環境因素對廠商在投資決策與廠址選擇有重大的影響。

　　由於個人電腦及周邊零組件產業全球化分工明顯，例如：完整的電腦其機殼與電源供應器可能是中國大陸生產、主機板是菲律賓生產、微處理器是美商設計由臺灣代工，而光碟機與監視器則是由其他地方生產。所以，全球化的國際分工已成為一個主要的趨勢。

第三節　全球運籌管理的內容

　　全球運籌管理活動不但涉及營運、輸配送、行銷與銷售、售後服務等主要活動，並包括採購等支援性活動。特別是專業分工以及海外投資盛行，使得許多跨國企業在其他國家設立分支機構。在國外製造或採購商品或零件，除了使跨國企業增加母公司、公司與海外子公司間零組件與半成品的產業內貿易外也增加跨國製造分銷、庫存管理、運輸、倉儲、客戶服務等需求。

　　由以上可知，全球運籌管理是企業全球化經營活動中的核心能力，而其中更以物料、商品和資訊的流程為全球運籌管理之重點，以下分別說明：

一、國際物料流程管理

　　物料和零組件的來源可能來自於當地生產、海外生產或採購。其採購、運輸、庫存的安排，必須視產品特性、生產製程與市場需求特性而定，其目標在於減少存貨、降低運輸成本，而且可以快速反應市場的需求變化。

二、國際商品流程管理

（一）傳統倉儲發貨中心

　　根據顧客實際提貨數量做為雙方交易的依據，把貨物送到顧客當地的發貨中心，當顧客需要商品時，再運給顧客。

（二）海外組裝中心

針對客戶依據實際不同訂單，不同規格的需求，在客戶所在市場當地設立組裝中心，並依據客戶所下之銷售預測，適時地提供成品或半成品至海外組裝中心，再由規劃中心依據客戶的實際訂單之需求，於加工組裝後運送給客戶。

（三）直接運送給最終顧客

運用供應鏈管理，將組裝地點儘量推近市場，以嚴謹的方式來掌握原物料的前置時間，將組裝完畢的成品，直接運送給顧客，以達到降低庫存、提高時效的要求。

三、國際資訊流程管理

針對企業運作流程中資料傳遞與決策，進行計畫、執行及控制。由於網際網路具有的標準、互通、低廉、普遍之特性，有助企業的客戶支援及服務業務，拓展新興通路，與上下游廠商保持即時之聯繫。特別是快速回應系統的建立，可以發展全球性企業與其交易夥伴間的垂直資訊網路系統，並整合行銷分析、商品企劃開發、製造，以及商品配送作業、售後服務等，強化產業應變能力，提高全球運籌管理效率。

第四節　全球運籌的成員

全球運籌的作業流程中，在貨主將貨物委託承攬業者運輸之後，主要由哪些行業以接力的方式，將物品運送至收件人手上。

因此，從全球運籌業者服務內容，除了國際間的貨物承攬運送代理與進出口業務處理外，還包括報關、海空陸運、倉儲、配送等等。從事全球運籌等之業者除了在國際進出口貿易上，例如：國際航運和報關等相關業務之外，對於進出口貨品運送至國家境內時，必須經由各種陸上運輸、倉儲、配銷等作業，才能將貨品送至客戶手中，完成客戶之需求，而在這一連串環節中，各企業均與物流機能有著密切的關係。

因此，在全球運籌中間的成員，可區分為下列 9 項：

1. 關稅總局：包括關稅總局及海關各關區。

2. 報關行：報關行替進出口廠商代辦報關、貨物檢查等工作，有時亦負責協調貨物進口後之貨物集散或到目的地的運輸安排等，專門負責報關、清關、點交等業務。

3. 船公司／航空公司：企業主自己擁有船或飛機，負責國際運輸服務。

4. 船務代理業：主要代表國內外船公司在國內代理承攬該船公司進出口貨物的運輸業務，為各類型產業客戶提供服務，其業務範圍包含：運輸、併裝、船運等，並同時經營戶對戶、全程中轉運輸、清關業務，以及專職負責客戶進出口貨物報關業務及貨櫃轉運通關業務。其業務內容類似於海運承攬業，但是只針對專屬的船公司，而海運承攬業者則會接洽不同的船公司，找尋最合適的長程運送貨運公司。

5. 內陸貨櫃集散站：其業務範圍包括：貨櫃與貨物之點收裝卸儲存、報關與清關、進口轉運與復運出口、保稅倉儲，以及物流中心，其中 Container Yard 是屬於海運業的貨櫃場，而 Terminal Warehouse 是指空運貨棧。

6. 物流中心：其業務範圍包括：卸櫃、歸類、揀貨、理貨、貼標、包裝、流通加工，與退貨管理等，主要進行貨櫃貨品之分類與配送至大型倉儲或是收件人指定之倉儲。通常物流中心的資本額需要新臺幣 3 億元以上，得以貨主收件人為名義，自國外辦理進口，亦即在進口貨物抵達，辦理進口報關後，即進入物流中心儲存，並依照真正貨主的訂單指示，將貨物或經由流通加工後配送至訂單指定地點。

7. 內陸運輸業：主要以陸上運輸為主，將貨物從港區、貨櫃場、保稅倉庫或是物流中心等，以公路或鐵路的方式，送至內陸各處的貨主。

8. 空運承攬業：以「無船或飛機公共運送人」的身分，安排貨物進出口運送，將不同貨主的零星貨物併成整櫃，再交給實際的運送人運送，因此可以方便貨主安排貨物運送的過程，更能有效地控制整個運送環節。

9. 出口貿易公司：將國際貿易業務中，例如：銷售、財務、通訊及物流…等業務，全部整合在一家公司做處理。

根據上述的業態描述，如從兩個方向來說明國際物流中間成員的作業方式，分別是：從運輸流程來進行說明，可分為實物流、資訊流以及金流；另一方面，也試圖將整個流程劃分成不同的活動，這些活動是企業在進行進口或出口時所涵蓋的業務範圍。

若從全球運籌產業在價值鏈上所進行的活動來看，則包括：取貨、報關、承攬、倉儲、清關、海空運、倉儲、報關、陸運、清關、物流 VMI 以及交貨等活動，其中，貨物進口與出口所進行的活動順序不盡相同，且有些活動會因為發生地點之不同而需重複進行。

從貨物進口的方向來看，物流運籌業者需先到國外賣方取貨，同時進行報關的動作，並拉貨到海關進行報關，途中可能會經過小型倉儲、物流中心，或是大型貨櫃集中區進行貨物暫存，待飛機航班、貨船班到站之後，進行清關並由空運或海運的方式將貨物運至國內海關。進入國內後，貨物會先暫存在關區等待買方進行報關後，由買方所委託的物流運籌業者進行拉貨、清關，再將貨物分流，透過物流中心、小型倉儲，暫存貨物，並等等分送到不同的買方倉庫，或是透過物流 VMI 進行小規模的加工，再將貨物分送到不同的買方倉庫，若從貨物出口的方向，則活動的流程恰好相反。

第五節　全球運籌管理的策略

「全球運籌管理」是在各國界、區域和通路間的整合活動。因此企業需要發展一套不同於區域物流整合的作業模式，以建構跨國界的物流作業網路，而執行這套全球化運籌需包括一些物流能力之執行、國際化之財務管理、檔案管理、政策管理、跨國企業文化與越來越複雜的整合性物流管理與總成本效益分析等。

企業在推動全球運籌管理之營運策略時需要考慮配銷網路與遞延策略對設施資源與營運效率之影響，茲說明於後：

一、供應鏈的不同配銷網路

一般供應鏈的配銷網路依其不同產業之特性，其結構可分為 3 類：

（一）收斂式組裝型網路

這個類型網路之產品是由許多零組件組成，經由層層的組裝後成為最終產品，每個零組件之供應商可能不同，所以會有許多供應商。此類產品在早期即因各零組件之差異而造成產品不易變動，因此較難滿足顧客之特別需求，最大的不確定性在於市場需求，最終產品為主要之存貨成本。此類型供應鏈網路最重要之關鍵在於各物料到達之同步化，如此能降低存貨成本與交易成本，並增加訂單滿足率。

（二）發散式組裝型網路

此類型網路之廠商自己擁有最終組裝廠及配銷體系，其產品組裝分為 2 個階段：

1. 在工廠組裝複雜之半成品。

2. 在配銷中心組裝較簡單之客製化產品。

這種遞延生產可以滿足大量顧客之訂單需求，其產品屬於較一般化能夠採用不同廠商的零組件，再經過不同的生產線組裝成許多不同的產品，故半成品為其主要之存貨。此類型供應鏈網路的重要性在於縮短客製化組裝之前置時間，可以很快地將顧客特殊需求之產品交到顧客手上。

（三）發散式差異式之供應鏈網路

該類型網路之廠商擁有自己之最終裝配廠及配銷體系，此類型主要是因應市場的快速變動，產品之生命週期可從幾週到幾個月；此類型供應鏈網路產品的特性，主要在製造廠可以快速的回應市場上的變化。

二、供應鏈的遞延策略

典型的廠商營運活動包含：整個生產、包裝、倉儲與運送等，這些作業完成後再進行零售活動，然而製造到銷售過程耗時較久，使得供應者與客戶均須承擔相當大的成本。遞延，是將產品經由生產組裝後運送至接近客戶所在地之倉庫，最後再依顧客特定訂單需求，就近組裝完成最終產品。遞延策略包括以下方式：

（一）模組化製造策略

運用於供應鏈最上游的階段，設計產品使客製化能夠發生在生產流程最後可能之階段，在製造流程上盡量維持零組件之共通性，在合理的零組件範圍內，可提供物流簡單化及品質改善的利益。

（二）單一中心策略

當品牌及包裝需求具有唯一性時，可預先在中心工廠大量製造，實施完全集中化生產與配送模式，使生產及配送上具有經濟規模與優勢，以達到最佳化產品成本或組織效率。

（三）遞延組裝策略

當訂單確認後才於區域配銷中心完成產品最後結構差異化部份之組裝，在生產及配送具有經濟規模之優勢，並且可以節省持有存貨之成本及顧客服務水準之提升。

（四）遞延包裝策略

當品牌及產品說明對所有市場具有共通性時，可以在區域配銷中心執行貼標籤及包裝作業，使之在生產上具有經濟規模，並且可以降低持有存貨之成本及顧客服務水準的提升。

三、全球運籌管理原則

經由全球運籌管理，企業可以使生產成本達到最理想的目標，而且又可以將對顧客的服務提升到最佳境界。在發展全球運籌管理策略時，應注意到下列 6 項原則：

（一）將物流的概念做全球性運用時必須考量到其他層面

1. 文化

產品必須考量到當地的消費文化，只有符合當地風俗習慣與口味的商品，才能在當地建立品牌，並長期的存在於當地市場。企業在當地的營運也必須配合當地的次文化，所有的商業行為都要考量當地社會對工作休閒、時間及信任度的標準，才能讓企業在當地順利營運。

2. 控制

由於全球運籌所涉及的地理區域很廣，因此，企業只能以間接管理的方式來運作，其通常是透過交易雙方以外的第三方物流服務提供者，在透明、清楚的合約下來運作。

3. 成員參與

由於全球運籌網路的建構需要龐大的資金、時間，因此，必須在面對當地的競爭壓力下，逐步建立品牌形象和穩定的產品供應。所以，企業在進行全球運籌規劃與執行時，除了要做策略性的投入與審慎評估之外，彼此之間對於計畫也要有持久戰的準備。

（二）面對全球不同的環境，傳統物流問題必須做差異性的比較

在面對不同的國家環境，企業對於全球運籌所需要考量的因素，必須根據環境做修正後，才能做比較，而不能在全球各地使用單一的態度來看待同一種問題，其可分：

1. 存貨配置

企業必須先了解不同地區的會計原則，以及對於貨物歸屬權的規定之後，再去處理一些物流問題，例如：增加存貨、改善前置時間、存貨的會計盤點及存放地點…等；另外，對於安全存貨而言，也會因為不確定性的增加及運輸成本的變化，而必須做額外的考量。

2. 運輸

有更多的運輸模式和合約形式可做選擇與組合，以配合當地的法規，以確保貨物準時並安全運達；而且，可以和運輸業者商品的協調空間也會加大，企業亦無需以其慣用的運輸方式，而是以根據成本效益來做最佳的選擇。

3. 通訊與資訊傳遞

不同的地區在通訊傳輸的系統、設備、以及通訊標準上可能有差異，企業在做全球運籌規劃時應做考量，以避免造成資訊傳輸延誤或是資訊扭曲的情形產生。

4. 地理指標

地理指標對於選擇海外據點是相當重要的，例如：周遭市場分布情形、消費人口密度、當地基礎建設等基本指標。簡而言之，就是看看當地的環境是否能提供良好的物流環境？

5. 各國的限制與誘因

所謂限制，包括進口限制、環境保護需求、外匯限制、以及勞工狀況…等；誘因則泛指對於外資至當地投資的優惠待遇，例如：減免稅、退稅等獎勵措施。企業可以在遇到問題時，依據銷售所處環境，使用不同的方法來解決。

（三）全球運籌必須由企業來領導

公司間的整合、協調，必須以公司層級的角色來做，在管理上要有正式、透明的管道來監督，組織間的聯絡與溝通，必須有標準的格式與工具，績效的評估也要有合理的標準。

（四）公司在做全球運籌策略時要先考量本身的能力

當企業已將所要經營的市場做區隔之後，要先評量本身資源獲利的能力及目前的生產能力，並且依照目前的能力做策略規劃，以決定該如何進入市場。

（五）物流成本是用來評估全球運籌管理效率的重要工具

全球運籌管理效率的評估需要一個中立且量化的工具，其所運用的工具必能保有一致性，而且要有總成本的觀念。

（六）全球運籌管理需要有系統性的時間與流程控制

流程必須要清楚，而且從接單、製造到出貨，要做前置時間的管理。

建立全球運籌體系的最終目的，簡單的說就是要做到顧客滿意，其目的是將業者經營的成本降低，而且最後也將利潤分享給消費者。隨著競爭的日益激烈，業者對顧客提供的商品或服務越來越多，越多樣化。單獨以優良的產品線來掌握競爭力的時代已經過去了，今天的企業必須時常做到能提供客戶更好的服務才行。企業必須提供優異的客戶服務，並且要比以往更為有效

率的接觸顧客,當客戶的範圍擴大至全世界時,基於全球運籌的概念,企業也必須在成本最低的情況下,做到完美的供應鏈管理。企業必須要將以往分散的功能整合為一個供應鏈,做更緊密、更有效率的結合,這些不同的功能,除了一般的製造、組裝、倉儲、及物流運輸等功能,也包含客戶服務、公司決策,以及財務整合。

第六節 全球運籌管理之營運模式

一、全球運籌作業模式

從企業的觀點,全球運籌是一套由全球資源管理角度切入策略規劃之應用技術,著重於運用產品、材料及服務內容的特性,來規劃企業在全球之布局,以降低整個供應鏈的庫存存量、營運成本、耗費時間、潛在成本、風險和危機,並且透過接近客戶與快速反應客戶需求的方式,來建立企業之競爭優勢。

美國供應鏈協會(Supply Chain Council, SCC)提出供應鏈作業參考模式(Supply Chain Operation Reference Model, SCOR),該模式主要包括規劃、採購、製造和配送四個管理流程,這四者彼此環環相扣。這種參考架構或參考模式是一個一般性跨功能的系統架構,它可以當作系統發展之指導方針,整合了企業流程再造、標竿、流程評量,以協助了解目前狀態和未來之期望、建立內部的改善目標,了解管理實務以達到業界最佳典範。從企業營運的觀點,全球運籌作業模式可依序說明如下:

(一)規劃

著重在需求與供給規劃與規劃基礎建設,其目的是對採購、製造與配銷進行規劃與控制。需求/供給規劃活動包含:評估企業整體產能與資源、總體需求規劃以及針對產品與配銷管道,進行存貨規劃、配銷規劃、製造規劃、物料及產能規劃。規劃基礎建設之管理,包含:製造或採購決策之制定、供應鏈之架構設計、長期產能與資源規劃、企業規劃、決定產品生命週期、產品生命末期管理與產品線之管理…等工作。

（二）採購

具有採購物料作業和採購基礎建設二項活動，其目的是描述一般的採購作業與採購管理流程，以維繫物料的供應，確保製造與配銷的順利進行。採購物料作業包含：選擇供應商、取得物料、品質檢驗、發料作業。採購基礎建設則包括：供應商之評估、採購運輸管理、採購品質管理、採購合約管理、付款條件管理、採購零件之規格制定。

（三）製造

具有製造執行作業與製造基礎建設二項活動，其目的是描述製造作業管理流程，維繫企業「供給」與「需求」的角色。製造作業包含：領取物料、產品製造、產品測試與包裝出貨…等。

製造基礎建設則包含：製造狀況之掌控、製造品質管理、現場排程制定、短期產能規劃與現場設備管理…等。

（四）配送

包含訂單管理、倉儲管理、運輸管理，以及配送基礎建設之管理四項活動，其目的是描述銷售與配送的一般作業與管理流程。訂單管理包括：接單、報價、顧客資料維護、訂單分配、產品價格資料維護、應收帳款維護、授信與開立發票；倉儲管理包含：揀料、按包裝明細將產品包裝、確認訂單及運送產品；運輸管理包括：運輸工具安排、進出口管理、排訂貨品安裝活動行程、進行安裝及試行；配送基礎建設管理則包括：配送管道的決策制定、配送存貨管理、配送品質的要求。

由上述供應鏈的作業模式可知，發展全球運籌管理是確保全球供應體系有效營運的關鍵政策。因此全球運籌管理是，使來自世界的各個原料與產品，不論在供應、下單、運輸、銷售等流程，都能藉由整合規劃、採購、製造與配銷等供應鏈體系，達到即時交貨及服務，以確保企業的國際競爭力。

二、全球運籌管理據點的型態

全球運籌據點之型態，會因企業經驗之短中長程目標而有所不同，以在東南亞的全球運籌布局之臺商為例，其主要投資之營運據點有下列 8 種方式：

1. 辦公室：這是最簡單的據點形式，通常是為了聯繫或是作為企業正式拓展前之先遣單位。

2. 代理商：這是因應對所在國之市場不了解，因而藉由代理商打入當地市場。

3. 轉口（保稅）倉庫：僅利用所在國所提供之優惠轉口或是保稅條件，作為區域發貨中心。

4. 物流中心：這是較前項更為完整之運籌布局，已經具有成品配送、物流加工、售後服務等通路或是客戶直接接觸之能力。

5. 運籌管理中心：此據點型態又較前項更朝供應端整合發展，具有接單、採購、行銷、配送之功能。

6. 生產／加工或組裝據點：本型態可依所在國提供之不同稅率優惠而不同，可以分為：淺度加工型態、深度加工型態或是完全生產型態等。臺商在東協各國的投資多半以外銷產業為主，將東南亞的投資據點視為整個事業體之生產據點。近兩年來臺商對東協國家的投資在勞力密集方面的比重有逐漸下降的趨勢，取而代之多是技術密集或資本密集的產業。不過，由於在先天上，中小型臺商的國際化程度不夠，缺乏類似西方多國籍公司擁有的可以承擔零件供應及產品行銷任務的國際網路，而必須依賴當地週邊產業的支援。這種現象導致在東南亞的子公司對台灣母公司的依賴程度逐漸下降而對當地週邊產業依賴度上升；臺商在當地採購原料零件與融資的比例隨之提升。隨著臺商利潤的累積及對當地市場環境的熟稔，加上因應東協自由貿易區成立的遠景，中小企業逐步走向當地化、本土化的完全生產之型態已十分明顯。

7. 成為上市／上市公司：與其他多國籍的公司相形比較之下，臺商在資源有限的情況下，無法以一己之力完成國際化的目標。因此臺商在東南亞各地經營成功之後，多設法利用當地的股市資金進行事業的擴充，即在當地股票市場上市，以取得本地的資金，例如：宏碁在馬來西亞上市、東帝士、台達電子在泰國上市。

8. 通路據點：此型態已經跨入商流之領域而直接經營通路之布局，大都為內銷市場導向之業者所必須採用。

物流個案

- 日本通運株式會社取得印度物流公司 22%股權

memo

Chapter 14

自由貿易港區之發展與兩岸物流

第一節　自由貿易港區之發展
第二節　兩岸物流

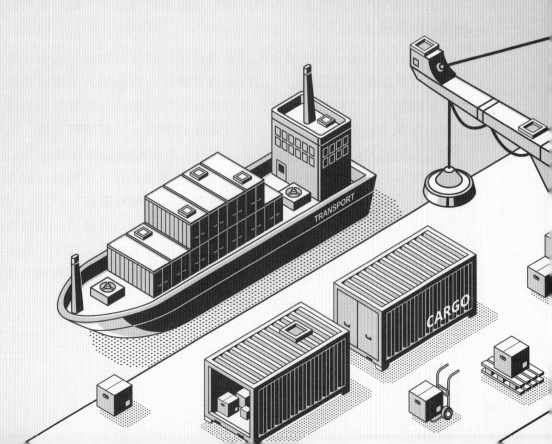

第一節　自由貿易港區之發展

一、計畫緣起

　　國際間貿易活動因市場開放，使企業得以突破國界限制將全球視為單一市場，在不同國家採購或生產，並將產品行銷至全球。臺灣自加入世界貿易組織(WTO)後，已無法置身於世界潮流之外，基於自由化及國際化經營模式，政府於民國89年10月通過「全球運籌發展計畫」。為強化臺灣的優勢競爭能力，政府於92年7月公布「自由貿易港區設置管理條例」，整合物流、商流、資訊流、金流，創造臺灣與世界接軌的環境。爭取商機，達到「投資全球運籌基礎建設，使臺灣成為臺商及跨國企業設置區域營運總部的最佳地區」。

　　緣起為應產業國際分工之市場趨勢，行政院民國89年10月4日第2701次院會通過之「全球運籌發展計畫」，於桃園機場周邊規劃設置桃園航空貨運園區，內容劃設物流、簡單加值、深層加值等作業功能，俾引進高科技相關產業，整合製程作業與航空貨運作業機能，提高貨物運輸與通關效率，透過貨運服務設施功能的加強，吸引跨國企業設置運籌基地，提升臺灣桃園國際機場國際競爭力。

　　自由貿易港區，在桃園自由貿易港區採民間參與興建方式引進運籌相關產業進駐桃園航空貨運園區，由政府投資興建桃園航空貨運園區基礎公共設施，並開放民間機構投資興建暨營運貨棧與加值物流作業等營運設施，以吸引跨國企業來臺設立營運基地、提升國際競爭力、爭取國際商機。遠雄航空自由貿易港區股份有限公司（原名遠翔航空貨運園區股份有限公司,以下簡稱遠雄公司）在取得本計畫50年之特許興建營運權利後，即積極建設本貨運園區。另一方面，遠雄公司因應行政院推動「自由貿易港區」計畫，透過自由貿易港區規劃與申設，將桃園航空貨運園區發展為結合轉口、加值再出口、貨運、物流等多功能之園區，使貨物得在高度自主管理制度下，於區內從事儲存、轉運、加值作業等服務，依照自由貿易港區設置管理條例及相關規定辦理，發展成為航空貨物之全球運籌中心。

二、自由貿易港區之發展構想與配置

政府亞太營運中心、運籌中心及自由貿易港區等計畫之基本構想，在於將臺灣塑造出一個高度自由化、 國際化的總體經濟環境，以貨物、商務、人員、資金及資訊能快速便利的進出及流通環境，吸引跨國企業集團 及本地企業以臺灣做為經營國際市場的根據地。因此，為落實自由貿易港區設置的理念，係以臺灣桃園國際機場為核心， 建立並擴充臺灣與東亞及世界其他主要城市、人員及貨物快速流通的接駁運輸網路。

運用港口與國際機場接臨之優渥條件，其發展構想如下：

（一）與國際市場接軌

縮短貨物進出口及轉運處理之作業時間，透過國際性之快遞物流公司，將貨品能快速的流通至其他國際都市。

（二）創造頂級航空之自由貿易港區

除讓貨品能快速流通及提供貨運集散倉儲之最大納量外，並利用具境內關外性質之港區內加值園區，讓投 資企業所生產之貨品可以直接出口，或進口半成品加工後再出口，讓產品的供應、下單、轉運及銷售等之跨國經貿活動，均能於本港區內快速便捷完成，讓企業能降低運輸成本，提高港區之競爭力，並成為企業經營國際 市場的根據地。

（三）以有限之土地資源產生最大的經濟效能

本港區所使用之土地需透過都市計畫劃定或變更取得，來源十分不易且有限。因此對於土地之開發上，除了容積管制及土地使用項目的限制外，希望能夠透過其他高附加價值商業或服務設施等，以提高土地 經濟效能，並帶動港區產業之發展。

（四）提供完備生活機能及企業體全方位之完善服務

港區規劃上除滿足一般性服務設施外，對於企業所需之金融或商務服務空間，亦納入規劃 設計中，以提高港區廠商經貿競爭能力。

三、自由港區事業籌設許可及營運許可審查作業流程

應備文件：

1. 申請書。
2. 營運計畫書。
3. 貨物控管、貨物電腦連線通關及帳務處理作業說明書。
4. 新投資創設者，其公司名稱及所營事業登記查核准文件。
5. 設施或土地租賃契約書或相關證明文件。
6. 投資人證件：本國人：自然人附國民身分證影本；法人附公司登記證明文件。僑民：僑民身分證明文件。外國人：自然人附國籍證明書或當地國所核發之護照影本；法人附法人資格證明。
7. 經營業務須經特許者，檢附相關證明文件。
8. 授權代理人辦理者，應附代理人授權書及身分證（或居留證）影本。

管理機關辦理時程：

1. 申請文件齊備15日內審查。
2. 審查後或文件內容補正完備後15日內函復申請人審核結果。

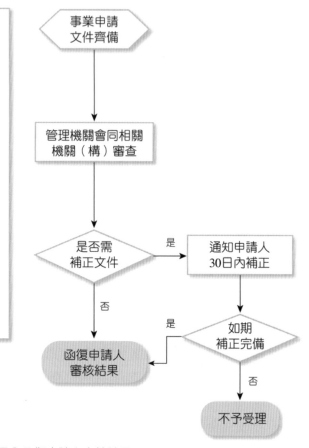

圖 14-1 自由貿易港區事業籌設許可審查作業流程

資料來源：桃園國際機場公司

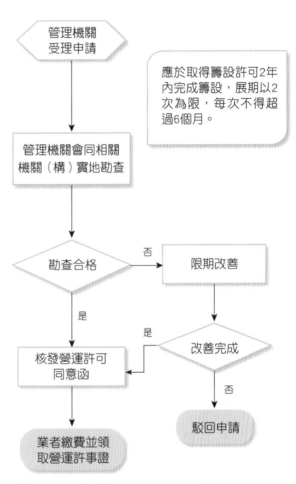

審查文件：
1. 申請函。
2. 展延或變更營運計畫核准文件。
3. 營運計畫書。
4. 貨物控管、貨物電腦連線通關及帳務處理作業說明書。
5. 新投資創設者，檢附公司設立登記核准文件。
6. 機器、機具設備之裝置、安全衛生設施、勞動條件、汙染防治及相關文件。

管理機關辦理時程：
1. 受理申請15日內辦理實地勘查。
2. 勘查合格或改善完成15日內核發營運許可同意函。

管理機關受理申請

應於取得籌設許可2年內完成籌設，展期以2次為限，每次不得超過6個月。

管理機關會同相關機關（構）實地勘查

勘查合格　否　限期改善

是

改善完成

核發營運許可同意函

是

否

駁回申請

業者繳費並領取營運許事證

圖 14-2　自由貿易港區事業營運許可審查作業流程
資料來源：桃園國際機場公司

四、自由貿易港區優勢條件

（一）境內關外的觀念設計

自由貿易港區視同國境內關稅領域以外之經貿特區，貨物在此區自由流通，可不受輸出入作業規定、稽徵特別規定等之限制。

（二）港區事業採完全自主管理

自由貿易港區內事業之管理，將以高度的廠商自主管理制度，取代政府管理現制，降低政府實質介入，以使自由貿易港區內之貨物及人力得以迅速流通，廠商自主管理，貨物免審、免驗、免押運。

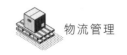

（三）區內貨物、設備免稅

自由貿易港區事業自國外運入區內供營運之貨物（包括：為他業者從事倉儲、物流、組裝、重整之貨物）及自用機器、設備免徵關稅、貨物稅、營業稅、菸酒稅、菸品健康福利捐、推廣貿易服務費及商港服務費。

（四）貨物自由流通

貨物（含大陸貨品）由國外或國內其他自由貿易港區進儲，或自由貿易港區貨物輸往國外或其他自由貿易港區，僅須依照規定（以電子傳輸之標準格式或書表）向海關通報，經海關電子訊息回復完成檔案紀錄後，即可將貨物進儲或運往國外。

（五）貨品可從事高附加價值之深層次加工

自由貿易港區貨品可進行重整、加工、製造，可以從事另組件之組裝等較深層次加工，將可充分發揮我國在高附加價值產品製造方面的優勢，從事物流之自由港區事業，經專案核准得委外做實質轉型之加工，強化我國全球運籌競爭力。

（六）引進商務活動

為便利外籍商務人士進入自由貿易港區從事商務活動，將協調相關主管機關於現行法令制度下，彈性放寬國際商務人士（包括大陸人士）申請入境簽證之程序，同時區內亦提供展覽、貿易活動機能。

（七）活絡資金流通

區內得設金融分支機構，從事外幣匯兌及外匯交易、並得設控股公司從事海外投資。

（八）行政單一窗口化

港區內的行政管理及行政輔助事項授權港區管理機關辦理，或由目的事業主管機關於區內設立辦事處專責處理，以提升行政效率，達到單一窗口的功效。

五、自由貿易港區利多比較

表 14-1　自由貿易港區利多比較

保稅區域／項目	加工出口區	自由貿易港區
區位	位於內陸特定專用區	位於國際海空港管制區內之精華地段
運輸成本	須以保稅車等方式運送貨物，增加運輸成本	位於國際機場及港口之精華地段，毋須以保稅車運送貨物，大幅降低運輸成本
簽審	需要	不需要
押運	需要	不需要
保稅程序	需要	不需要
邊境管制	境內關內	境內關外
單一窗口	實施單一窗口	1.實施單一窗口 2.增加掌理事項 (1)外籍商務人士入境許可之核轉。(2)外籍人士延長居留之核轉。(3)資訊化發展推動。
稅負優惠	免徵進口稅捐、貨物稅、營業稅、契稅、推廣貿易服務費	免徵關稅、貨物稅、營業稅、菸酒稅、菸品健康福利捐、推廣貿易服務費、商港服務費
外勞僱用比例	達員工總數 30%	達員工總數 40%
境外控股公司	無	外國人得設立境專事對外投資之控股公司
國際金融業務	無	銀行得申設分行經營國際金融業務，從事押、換匯
國際商務人士進出之許可	無	得由管理機核轉，採落地簽證
進出口貨物	通關	自由流通免通關
區間交易	按月彙報（事後稽查）	自由流通免通報
區內交易	按月彙報（事後稽查）	自由流通

表 14-1　自由貿易港區利多比較（續）

保稅區域／項目	加工出口區	自由貿易港區
貨物輸往課稅區	通關（按月彙報）（事後稽查）	報關（改良式按月彙報）（事前預防，事後彙報）
門哨管制	人工收取放行單	科技控管
貨況追蹤系統	加封或押運	科技設施（電子封條）
帳冊稽核	按月列冊	遠端稽核

資料來源：經建會財經法制協調服務中心

六、管理辦法

　　自由貿易港區貨物通關管理辦法』第 7 條：「自由港區事業向海關申請將免稅貨物輸往課稅區或保稅區委託加工者，應符合下列條件之一：

1. 從事加工、製造之自由港區事業得因製程垂直、橫向整合，或彌補產能不足時之需求申請委託港區外廠商加工。

2. 從事物流之自由港區事業，得申請委託區外保稅區或課稅區廠商作重整或簡單加工。但以貨物經重整或簡單加工後，仍能辨識其原狀者為限。

　　從事物流之自由港區事業，其委託加工對國家經濟有重大影響，經行政院自由貿易港區協調委員會專案核准者，得委託區外廠商作實質轉型加工。

七、全臺自由貿易港區

（一）基隆自由貿易港

　　基隆港自由貿易港區範圍含蓋基隆港東岸 6~22 號碼頭後線約 14 餘公頃，及西岸 11~33 碼頭後線約 53 餘公頃，另為擴大自由貿易港區之功能已於 96 年 10 月 25 日經交通部核准將西 7~9 碼頭後線約 4.1 公頃籌設為自由貿易港區，合計有 71 公頃之面積。

表 14-2 已進駐廠商

自由貿易港區	進駐業者公司名稱	核准營業項目
基隆港自由貿易港區	1. 好好國際物流股份有限公司	倉儲、物流、承攬運送、組裝、重整、包裝、轉口、轉運
	2. 陽明海運股份有限公司	倉儲、物流、貨櫃（物）集散、轉口、轉運、承攬運送、港區貨棧
	3. 永塑國際物流股份有限公司	貿易、倉儲、物流、轉口、轉運、組裝、重整、修配、展覽、技術服務、港區貨棧
	4. 萬海航運股份有限公司	倉儲、轉口、轉運
	5. 聯興國際通運股份有限公司	貿易、倉儲、物流、貨櫃集散、轉口、轉運、承攬運送、組裝、重整、包裝、修配、港區貨棧
	6. 彩躍有限公司	貿易、轉口、技術服務
	7. 擁寶國際貿易有限公司（原福騰資訊有限公司）	貿易、轉口、技術服務
	8. 香港商標鎰汽車有限公司臺灣分公司	貿易、轉口、組裝、重整、包裝、修配、技術服務
	9. 磐亞實業有限公司	貿易、倉儲、重整、包裝、港區貨棧
	10. 東哲行股份有限公司	貿易、重整、包裝

資料來源：臺灣經貿網

（二）臺北自由貿易港區

臺北港自由貿易港區第一階段營運範圍，包括：已填築完成陸域，現有管制區後線 79 公頃之區域，其中包括第一散雜貨中心、第二散雜貨中心、第三散雜貨中心、臨時油品儲運中心及車輛物流中心，臺北港整體規劃陸域面積達 1,038 公頃，未來將配合臺北港貨櫃儲運中心及港埠建設之時程，逐一納入自由貿易港區之營運範圍。

1. 優勢條件

政府亞太營運中心、運籌中心及自由貿易港等計畫之基本構想，在於將臺灣塑造出一個高度自由化、國際化的總體經濟環境，以貨品、商務、人員、資金及資訊能快速便利的進出及流通的環境，吸引跨國企業集團及本地企業以臺灣作為經營國際市場的根據地。

政府推動航空貨物轉運中心計畫即為落實上述政策，其做法係以中正機場為核心，建立並擴充臺灣與東亞及世界其他主要城市、人員及貨物快速流通的接駁運輸網路，並藉由國際性快速物流公司投資之媒介，以建設航空城計畫結合機場週邊地區之開發，帶動關聯性產業發展及吸引高附加價值產業投入，進而提昇臺灣經濟的競爭優勢。

本計畫之土地使用及建築計畫構想即根據「多元機能的自由貿易港區及全球運籌之加值園區」此一概念而展開，

(1) 港區規劃方向

A. 國際化概念及前瞻性

在全球化投資策略已不分國界的環境下，本計畫土地及建築開發課題上當配合國際潮流，評估國際流行產業及物流公司進駐之可能，以作為臺灣對外交通之門戶地位。並應要有前瞻性的視野，預估未來所能處理及流通之航空貨運量能，為開發量體之規模及期程預作彈性調整之空間。

B. 兼具科技化及人性化

近幾年科技產業蓬勃發展，港區之建築型態亦朝向科技化，因此本計畫在建築設計上亦宜反映出科技感（金屬、玻璃、乾淨、快速、智慧型電腦化等），以創造航空城之新地標；對於在港區工作的人而言，不能僅視為生產的經濟動物而已，其工作場所及服務設施等均應考量人性化（空間尺度、質感、顏色、休憩設施等），以提供舒適且易親近之工作環境。

C. 強化人文藝術環境

處於經濟開發高峰下的臺灣，強調人文藝術環境的聲音亦逐漸抬頭。傳統園區的刻板印象為單調枯燥的建築群體，土地的利用均以充分投入生產為最高原則。新一代之自由貿易港區開始於開發時即注入人文藝術的特質，強調藝術的開放、多樣、公眾性及可親性，且融入當地人文特質與地域特色，取得生活圈內之認同感而成為日常生活之一部分。

D. 環保概念

高度經濟開發往往與環境保護背道而馳，而環保觀念應為全民共識，且與國際趨勢相通。因此於本計畫，應將開發理念及環保概念均視為重要課題。

未來進駐本港區之事業，藉由「境內關外」之特性及港區貨站直通機場管制區作業之配合，在生產物料一早運抵中正機場，立即上線加工，下午即可裝機出口的情況下，充分滿足業者之需求，提高國際競爭優勢。

配合政府推動發展桃園航空城計畫，該先期計畫包括：貨運園區（約 45 公頃）與客運園區（約 200 公頃），而本港區是國內唯一位於主要國際機場內之自由貿易港區

2. 如何成為港區事業

(1) 自由港區事業經營之業務類別

自由港區事業指經核准在自由港區內從事貿易、倉儲、物流、貨櫃（物）之集散、轉口、轉運承攬運送、報關服務、組裝、重整、包裝、修配、加工、製造、展覽或技術服務之事業。

(2) 進駐之必要條件

欲申請為自由港區事業，首先須具備之條件為訂有港埠設施租賃經營，或合作興建之契約，如為原承租人再分租者，則必須先經同意。

(3) 申請自由港區事業程序

A. 新申請進入自由港區之自由港區事業

B. 原在港區經營之事業申請為自由港區事業

3. 已進駐廠商

表 14-3　已進駐廠商

進駐業者公司名稱	申請從事自由貿易港區事業營業項目
東立物流股份有限公司	貿易、倉儲、物流、轉口、轉運、承攬運送、報關服務、組裝、重整、包裝、修配、製造、展覽、加工、港區貨棧
友亦企業股份有限公司	貿易、倉儲、物流、轉口、轉運、重整、加工、港區貨棧

資料來源：臺灣經貿網

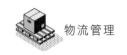

4. 目前港區招商進度

(1) 東立物流股份有限公司於 94 年 10 月通過審查，成為臺北港自由貿易港區第 1 家自由港區事業，並掛牌營運。

(2) 友亦企業股份有限公司於 97 年 9 月 15 日通過審查取得營運許可，成為臺北港自由貿易港區第 2 家自由港區事業。

(3) 目前辦理招商作業中之第 1 及第 2 散雜貨中心，未來完工營運後，亦將納入招商對象。

(4) 臺北港貨櫃儲運中心，98 年 2 月 18 日起先行完成 2 座貨櫃碼頭並投入營運，陸續至 103 年完成另 5 座貨櫃碼頭，面積共約 110 公頃，並規劃納入招商對象。

5. 未來展望

(1) 臺北港於 93 年 1 月 8 日升格為基隆國際商港之輔助港，目前營運碼頭已有 14 座，其中包含 2 座貨櫃碼頭，內港航道及迴船池也已濬深至 14 公尺，營運規模正擴大中。

(2) 臺北港第 2 期工程完成後，至民國 103 年（2014 年）前，將有碼頭 28 座（營運碼頭 19 座、港勤公務碼頭 9 座），預估屆時每年可裝卸貨櫃約 400 萬 TEU。

(3) 「臺北港自由貿易港區」申設案，於 94 年 5 月奉行政院同意籌設，9 月即取得營運許可，港區業者東立物流公司隨即通過本局審查，成為「臺北港自由港區事業單位」，並於 10 月正式掛牌，95 年 3 月正式投入營運，臺北港發展為全球物流運籌中心的目標，又向前邁進一大步。

(4) 以 BOT 方式投資興建之臺北港貨櫃儲運中心正積極興建中，已完成 2 座碼頭並正式營運，以後每年增加 1 座，全部 7 座，預定於民國 103 年（2014 年）11 月完工營運。

(5) 臺北港水域遼闊，未來發展相當富有彈性，遠期規劃持續進行，期望發展為臺灣北部地區第一大港，而與高雄港並列為我國南北兩大海運轉運中心。

（三）桃園航空自由貿易港區

政府亞太營運中心、運籌中心及自由貿易港等計畫之基本構想，在於將臺灣塑造出一個高度自由化、國際化的總體經濟環境，以貨品、商務、人

員、資金及資訊能快速便利的進出及流通的環境，吸引跨國企業集團及本地企業以臺灣作為經營國際市場的根據地。

政府推動航空貨物轉運中心計畫即為落實上述政策，其做法係以中正機場為核心，建立並擴充臺灣與東亞及世界其他主要城市、人員及貨物快速流通的接駁運輸網路，並藉由國際性快速物流公司投資之媒介，以建設航空城計畫結合機場週邊地區之開發，帶動關聯性產業發展及吸引高附加價值產業投入，進而提升臺灣經濟的競爭優勢。

本計畫之土地使用及建築計畫構想即根據「多元機能的自由貿易港區及全球運籌之加值園區」此一概念而展開。

1. 港區規劃方向

(1) 國際化概念及前瞻性

在全球化投資策略已不分國界的環境下，本計畫土地及建築開發課題上當配合國際潮流，評估國際流行產業及物流公司進駐之可能，以作為臺灣對外交通之門戶地位。並應要有前瞻性的視野，預估未來所能處理及流通之航空貨運量能，為開發量體之規模及期程預作彈性調整之空間。

(2) 兼具科技化及人性化

近幾年科技產業蓬勃發展，港區之建築型態亦朝向科技化，因此本計畫在建築設計上亦宜反映出科技感（金屬、玻璃、乾淨、快速、智慧型電腦化等），以創造航空城之新地標；對於在港區工作的人而言，不能僅視為生產的經濟動物而已，其工作場所及服務設施等均應考量人性化（空間尺度、質感、顏色、休憩設施等），以提供舒適且易親近之工作環境。

(3) 強化人文藝術環境

處於經濟開發高峰下的臺灣，強調人文藝術環境的聲音亦逐漸抬頭。傳統園區的刻板印象為單調枯燥的建築群體，土地的利用均以充分投入生產為最高原則。新一代之自由貿易港區開始於開發時即注入人文藝術的特質，強調藝術的開放、多樣、公眾性及可親性，且融入當地人文特質與地域特色，取得生活圈內之認同感而成為日常生活之一部分。

(4) 環保概念

高度經濟開發往往與環境保護背道而馳，而環保觀念應為全民共識，且與國際趨勢相通。因此於本計畫，應將開發理念及環保概念均視為重要課題

未來進駐本港區之事業，藉由「境內關外」之特性及港區貨站直通機場管制區作業之配合，在生產物料一早運抵中正機場，立即上線加工，下午即可裝機出口的情況下，充分滿足業者之需求，提高國際競爭優勢。

配合政府推動發展桃園航空城計畫，該先期計畫包括：貨運園區（約 45 公頃）與客運園區（約 200 公頃），而本港區是國內唯一位於主要國際機場內之自由貿易港區

2. 作業流程

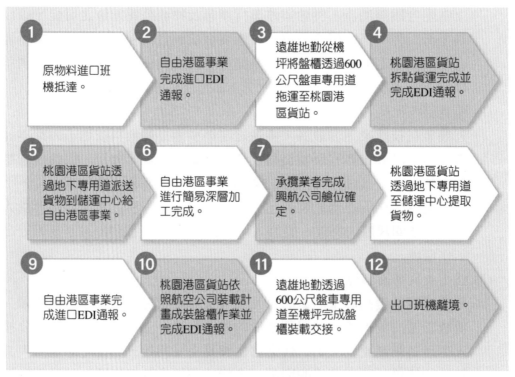

圖 14-3 作業流程

資料來源：臺灣經貿網

3. 利多比較

表 14-4　利多比較

特區名稱	桃園航空自由貿易港區	新竹科學園區
與空港距離	600 公尺	70 公里
道路運輸	無	3/4 小時　每趟
道路運輸成本	無	80/100 萬　每月
出口貨物通關	通報機制 【約 2~3 分鐘完成】	1. 傳送 EDI 2. c1,c2,c3 通關方式 3. 駐庫查驗封車 4. 貨站拆封 5. 耗時約 3~4 小時
進口貨物通關	通報機制 【約 2~3 分鐘完成】	1. 傳送 EDI 2. c1,c2,c3 通關方式 3. 貨站驗對封車 4. 園區查驗拆封 5. 耗時約 3~4 小時
出口貨物理貨完成登機	約 1.5 小時	約 5~6 小時
進口貨物理貨完成遞送	約 50 分鐘 【優拆作業】	約 5~6 小時 【一般作業】 約 3~4 小時 【優拆作業】
防洪、防震、防躁音、防火措施		

資料來源：臺灣經貿網

4. 與各國自由港區比較

表 14-5　與各國自由港區比較

國家或地區	香港	新加坡	臺灣
自由貿易港之區位	自由港	自由港	自由港
自由貿易港之數量【空港】	香港國際機場	樟宜國際機場	桃園航空自由貿易港區
依據法令	依香港法例【香港之基本法令】	自由貿易區法案	自由貿易港設置管理條例
自由貿易港區之劃設規模【空港】	僅限於超級一號貨運站，約 30.4 公頃	由上而下之作法	桃園航空自由貿易港區，約 45 公頃【由下而上之作法】
態樣／功能	轉口	主要為轉口業務	區內可從事貿易、倉儲、物流、貨櫃【物】之集散、轉口、轉運、承攬運送、報關服務、組裝、重整、包裝、修配、加工、製造、展覽或技術性服務之事業。勞動條件彈性化【外勞僱用比例 40%】。得從事外幣匯兌及外匯交易、得設控股公司從事海外投資。
主管機關	民航處	交通部	民航局
營運者	非單一窗口	非單一窗口	單一窗口【遠雄航空自由貿易港區】
稅務負擔【境外進入自由貿易區】	關稅：無 VAT：無貨物稅：除四種貨物須課貨物稅，餘皆無需課徵	關稅：暫免 GST：暫免貨物稅：暫免	自由港區內供營運之貨物：免徵關稅、貨物稅、營業稅、菸酒稅、菸品健康福利捐、推廣貿易服務費及商港服務費。自由港區內之自用機器、設備：免徵關稅、貨物稅、營業稅、推廣貿易服務費及商港服務費。
關務	24 小時通關服務	24 小時通關服務	24 小時通報機制【廠商自主管理免審、免驗、免押運】

表 14-5 與各國自由港區比較（續）

國家或地區	香港	新加坡	臺灣
人員進出	入境：落地簽入區：由民營公司核准及自行管制	入境：落地簽入區：外來人員應向警察局申請或換發自由貿易區進入通行證	入境：72 小時『落地旅行證』入境。 入區：由遠雄航空自由貿易港區（股）公司之『園區管理辦法』管制。
資訊平臺	空運：貿易通／ACCS	空運：Trade Net System	空運：e-custom System

資料來源：臺灣經貿網

5. 港區優勢

　　為了達成上述之專案願景，本港區將採用世界第一之整體資訊解決方案，而整個資訊系統建置的目標，將主要提供客戶增值服務、最佳化產能與資源、集中化的管理資訊流、增進物流管理作業管理效率、及降低管理成本。

(1) 資訊硬體建設方面，將建置港區數位網路系統，其中包含光纖網路骨幹、無線通訊系統、及港區資料中心。而資訊軟體建設方面包含各項先進的各項作業資訊系統、及整合性的資訊平臺。

(2) 未來桃園航空自由貿易港區內之網路架構，將可大幅提升資訊效能。由港區資料中心作為樞紐、布設港區光纖骨幹到園區每一棟大樓內，大樓與大樓之間加設光纖備援骨幹，可以確保港區內網路連線的高可靠度。港區資料中心將與臺北異地備援資料中心連線，所有港區內的數據資料將可以即時的進行異地備份，確保資料數據在任何狀況下，都可以正常的傳輸運作。

(3) 遠雄貨運空儲經驗

　　在民國 79 年成立的遠翔空運倉儲，82 年正式營運即開始由遠雄企業團主導經營，並以零失誤為目標，提供滿足時代需求與國際水準的空運物流環境，並建立標準作業程序的競爭基礎，獲得了國際市場的高度肯定，許多知名高科技廠商，例如：廣達、英業達、鴻海、華碩、仁寶電腦、HP、IBM、Nokia、Motorola 等均是 遠雄的忠實客戶，展望未來，遠雄將以空運倉儲的經驗為基礎，將整合物流最高效率之一

貫化落實在臺灣唯一的自由貿易港區。

(4) 高規格服務標準，積極邁向國際化

桃園航空自由貿易港區的定位與優勢條件，已不是與國內倉儲貨運業間的競爭，而是與東南亞、乃至於全球各地主要空港物流同業的競爭，尤其桃園機場在亞洲航空運輸線上占有絕對優勢，據有發展臺灣成為「全球運籌中心」的樞紐位置。

6. 港區五合一業務整合功能

(1) 航空貨運站業務

包括：航空貨物進、出口處理，與目前桃園航空自由貿易港區之經營項目相同。但因與機場管制區有專屬道路連結，故可增加處理轉口及生鮮、快遞等講求時效處理之貨物。

(2) 倉辦大樓

可提供承攬業專屬之理貨空間及辦公室，讓承攬業就近預為處理貨物。又因緊鄰貨運站，可以很方便的將處理完成之貨物直接移往貨運站進倉報關及打盤、裝櫃，即時運往機坪裝機。而承攬業更可規劃在承租之庫區內自行打盤、裝櫃；或申請為保稅倉庫，提供客戶加值型服務。

(3) 加值園區廠房

產品加值作業主要從事產品製程後段之處理作業，可分為產業深層加工與物流簡單加工兩部分。港區配合政府完成立法之「自由貿易港」機制，本園區將申設成國內唯一位於主要國際機場內之自由貿易港區。區內事業可享通關報備之便利性、高比率外勞及稅賦之優惠，降低生產成本。更重要的是，國內目前以電子、通訊及、電器等 3C 產品為大宗，主要依賴航空貨運，對於 BTO（Build-to -Order）及 JIT（Just-in-Time）貨物產銷模式之需求也最為殷切。

(4) 國內外物流中心

除了經營國國內外物流加值服務外，仍經營國內外物流發貨中心、配銷中心等業務。本物流中心是國內唯一位於國際機場範圍內之物流中心，可就近支援新竹以北包括科學園區、林口工業區、大臺北地區各高科技產業群之物流服務。

(5) 企業運籌中心

規劃有辦公室空間及商務中心、銀行、展示中心、會議中心、商務旅

館、健康休閒中心等各種支援商務活動之完備設施。企業可在此設立營運總部或國際採購總部(IPO)，無論是接待外國客戶、國際性會議、投資洽談、商品展示等均可直接由機場入境後立即在此進行，洽商完畢也可立即搭機離開，免除於高速公路上奔波之困擾。而國外企業在此設立辦公室，可就近與自由港區內生產事業聯繫、下單、打樣、督導出貨。

就自由貿易港區所賦予的特性來看，這是唯一可以在貨棧內進行流通加工的區域，也就相當於在海運的境外航運中心進行流通加工，而這正是在全球運籌作業中，最能幫助臺灣成為區域營運中心的利基，加上港區配套的運籌中心辦公區域設計，自由貿易港區將能在臺灣的科學園區、加工出口區及工業區等以製造業為主的園區中，區隔出一個以全球運籌為目的，以區域經濟發展為目標及以空運物流為手段的自由貿易園區。

透過合作夥伴關貿網路既有的通關系統，可與廣東、上海、美國、深圳、香港等地的海關直接連線，廠商不僅因為遠雄航空自由貿易港區本身的快速通關系統，更因為本專案的通關解決方案而與世界各地主要港區海關系統結合，可以減少通關時間，加速物流效率，充分掌握企業全球運籌的商務先機。

（四）臺中港自由貿易港區

1. 地理位置優越

(1) 處於臺灣中部，距離北部基隆港 110 浬、南部高雄港約 120 浬，內陸運輸成本最低。

(2) 位於東亞航線的中點，與亞太地區五個主要港口（新加坡、東京、上海、馬尼拉、香港）間的平均航行時間最短（約 53 小時），利於發展近洋航線。

(3) 與大陸沿海各港距離最近，兩岸直航後可作為大陸沿海貨物之轉運站，並有機會成為外商在亞太地區之製造、研發、組合、驗證及發貨中心。

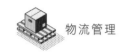

2. 聯外交通便利

(1) 聯外公路

南北向道路有台 17、台 61（西濱快速道路）、台 1、國 3 與國 1，東西向道路有國 4、台 10（特一線）、台 12（特二線）及縣 136（特三線），形成完善交通網，並可結合清泉崗國際機場，發揮海空聯運效應。

(2) 縱貫鐵路海線

連接臺灣南北，適合大量運輸。

(3) 近中部國際機場，方便海空聯運

特一號道路可快速聯接清泉崗國際機場，有利海空聯運。

3. 港埠設施完善

(1) 已完成 49 座碼頭，碼頭岸線總長 11,936 公尺，包含貨櫃 8 座、客運 1 座、穀類 2 座、煤炭 4 座、化學品及油品 8 座、水泥 3 座、散雜貨 21 座、其他液散貨 1 座及廢鐵 1 座等，未來則依業務發展需求，逐步建設為一擁有 83 座碼頭之國際商港。

(2) 完成航道浚深至-16 公尺、拓寬至 400 公尺工程，將可進泊 4,000TEU 級貨櫃船及 12.5 萬噸級海岬型散貨輪。

4. 港區土地遼闊

臺中港陸域面積達 2,820 公頃，其中約 1,519 公頃規劃成 17 個專業區，於專業區可投資興建工廠，具備發展自由貿易港區之條件。

5. 鄰近多處工業區、加工出口區

臺中港鄰近中港加工區、關連工業區、彰濱工業區、潭子加工區、中部科學園區及臺中工業區，可推動臺中港自由港區事業以「委外加工」方式委託該等專區之廠商作實質加工，以發揮自由貿易港區「前店後廠」之貨物整體加值效益，當可擴大臺中港自由貿易港區之綜效。

6. 與市區明顯分隔，便於管制

台 17 線公路使港區與市區間有明顯區隔，藉由圍牆將港區內之管制區圍成封閉區域並設置管制哨監管，港區安全管理十分完善，便於相關人員、貨物之管制。

7. 棧埠業務民營化，作業效率高

棧埠設施開放由公私事業機構經營，業者擁有高度自主之經營空間，故倉儲裝卸作業效率高。

8. 物流專業區

約 82.5 公頃土地，為吸引企業投資，臺中港務局自 96 年度起分 3 年編列 4 億 6,770 萬元辦理聯外道路網、排水、電力等公共設施新建工程，開發後可供公司用地、倉庫、加工製造廠、組裝廠、銷售中心、辦公大樓及相關附屬設施使用，未來將視自由貿易港區招商情形適時檢討納入自由貿易港區範圍。

9. 港區適合進駐之產業及申請資格

(1) 適合進駐產業

A. 自由港區事業

貿易、倉儲、物流、貨櫃（物）集散、轉口、轉運、承攬運送、報關服務、組裝、重整、包裝、修配、加工、製造、展覽、技術服務。

B. 自由港區事業以外之事業

金融、裝卸、餐飲、旅館、商業會議、交通轉運及其他經核准之事業。

(2) 申請資格

A. 合作興建、租賃經營或其約定者。

B. 經本局同意，由前項業者轉、分租者。

C. 受前二項業者委託經營之業者。

10. 已進駐廠商

表 14-6　已進駐廠商

區域	自由港區事業	經營業務	投資額（億元）
區域一	東森國際（股）公司	穀類倉儲、物流、轉口	24
	中國貨櫃（股）公司 #9~11	倉儲、貨櫃（物）集散	15
	京揚國際（股）公司	汽車貿易、倉儲、物流、轉口、轉運、承攬運送、組裝、重整、包裝、修配、加工、展覽、港區貨棧	1
	福斯倉儲（股）公司	汽車倉儲、物流	0.5
	三崴（股）公司	汽車零組件貿易、物流、轉口、轉運、組裝、重整、包裝	0.03
	關貿網路（股）公司	技術服務	0.02
	坤廣國際貿易有限公司	塑膠原料貿易、物流	0.005
	東立物流（股）公司	汽車貿易、物流、轉口、轉運、承攬運送、報關服務	0.01
	香港商亞博有限公司臺灣分公司	高級自行車貿易、物流、轉口、轉運、組裝、重整、包裝、修配、加工、展覽、技術服務	0.02
	臺灣仕康有限公司	海底電纜倉儲、物流、轉運	0.05
	航耀國際（股）公司	機器零件貿易、倉儲、物流、承攬運送、報關服務、組裝、重整、包裝、港區貨棧	0.02
	永業物流公司	汽車貿易、倉儲、物流、轉口、轉運、組裝、重整、修配、港區貨棧	0.1
	埃克森美孚公司	貿易、倉儲、轉口、轉運、重整、包裝、加工、製造、港區貨棧	1.2
	臺鹽實業公司	貿易、倉儲、物流、重整、包裝、加工、港區貨棧	0.9

表 14-6　已進駐廠商（續）

區域	自由港區事業	經營業務	投資額（億元）
區域二	建新國際（股）公司	散雜貨倉儲、物流、港區貨棧	1
	長榮國際儲運（股）公司	貨櫃倉儲、貨櫃（物）集散、港區貨棧	5
	萬海航運（股）公司	貨櫃倉儲、物流、貨櫃（物）集散、轉口、轉運、組裝、重整、包裝、港區貨棧	8
	德隆倉儲裝卸（股）公司	大宗貨物貿易、倉儲、物流、轉口、轉運、港區貨棧	0.5
	中國貨櫃（股）公司 #31	貨櫃（物）集散、港區貨棧	5
	福貿運通公司	貿易、物流	0.01
區域三	益州海岸（股）公司	燃料油貿易、倉儲、物流、轉運、製造	0.5
	臺灣燃油（股）公司	燃料油承攬運送	24.2（二艘油駁船造價）
	中華全球（股）公司	油品倉儲、轉口、加工	13
	匯僑（股）公司	油品倉儲、加工、轉運	2
	永聖貿易公司	貿易、倉儲、物流、重整、加工、港區貨棧	1.7
合計	25 家		103.77

資料來源：臺灣經貿網

（五）高雄自由貿易港

高雄港第一至第五貨櫃儲運中心總面積 397.69 公頃，其中第一貨櫃儲運中心面積 19.01 公頃、第二貨櫃儲運中心 51.23 公頃，第三、五貨櫃儲運中心面積 212.93 公頃、第四貨櫃儲運中心面積 114.52 公頃；中島商港區 30 至 39 號碼頭區，面積 17.72 公頃。

1. 特色及功能

棧埠作業民營化,作業效率高、成本低、服務品質佳。可結合境外航運中心,擴大重整、加工等附加價值作業功能。毗鄰土地遼闊,可相互合作、發揮乘數效應。各貨櫃中心距高速公路 2 公里;距小港國際機場 3 公里,交通便捷。設置自動化門禁管制系統與關貿網路公司櫃動庫系統結合,透過資訊平臺辦理電子資料傳輸作業,縮短車輛進出站時間,加速轉運作業時效,免除轉口櫃人工押運作業。

2. 適合進駐產業

從事貿易、倉儲、物流、貨櫃(物)之集散、轉口、轉運、承攬運送、報關服務、組裝、重整、包裝、修配、加工、製造、展覽或技術服務等業務之航商、業者均適合進駐。

3. 已進駐廠商

表 14-7　已進駐廠商

項次	業者名稱	經營業務
1	東森國際(股)公司	貿易、倉儲、物流、轉運、包裝
2	高群裝卸(股)公司	貿易、倉儲、物流、貨櫃(物)集散、轉口、轉運、承攬運送、報關服務、組裝、重整、包裝、港區貨棧
3	匯展國際物流(股)公司	貿易、技術服務
4	連海船舶裝卸承攬(股)公司	轉口、重整、港區貨棧
5	美商美國總統輪船(股)公司臺灣分公司	貨櫃(物)集散、轉口、轉運及承攬運送
6	萬海航運(股)公司	貨櫃(物)集散、轉口、轉運及承攬運送、倉儲、港區貨棧
7	關貿網路(股)公司	資訊技術服務
8	世捷集運(股)公司	貿易、倉儲、物流、承攬運送、組裝、重整、包裝及港區貨棧

表 14-7　已進駐廠商（續）

項次	業者名稱	經營業務
9	陽明海運（股）公司	轉口、轉運
10	臺灣東方海外（股）公司	轉口、轉運、物流、組裝、重整、包裝、港區貨棧
11	現代海鋒船務代理（股）公司	轉口
12	臺灣東方海外物流（股）公司	貿易、承攬運送
13	臺灣日郵碼頭（股）公司	轉口
14	好好國際物流（股）公司	貿易、倉儲、物流、轉口、轉運、承攬運送、組裝、重整、包裝、修配、展覽、技術服務及港區貨棧
15	韓商韓進泛太平洋股份有限公司	轉口
16	高宏通運裝卸（股）公司	貿易、倉儲、物流、轉口、轉運、港區貨棧
17	太平洋船舶貨物裝卸（股）公司	貿易、倉儲、物流、轉口、轉運、組裝、重整、包裝、修配、技術服務及港區貨棧
18	福懋國際物流（股）公司	貿易、倉儲、物流、轉口、轉運、組裝、重整、包裝及港區貨棧
19	東方物流（股）公司	貿易、倉儲、物流、轉口、轉運、承攬運送，組裝、重整、包裝及港區貨棧
20	東立物流（股）公司	貿易、物流、轉口、轉運、承攬運送、組裝、重整、包裝、修配、展覽、報關服務
21	拓亞物流（股）公司	貿易、倉儲、物流、轉口、轉運、技術服務
22	和泰興業（股）公司	貿易、倉儲、物流、轉口、轉運、展覽、技術服務及港區貨棧
23	合謙實業（股）公司	貿易、物流、轉口、轉運
24	睿福（股）公司	貿易、轉口、轉運、組裝、包裝
25	超雄（股）公司	貿易、倉儲、物流及港區貨棧

資料來源：臺灣經貿網

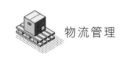

第二節　兩岸物流

一、沿革

在 1987 年前，兩岸關係與文攻武嚇、互不往來的狀況。中國大陸在 80 年代對台政策相較過去是轉而積極與軟化，因此，由北京推動兩岸整合的角色，是採主動態度。在 1987 年以前，雙方無對話又無互動，只是各自在立場上各說各話，這種狀況直到 19878 年鄧小平掌政後，主導社會主義現代化的改革開放 路線，日後，中國通過加大對外貿易，加快現代化步伐，中國從日本和西方國購買了大量的機器，先發展民生工業，再走向出口導向。鄧小平在 1979 年提出經濟特區，吸引外商投資，透過吸收國外的資本、技術與管理，中國加快了自口的經濟發展速度，臺灣亦在 1987 年通過「赴大陸探親辦法」，臺灣正式開放兀眾赴大陸探視，使得兩岸交流具有合法性。次年，中國國民黨通過「現階投大陸政策案」，主張將大陸同胞與中共政權分別看待，以民間為主軸展開兩岸交流。在開放不陸探親辦法討論時，對臺灣而言，在政治上的解嚴和民主化發展與競爭和利益團體的角力拉扯下，使得各種兩岸論述開始群起爭辯，基於人道和務實的考量，更讓中國國民黨政府在 1987 年開放大陸探親，並逐步規劃與中國進一步的接解。在此氛圍下，兩岸關係朝向日益複雜化且具有多元面向又展。兩岸交流體系的建立實源於開放交流的必然性，由於剛開放民眾赴大陸探親時尚未宣告終止動員勘亂時期，不僅兩岸官方不能接觸，也無法成立專責兀間機構處理上述交流事務。直到 1991 年，政府廢止「動員勘亂臨時條款」後二個月，才由內政部警政署入出境管理局接辦兩岸的人員流動事務。

對大陸而言，隨著鄧小平時期「一國兩制、和平統一」的基調確立後，加上改革開放後經濟迅速成長，對臺灣的政策從以往的武力兼併與消減，轉變為接觸與統戰策略，兩岸議題也隨之變化更為多元且複雜。首先，多元議題之間彼此緊密影響，社會、經貿、文化的接觸力量更使得政治力不得不讓步，正面效流實際利益的吸引力往往成為民間對政府的壓力來源。再者，兩岸關係目前雖然政治上非有正式對話展開，但由於政黨競爭，使得在野黨與民間企業及對岸積極交涉情況已非政府政策可以完全控制自如。又，兩岸關係的敏感與變化迅速，行為者不只是兩岸。美國在亞太戰略安全部署上，兩岸關係仍舊是重要的變數因子，美國與日本對於兩岸關係的涉入，也都影響

兩岸政治關係維持與發展的平衡。1991 年以前，兩岸開展了初階段的政治關係，1991 年以前的臺灣，大體而言，對於兩岸關係的立場採取守勢居多。此外，就此情況，學者徐淑敏(2017)提出了不同的看法，她提出在兩岸互動關係中，敏感性和脆弱性相對於中國，臺灣在經貿方面可能較具依賴性，但在其他方面可能不具脆弱性。所以，實際上並非是缺乏主動與有效反應的能力，甚至反居優勢。

在兩岸逐涉開放交流後，兩岸也都為彼此的關係做定位，並擬定策略。中國對臺灣的策略，大致可分為五種途徑，其一為民族主義的訴求，目的要尋求民族情感的強化，其二是歷史使命的訴求，對中國的領導人，若能在任內完成祖國統一，必將名留青史。其三為親情、友情的訴求，主要起因於兩岸政治菁英之間的血緣關係。再者，中國的統一戰線政策，無論是化黨派、國籍、階級，國都會對之進行統戰，加以整合。最後，後鄧時期改革開放政策主要目的，在於藉由臺灣的經濟力進入中，催化中國的變革和經濟發展。臺灣方面則為凝聚臺灣內部共識，由當時的李登輝政府決議台海兩岸的定位是分別擁有統治權的政治實體，在兩岸間的交流則在於「功能性的交流從寬、政治性談判從器」方態度，從而成立專責機構來處理兩岸關係，故，政府迅速將中國政策指導原則，支置出決策和執行體系。針對當時臺灣的作法，中國也立刻給予回應，提出有關和平統一的三點建議，認為兩岸關係發生大變化，整個形式發展朝向有 和平統一的方向，故，除了在政策和口頭上的積極回應，也希望能配合臺灣的腳步，發展加速兩岸整合工程的速度，也建構兩岸接觸的制度化措施，除了原先「中共中央對台領導小組「和國務院內的「臺灣事務辦公室」外，也盛立了海基檢的對口單位「海峽兩岸關係協會」，目的即在於促進 岸直接二通、雙向交流、一國兩制、和平統一的方針。臺灣方面也在 1990 年李登輝總統宣示兩岸全面交流開放，次年成立行政院大陸委員會與國家統一委員會，主張在理性、和平、對等、互惠原則下，分三階段逐步完成中國統一。同時，財團法人海峽交流基金會成立，後來與中國成立海峽兩岸關係協會成為兩岸民間的對口單位。在 1991 年 4 月，臺灣海基會秘書長陳長文率團訪問北京時，兩岸在中國進行正式公開的面對面意見交換，中國國臺辦副主任唐樹備亦提出五項原則。

總體而言，兩岸經濟關係自 1949 年後歷經軍事衝突、冷戰對峙迄 1987 年後的開放民間交流，經貿關係主要改變乃起因於鄧小平上臺所採取的改革開放經濟政策，兩岸逐漸展開商品的貿易活動，民間有了小額的貿易往來，

但此種往來主要是透過第三地進行，其間亦有部分臺商開始前往中國投資，不過，此時的經貿活動並無交流規範，數量也微不足道。近年來，兩岸的交流與合作關係越加密切，則是基於兩岸人民對於利益和期望的追求，經濟全球化和區域經濟整合所出現的各種機遇與挑戰，兩岸在經濟關係持續發展的基礎上，可以看出更加緊密給合，全面性的深化和擴大經濟交流與合作，正面來說就是互補雙方的優勢和劣勢，推動兩岸關係朝和平穩定的方向發展。

1989 年開放大陸地品物品間接輸入臺灣地區，對於准許輸入項目可以名正言順標明在中國製造，1990 年開放臺灣地區廠商對中國間接輸出貨品，出口報單可以直接將中國列為目的地，也開放臺灣廠商赴中國考察及參展，1992 年後更具體放寬參展範圍和資格，兩岸交往成為兩岸在非政治領載互動的主要動能。

兩岸經貿交流則是在間接往來的架構下逐步展開，包括：發展貿易、投資、郵電、通匯、金融保險等經貿關係，雙方經貿人口以至於官員之互訪也日趨頻繁。1997 年「境外航運中心」展開運作，為兩岸般運關係改善跨出關鍵性的一步。

二、主導兩岸物流的權威當局體系

（一）臺灣當局

在物流業發展串聯了金流、資訊流，並因應全球化提升為全球運籌發展，兩岸在本世紀都不約而同將發展物流服務當作國家重要政策之一。在臺灣，行政院提出「全球運籌發展計畫」，目的在於協助企業邁向全球運籌管理，使臺灣為國際供應鏈的重要環結，並運用臺灣製造優勢，發展高附加價值轉運服務。但，我國對於物流產業沒有有一個權責相符的統合機構，目前主要是依業別不同，由經濟部、交通部、財政部、陸委會分別主管。交通部主要負責「海運承攬運送業」、「般空貨運承攬運送業」、「航空貨物集散問」、「貨櫃集散站」、「運輸業」及「自由貿易港區」；財政部主要負責「報關業」、「保稅倉庫」及「物流中心」，另外，「ECFA」、「限制進口」、「進口配額」及部分「倉儲業」則由經濟部主掌；陸委會主管「臺商輔導」、「臺商服務」、「大陸投資業務」、「涉外經貿」、「總體經貿」、「小三通」，跨部會聯繫機制有「行政院服務業推動小組」，提供跨部會議題聯繫的整合平臺。

1. 經濟部

　　經濟部主要在物流業務上，目前以國際貿易局所推動貿易便捷化、網路化相關計畫及整合簽審和通關資訊作業，以電子訊息來取代本，以網路取代實體，進行無障礙簽審通關 e 化業務。從民國 94 挿月推動上線以來，已完成推動 16 個簽審機關上線，電子化使用比率自 3.2%提升為 92%，並達到簡化輸入規定、短貿易流程、提升全面電子化作業及加速通關。目前配合行政院推動「優質經貿網路計畫」關港貿單一窗口建置，接續推動貿易簽審服務機制，可望減少簽審檢附文件數量，同時縮短文件準備時間，以降低進出口貿易成本，達成 易更加便捷目標。

　　世界關務組織(WCO)於 2005 年月提出「全球貿易安全與便捷標準架構(WCO SAFE, Framework of Standards go Secure and Facilitate Global Trade)」，提供會員國實施供應鏈安全的最低基準與作法，以保全球供應鏈安全與貿易便捷。落實的作法是推動並建立全球共同供應鏈安全標準機制-「優質企業認證(ACE Program)，藉由經過認證的所有參與國際貿易、物流與供應鏈的相關業者，彼此以伴關係協同合作，獲致貨物國際運送，以及跨國貿易通關便捷化的效益。

　　因應全球供應鏈安全的趨勢，行政院經建會於 2006 年開始推動「建構優質質經貿網路(TUTE, Taiwan Ubiquitous Trade Environment)計畫，包含「進出口管理單一窗口」、「貿易便捷與安全」與「港埠資訊與安全行動」等三項個別計畫，分別由財政部、經濟部與交通部負責推動，各相關部會配合規劃並積極辦理，以整合關務、貿易簽審與港務資訊作業，以及維護國際貿易安全與便捷為目標。同時，財政部關稅總局也建立我國「優質企業安全認證標準（AEO）」，配合航承公會協助輔導業者通過 AEO 國際供應鏈安全認證。

2. 交通部

　　交通部主管全國交通行政及交通事業涵蓋運輸、觀光、氣象、通信四大領域，負責交通政策、法令規章的釐定和業務執行的督導。運輸事業分為陸、海、空運輸。在物流業務上，交通部主要負責的業務有空運和海運，海運包括：水運及港埠。水運的船舶運送業全屬於民營，港埠由交通部各港務局經營；空運包括：航空公司和航空站。航空公司屬民營，航空站及飛航服務由交通部民用航空局經營，負責我國民用航空事業的發展規劃、建設及監理工作。

3. 陸委會

行政院大陸委員會主要掌管我國對中國事務，在物流業務上，主要單位有經濟處，主要業務有臺商輔導、服務及大陸投資業務、涉外經貿、兩岸貿易、觀光業務、總體經貿、財判及綜合業務、小三通、農漁業、環保、商務及經貿人士業務及航運、郵電及國營事業之兩岸交流業務。

4. 財政部

財政部主掌全國財政，並對各地方最高行政長官指導、監督、執行財政業務，對於物流業務上，財政部主要有關稅總局掌理徵免關稅的核辦、核轉，關稅稅則的研修建議、私運貨物進出口的查緝、進口貨物價格的調查、審核、進出口貨物的化驗、鑑定，外銷品的進口原料保稅、退稅之核辦及關稅資料的建立。另則，各地區關稅局在物流業務上，有進口關稅之徵調與貨物稅、商港建設費及其他稅捐之代徵出口貨物通關、私運貨物進出口之查緝及處理、運輸工具通關管理及又關行設置管理、進出口貨棧及貨櫃集散站之監管及保稅工廠及貨物進出特定地區通關事項。

（二）大陸當局

在中國方面，提出了「物流業調整和振興規劃」，目標在 2011 年培育完成大型物流企業集團，建立技術先進、節能環保、便捷高效、安全永續的現代物流服務體系。在管理上，由國家發展改革委員會成立「全國現代物流工作部際聯會議」及辦公室，聯席會議召集人由國家發展改革委員會副主任擔任，並下設辦公室，由經濟運行局擔任幕僚。國家發展改革委員會會同交通運輸部、 道部、工業和資訊化部、商務部、財政部等 32 部門和 4 協會，制定「落實物流業調整和振興規劃部門分工方案」，明確釐定各工作之主協辦機關。分工方案明落實「物流業調整和振興規劃」各項工作的相關部門，要求各部門提出分年工作任務、目標、具體措施及預計成效，由發改委定期彙整後，報國務院備案。

1. 商務部

中國商務部，主掌擬定國內外貿易和國際經濟合作的發展策略，起草國內外貿易、外商投資、對外援助、對外投資和對外經濟合作的法規草案及制定部門規章，下出經貿法規、國際經貿條約、協定之間的衝接意見、研究經濟全球化、區載經濟合作、現代流通方式的發展趨勢和流通體制改革並提出

建議。另則，中國商又部也負責推進流通產業結構、指導流通企業改革、商貿服務和社區商業發展，提出促進商貿中小企業發展政策、推動流通標準化和連鎖經營、商業特許經營、物流配送、電子商務等現代流通的發展。又，中國商務部亦負責擬訂並執行對外技術貿易、出口管制，以及鼓勵技術和設備進出口貿易政策，推動進出口貿易標準化，以及依法監督技術引進、設備進口、國家限制出口技術及國家安全相關的進出口許可證件，內地與香港、澳門特別行政區商貿聯繳機制，組織實施對臺通商工作，處理多邊、經貿領載的涉臺問題。

2. 交通運輸部

在物流業務上，主掌擬定公路、小路交通行業的發展規劃、中長期計畫並監督實施，負責交通行業統計和信息引導，對國家重點物資運輸和賢急客貨運輸進行調管，組織實施國家重點公路、水路交通工程建設，組織小運基礎建設、維護、規費稽徵，負責水上交通安全監督、船舶及海上設施檢驗和防止船舶汙染、航海保障、救助打撈、通信導航工作，實施船舶代理、外輪理貨、航道疏浚、港口及港航設施建設使用岸線布局等行業管理，制定交通行業科技政策、技術標準和規範，組織重大科技開發、推動行業技術進步，指導交通行業高等教育和成人教育及職業技術教育。

3. 財政部

在物流相關業務上，負責組織起草稅收法律、行政法規草案及實施細則和稅收政策調整方案、加涉外稅收談判、簽訂涉外稅收協定、協定草案、制定國際稅收協議和協定範本、研究提出關稅和進口稅收政策、擬定關稅談判方案、參加有關關稅談判、研究並提出出徵收持別關稅的建議，承擔國務院關稅稅則委員會 具體工作，擬定和執行政付國內債務管理制度和政策、編制國債餘額限額計畫，依法制定地方政府性債務管理制庭和辦法、防範財政大險，負責統一管理政府外債、制定基本管理制度、代表政府參加國際財經組織，開展財稅領域的國際交流與合作。

4. 海關總署

海關是國家進出境督管理機關，實行垂直領導體制，基本任務是出入境監管、關稅、打擊走私、統計關稅資料，對外承擔稅收徵管、通關監管、保稅監管、進出口統計、海關稽查、智慧財產權海關保護、打擊走利、口岸管理，海關總署是中國國務院下的正部級直屬機構，統一管理全國海關，其下

有 17 個內部部門、6 個直屬事業單位,管理海關學會、報關協會、中岸協會、保稅區出口加工區協會 4 個社會團體,並在歐盟、俄羅斯、美國等地派駐海關機構,中央紀委、監察 在海關總署派駐紀檢組、監察局。

物流個案

■ 新通路時代的必備利器

Chapter 15

物流中心之規劃及營運

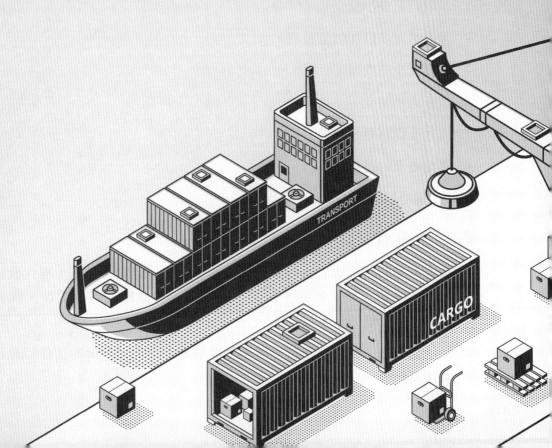

第一節　物流中心之規劃

一、倉儲的定義與功能

倉儲(Warehouse)乃指執行倉儲作業與管理之場所或據點，其主要功能除了儲存與保管貨品之外，還包括訂單處理、進貨、儲存、揀貨、流通加工、出貨、補貨、配送、及銷售資訊提供等活動。

（一）倉儲具有下列功能

1. 提供產品存放場所，降低運輸成本。

2. 降低生產與採購價格。

3. 提升生產之附加價值。

4. 建立調節性庫存、掌握及時商機。

（二）倉儲管理的難處

1. 須執行更多小量交易。

2. 須提供更多附加價值服務。

3. 面臨更少時間處理訂單。

4. 技術人員減少。

5. 處理及儲存更多的品項。

6. 接受更多的退貨。

7. 容許錯誤發生的空間縮小。

（三）傳統倉儲與現代倉儲的不同

1. 傳統倉儲的主要機能在於進貨、搬運、儲存、盤點、配送；現代倉儲的主要機能在於進貨、搬運、儲存、流通加工、盤點、訂單處理、揀貨、補貨、出貨、配送。

2. 傳統倉儲的工作特性在於常被視為是附屬的；現代倉儲的工作特性在於具有生產性。

3. 傳統倉儲的服務觀念在於忽略時效性；現代倉儲的服務觀念在於時效掌握與顧客優先。

4. 傳統倉儲的倉庫定位在於儲存、保管；現代倉儲的倉庫定位在於物流功能、行銷與展示、流通加工。

5. 傳統倉儲的資訊設備在於無或只是附屬在企業資訊系統(ERP)下；現代倉儲的資訊設備在於獨立的資訊作業系統且具網路連結功能。

二、物流中心倉儲作業規劃

（一）訂單處理

物流中心訂單處理的主要目的在於處理物流中心從接獲客戶訂單到完成訂單需求間，有關客戶訂單的確認、查核、分析、維護，依據訂單的需求進行相關物流作業指派，適時、適地、適量、準備的送達到指定的收貨人或場所，同時，提供必要的貨物動態即時資訊，以完成客戶對物流所交付的任務與使命。其流程包含：

1. 確認訂單資訊

客戶透過不同的傳輸工具，包含：電話、傳真、電子郵件、訂購系統、公司網頁發出訂單。

2. 訂單資料處理

物流中心或 OP 作業人員接到訂單之後會立即確認訂單出貨優先順序，並排定，求品項及數量確認、存貨查詢、訂單價格確認、倉儲作業需求、通關作業需求、運輸作業需求、其他特殊作業需求及付款條件等。

3. 作業指派

依據客戶的訂單，客服或 OP 人員在收到客戶的訂單後，立即進行通關、倉儲與運輸作業的指派。

4. 會計與帳務處理

物流中心較少以隨貨取款作為結帳方式，一般常以一定時回做結帳。

（二）進貨作業

進貨作業是物流中心初步的處理作業，當貨物抵達時立即進行卸貨、檢查貨物資料、廠商來源，同時檢查是否符合客戶需求。檢查貨是否受損、數量是否正確，待檢驗完成後，將貨物移入物流中心。進貨作業流程包含：

1. 進貨通知

客戶透過不同的傳輸工具，包含：電話、傳真、電子郵件、訂購系統、公司網頁發出進貨通知到物流中心。

2. 進貨分析與規劃

貨物進儲物流中心前，須正確掌握到貨時間、貨物品項及數量，事先規劃進貨時程及卸貨的地點，同時，必須注意卸貨區不得與其他作業區衝突。

3. 卸貨

貨物由車輛以人工或搬運設備移至作業區時，需特別注意車輛與卸貨區的度及商品的類別與屬性，以免造成貨物傾倒或掉落而造成損害。

4. 貨物清點與驗收

車輛抵達卸貨區後，倉儲人員開始進行卸貨作業，此時，必須與司機清點貨物數量是否正確，並檢查貨物資料、廠商名稱、貨物是否受損等作。如果一切正常，必須請司機將車輛駛離卸貨區，以避免影響進出貨作業。

5. 貨物異常處理

倘若過程中發現貨物有瑕疵或誤送貨物，必須立即拍照或錄影存證，以釐清問題出現的原因及責任，並作業後續請求理賠的依據，同時，必須通知客戶貨物目前的處理狀況，以決定後續處理模式，是以退貨、移至暫存區或待保險公司鑑定責任。

6. 移運至指定儲位

依據進貨資訊內容或進貨明細表的品項，將貨物由碼頭或暫存區移運至指定儲放區暫存，等候進一步的指示與通知。

7. 庫存資料更新

進貨完成後，倉儲人員必須向主管回報正確的進貨數量，同時查看倉儲系統中的庫存數量是否有更新，以提供給客戶做查詢。若屬於保稅貨物，應登錄於海關的物流中心自主管理查核系統，以提供海關人員進行遠端查詢。

（三）進儲作業

物流中心的進儲作業，主要工作為保存貨物並維持其完整性，通常必須考慮到貨物的特性與差異，例如：體積、重量、適合存放的溫度空間、氣味、形狀、大小、材質、棧板尺寸、料架空間、適合搬運的設備，以及是否屬於危險物品等因素，同時須考量入庫與揀貨的效率，進行必要的儲位管理。進儲作業程序包含：

1. 儲存分析

貨物入庫前，倉管人員應先從訂單資亡中，評估貨物相關的物理及化學特性，選擇適合的儲位做存放。

2. 物料空間需求估算

倉儲區載的佈置，應先求出存貨所需占用的空間大小，並考慮貨物尺寸、數量、堆疊方式、料架尺寸、儲與、通道空間等因素。

3. 入庫上架

倉管人員確認貨物儲及評估使用何種揀貨或搬運系統後，必須立即將貨物移運至指定的儲位上，上加擺放至正確位置或料架上，料號或修碼需面向走道，貨物入庫上架後必須立即將進儲報單號碼或進儲編號及類別、項次、料號、貨名、規格型號、數量、單位、日期、儲位及短溢等相關資料登入至海關的電腦帳冊上，以提供海關人員針對存放於物流中心的貨物行使稽核與控管。

4. 儲位管理

儲位管理的工作重點在於儲位規劃 即對倉庫的儲位做。善的規劃利用與管理，其目的在於提高倉庫的經濟性及運作效率。不同性質的貨品應使用不同的存貨設備，因此，在儲位上也應加以區分，良好的儲存方式可以減少出庫移動時間並能充分利用儲存空間。儲位儲放方式可分：

(1) 定儲儲放

每一項儲存貨品都有固定儲位，貨品不能互換儲位。

(2) 隨機儲放

每一項貨品都會經由隨機過程產品被指派儲存的位置。

(3) 分區隨機儲放

所有儲存貨品皆按照一定特性加以分類，每一群組貨品都有其固定存放位置，但在各群組儲區內，每個儲位的指派都是隨機指派所產生。

(4) 大宗物品隨機儲放

所儲存的物品是依當季、當月的促銷品或當季品而定，每個儲位的指派都是隨機指派所產生。

5. 庫存資料更新與查詢

入庫作業完成後，倉管人員必須向主管回報正確的進貨數量，同時查看資訊系統的庫存數量是否有自動更新或以手動更新，客戶酋透過 EDI 電子資料交換、線上查詢等方式，向倉管人員確認庫存資料。

三、倉儲作業設備評估

（一）揀貨作業

揀貨作業係將客戶的訂購品，依揀貨單的內容貨品品項，從倉儲的料架或儲位中取出，以進行出貨業作業。揀貨作業的目的在於正確且迅速的集合客戶所訂購的貨品，揀貨作業為物流中心內部作業花費人力最多且成本最高的作業項目，揀貨區的規劃、貨品存放的位置與揀貨方式，皆是影響揀貨作業效率的關鍵。揀貨的流程包括：

1. 確認揀貨資訊

客戶透過不同的傳輸工具，包含：電話、傳真、電子郵件、訂購系統、公司網頁連線下單，發出揀貨通知到物流中心。

2. 確認揀貨方式

在確認揀貨資訊後，接著必須確認揀貨方式，揀貨方式可分：

(1) 低料架層揀取

揀貨員從地面或第一層貨架取貨，通常適用於週轉率高、高出貨量，以及每張訂單平均揀取品項較多的情況。

(2) 高料架層揀取

揀貨員利用不同的設備在倉庫內較高的位置揀貨，高層揀貨通常適用於品項種類多、安全庫存少的倉庫，有利於倉庫空間的利用，同時能有效進行揀貨。

(3) 訂單別揀取

揀貨員獨立負責每張訂單的撿貨工作，揀取每一張訂單的貨物，直接將撿取貨物送進放置的運輸車或撿貨台車中，以節省分揀和包裝成本。

(4) 定點揀取

揀貨員保持位置不變，貨物被輸送至固定位置，由揀貨員選取貨物，其適用於品項數少、同時揀取多張訂單的情形。定點揀取不適用於一次只揀取一張訂單的情況，揀貨行走路徑加長、揀取效率會降低。

(5) 批次揀取

先合併訂單，依儲位行列揀貨，再依客戶訂單別做分類處理，批次別揀取通常與定點氣取同時使用，適合貨量大、出貨頻繁的貨物。

(6) 分區揀取

揀貨分為多個區載進行，每一區有其固定揀貨人員，分區越多、揀貨作業就越困難，分別揀取通常適用於固定吊車系統，這是由於設施的固定造成的必然選擇。

3. 揀貨人力資源評估

倉儲作業領班會依據揀貨單及倉儲人員來指派人力，並呈報倉儲主管核可後執行揀貨，若人力不足時，領班會協調倉儲主管決定是否以調撥人力、雇用臨時工或加班方式取得揀貨作業的人力資源。

4. 確認儲位與揀貨搬運設備

倉管人員必須依據貨物保稅與否，來確認貨物的儲位及評估使用何種揀貨方式及搬運設備，以提升揀貨作業的效率。

5. 評估是否進行流通加工

揀貨資訊註明需要流通加工的貨物，將貨物移運至流通加工作業區，可提升產品的附加價值，待完成流通加工作業後，再移運至指定的儲放暫存區存放。

6. 移至指定儲位暫存區

將揀貨資訊內容的貨品品項由揀貨區、儲存區或流通加工作業區揀出，移運至指定的儲放區域暫存，等候進一步的指示與通知。

7. 貨物集併與分類

根據撿貨資訊的指示，若是以批量別揀貨，則須依訂單內容進行貨物分類，又以訂單別揀貨有時須進行貨物集拼。

8. 庫存資料更新

揀貨完成後，作業領班須向倉儲主管回報正確的揀貨數量，同時更新倉儲資訊管理系統的正確庫存量。

（二）流通加工

流通加工係指將儲存放物流中心的物品做局部的加工，再出庫，其可分：

1. 流通加工作業資訊確認

依據不同客戶需求，考量各種不同流通加工的作業方式、時間、設備、流程，擬定完善的作業計畫。

2. 移運至流通加工作業區

將準備進行流通加工的貨品由碼頭、暫存區或儲位，移至指定的流通加工作業區，等候出貨或進一步的指示與通知。

3. 流通加工作業

流通加工作業可分下列幾項不同的作業：

(1) 貼標籤或條碼作業

黏貼航空貨運出口標籤、料號、麥頭、條碼、說明等，提供倉管人員旅撿貨、入庫、上架、出貨、裝卸及通關等作業之用。

(2) 化學品或危險物品包裝

針對固態或液態化學品，以筒裝或棧板、鋼瓶進行包裝，以保護入儲之安全性。

(3) 膠膜或熱收縮膜包裝

針對特殊商品或材料做膠膜或熱收縮膜包裝。

(4) 小包裝分裝

針對大包裝的貨品，進行小包裝分裝。

(5) 組合性包裝

針對不同的配件或產品進行組合性的配對包裝。

(6) 低溫包裝

針對應以低溫做保存的商品，依形狀、特性、選擇不同的包裝材料做包裝，常見為海產、蔬菜、水果、冰品、半導體零件、生技產品原料。

(7) 品質數量檢查

於入庫及出庫時，對貨物的品質或數量進行檢查。

4. 庫存資訊更新

流通加工作業過程中，貨物若有損壞、損毀或不良品，必須立即通知客戶有關貨物的處理，決定後續處理模式，待作業完成後，須回報正確的加工數量，屬於保稅貨物的流通加工作業所造成的損壞必須呈報海關，以待海關裁定處理方式。

5. 倉儲資訊系統更新

更新倉儲資訊系統，以建立正確的流通加工貨物數量，並提供客戶進行庫存查詢；同時，屬於保稅貨品的流通加工作業，必須將正確的流通加工貨物數量，登錄於每關的物流中心自主管理查核系統，以提供海關人員進行查核。

（三）出庫作業

出庫作業，係指將貨物行出貨之舉，其程序分別為：

1. 出貨檢驗

依據客戶的貨物數量、品項、品質做檢驗、通關，確認是否與訂單內容或通關文件相符。

2. 出貨包裝

不同於流通加工作業的包裝，出貨包裝強調對貨物的保護性及便於搬運，適合的包裝材料，避免於運送途中損壞，以提升進車的裝載率。

3. 搬運至作業區或暫存區

貨物包裝完成後，選擇適當的搬運工具，考量操作人員調度、貨物類型、運送路線、廠商別、目的地等因素，將貨物移送至指定的作業區或暫存區，以等待裝車。

4. 裝車及配送

　　倉儲人員將作業區或暫存區的貨物，依序搬運至車廂內，司機同時在旁協助，物流中心自主管理專責人員須針對保稅貨物的運送車輛，以海關指定的封條封箱，同時開立物流中心車輛放行單及貨物運送，交付給司機做配送至指定的交貨地。

5. 庫存資料更新

　　出庫完成後，須向主管回報正確的出貨數量，同時更新倉儲資訊管理系統，以提供客戶及海關查詢。

四、倉儲設施評估與稽核項目

（一）倉儲設施評估項目

1. 保全

　　小型倉庫經常忽略倉庫安全管理，部分倉庫也因為落實程度不足，無防範措施及意識，因而造成竊盜損失。

　　在評估項目上有：24 小時保安、人員進出管制、車輛進出管制、定時定點巡查、紀錄並是供日誌查核。

2. 病蟲害防治計畫

　　一般食品及大定原料倉庫，必須嚴格控管病蟲害汙染源，以隔絕汙染途徑，驅離汙染源，做為主要手段，不能僅以噴灑化學藥齊作為防疫，以避免造成病蟲害及化學雙重汙染。

　　在評估項目上有：制定病蟲害防治程序書、病蟲害防制計畫制定、防鼠裝置布署、電子式防蟲設備布署、專人負責病蟲害防治計畫實施，並訂定進行防治評估、化學藥物使用標示、毒化物使用管制。

3. 環境衛生及廢棄物處理

　　廢棄物分類，將可回收廢棄物及事業性廢棄物分類管理，進行分類回收與有害廢棄物控管。做好環境衛生，即時的清運非事業性廢棄物，避免環境汙染及病蟲害感染。

在評估項目上有：定時環境清潔、制定倉庫衛生守則、垃圾桶加蓋避免汙染、實施廢棄物分類管制、可回收廢棄物能回收達到垃圾減量、當日垃圾清運。

（二）倉儲設施稽核項目

1. 倉庫地板

地板荷重是最基本的要求項目，地板荷重應依倉庫儲存方式而有不同的荷重要求，一般平倉在每平方公尺 2 公噸，料架倉在每平方公尺 3~5 噸，自動倉在 6~8 噸以上。另外，平整度不佳的地面會影響搬運行進，也容易造成貨物及設備損壞，裂縫過多的地板則容易囤積散落物、積場，對食品行業影響甚巨。地板起塵更是倉庫裡的通病，若地表未經處理，揚起塵沙則容易造成存貨物髒汙。

在檢核項目上有：地板平整、地板裂縫、地板起塵、地板荷重驗證、地表處理。

2. 消防設施

消防設施在倉庫內是相當重要的一環，但在早期建造的倉庫多半都無符合 防法規的要求，隨著設備的完整性及數量的普及，倉庫的消防安全性亦會提升，但消房安全隱患多半來自人為的忽略。

在檢核項目上有：滅火器、水龍帶、偵煙器、火災受信警報器、噴淋設 、排煙設施、逃生指示燈、逃生安全門、火災逃生應變計畫、定期安檢與計畫演練。

3. 照明設備

倉庫照明設施應依儲存區與作業區而有所區別，一般工作區必須達到 20 燭光的亮度，儲存區在非作業時間應該將照明關閉，對於食品的存放更應注意燈泡爆裂是否會散落在貨物上。

在檢核項目上有：安全出口告示燈、作業區域達到 20 燭光、是否篤防爆燈、是否加裝燈罩、是否能分區開關。

4. 屋頂

　　鋼構鐵皮倉庫屋頂容易受天氣熱脹冷縮影響而產生漏水，與牆面的接是也相當重要。

　　在檢核項目上有：是否漏水、陽光是否照射到存貨區、荷重量為多少、排水設備是否正常、與牆面是否緊密接合。

5. 配套措施

　　依工作人員數量設計相關配套設施數量及空間，一般辦公空間每人需 15 每平方公尺，廢棄物處理應依一般性廢棄物及事業性廢棄物分開規劃，如有有毒性廢棄物更須依國家法規嚴格紀錄與管制，原則上，廢棄物應集中堆放定期處理，可回收性廢棄物應採分類回收管理。

　　在檢核項目上有：是否有獨立辦公室、是否有足夠的廁所、是否有員工休息區、是否有廢棄物暫存區、廢棄物是否有隔離設施。

6. 電器設施

　　倉庫內的常態性供電需求，如照明、電腦終端、服務器機房、空調設備、電動搬運設備的充電設施及自動存取設備，在考量未來的擴充性後，訂出所需電功率的大小，並依作業急迫性需求訂出緊急電源供應方案。

　　在檢核項目上有：電源供應數是否充足、區域電源插座分布是否充足、是否有超載保護設施、是否遠離水源、插座是否能避開碰損。

7. 碼頭月台

　　碼頭月台的一般寬度約在 320 公分左右，高度在 90~110 公分之間，可依車型大小以升降平台做調整，另外，碼頭的數量需考量進出貨數量及作業效率，工計算後決定。

　　在檢核項目上有：是否有碼頭月台、月台是否有雨棚、月台高度是符合法規、是否有升降平台、是否有防撞設施。

8. 倉門

　　倉門除了需考量進貨出貨作業效率外，須通盤考慮安全性，諸如：防盜設施、防病蟲害、地區性氣侯等加強防風及防雨設計，避免風動現象及暴雨造成損失。

在檢核項目上有：貨物進出量是否足夠、與地面是否緊密、與牆面是否緊密、門鎖是否有效、抗風係數是否足夠、防盜設備是否足夠。

9. 排水設施

倉庫排備攸關倉庫的儲存條件，例如：排水不佳容易積水造成溼度過高，嚴重時可發現倉庫四周牆面發黴、滲水處長青苔，暴雨季節更會發生積水倒灌現象造成損失。

在檢核項目上有：是否有排水溝、地面是否會積水、排水溝是否連接排水溝、排小效率是否達到預定目標。

10. 攝影監控設備

攝影監控系統多作為倉庫內防盜設備，可依存貨價值及體積特性，設計規劃監控的範圍及密度。現有的設備多半滿足其需求，例如：夜視功能、高解析、定時等，但攝影監控系統僅能作為輔助工具，貨物安全管理仍要回歸到正常的範疇。

在檢核項目上有：主要存貨區、備貨暫存區、卸貨碼頭月台、貨車出入口、行車幹道。

11. 通風設備

通風設備對於儲存條件的調節扮演很重要的功能，但却往往被忽略，透過通風設施能調節濕度及溫度，在國內的倉庫設計多將通風口設在倉庫下方，但這可能違友空氣流空物理定律，無法達到有效調解的功能。

在檢核項目上有：通風設備是否有效、是否有溫度關聯控制、是否有自動開發、是否能有效隔絕蚊蟲進入、是否能隔絕陽光照射。

12. 溫溼度控制

這是監控倉庫儲存條件的最基本項目，透過日常的監控可以了解周邊的環境，才能採取有效的措施。

在檢核項目上有：是否進行溫濕度監控、是否定期記錄溫溼度、是右有溫濕度控制設備、隔熱保暖數是否足夠。

13. 車輛進出場

場地的迴轉空間依主要車型大小訂定。

在檢核項目上有：人車分道控管、是否控管車輛出入時間、是否有卸貨等待區、是右可雙向會車、大型車輛回轉空間。

14. 作業區與看板標示

作業區標示能輔助工作人員遵循管理規範，並能提醒外來訪客、供應商能注意環境安全事項。

在檢核項目上有：公告區看板、動線區域圖、月份膠帶標籤、色彩管理標示、貨車裝卸區標示、作業區域站牌、嚴禁煙火標示。

（三）完善的倉儲管理制度有效掌握整體作業程序

1. 有效掌握整體作業程序。

2. 有效提升倉儲作業效率。

3. 有效提高倉庫可儲存空間有效減少滯存品。

4. 有效減少揀貨的錯誤率。

5. 有效監控庫存狀況。

第二節　物流中心之營運

一、物流管理與物流中心之概述

物流管理，即表示隨著時間與策略的演進與進化，已有不同的定義。早期對物流管理之定義如下：即指一個組織透過管理程序有效結合運輸、倉儲、裝卸、包裝、流通加工、資訊等相關物流機能性活動，以創造價值，滿足顧客及社會的需求稱之，如圖 15-1 所示。然現代之物流管理的定義可說明如下：物流管理是供應鏈管理的一部分，它是由最初的原料到顧客間，整體過程中所牽涉的原料、半成品，以及成品的流通與儲存，以最有效益的計畫、執行與控制，來滿足並符合消費者的需求，如圖 15-2 所示。

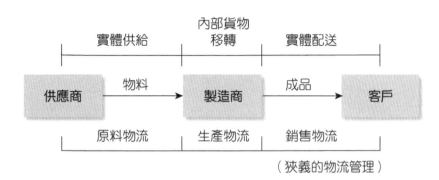

圖 15-1　早期物流管理的定義

整合供應鏈所有成員進行物流管理

圖 15-2　現代物流管理的定義

　　由上述物流管理之定義知，物流管理的精神是研擬物流相關活動整合策略，並利用這些整合策略達到縮短物流時間與降低物流成本之效果，如物流中心之設立即是一例。所謂物流中心即為 Distribution Center 的縮寫 D.C.即是一般所稱的配送中心，或是物流中心。為了有效達到商品能即時訂貨處理與即時配送的要求，因此，而成立的一種集中處理配送中心，即是物流中心，而一個物流中心，它包括了商品的訂貨、進貨、驗收、儲存、加工、揀取、包裝、分類、裝卸，以及運輸配送等之作業功能，同時再結合資訊軟、硬體設施、作業人員及電腦科技之應用等各項功能所成立之組織，稱之為物流中心。

　　由於物流中心，結合了新的資訊電腦科技與進步的營運理念，近幾年來，許多的製造業、批發業或代理業、零售業及運輸交通業等，相繼紛紛地投入物流中心之設立。促使商品的流通過程，相對地，更趨合理化、快速化、簡單化。而商品的行銷通路也因此由單元化轉變為多元化。當零售商店要訂購商品時，只要一次下達訂單給物流中心，而物流中心便會依照商店的訂單內容，將所需要的商品揀取、包裝，並在最短的時間內能完整地送達到零售商店手中，如果採用傳統配送方式的批發作業，不論是在配送區域、配送效率、商品品項及配送成本上，都無法與物流中心的作業方式來相抗衡，為了謀求生存之道，因此，傳統批發業者，也逐漸地採取減少二次批發，三次批發的作業程序，來降低進貨與配送成本，如圖 15-3 與圖 15-4 所示。

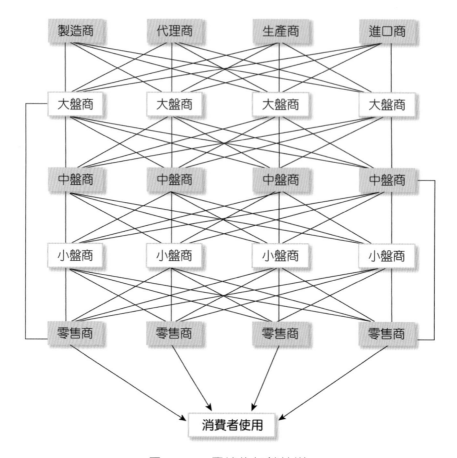

圖 15-3　傳統的行銷管道

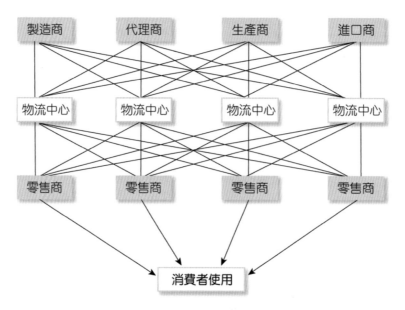

圖 15-4　現代行銷管道

　　傳統流通通路面對人口集中都市化與人口成長,生活所得水準提高,交通服務資訊的發達,服務業的興起及採購習慣的改變等各種與日常生活有密切關係的變革時,其商品流通的結構也必須隨之而改變。例如:各種型態消費市場的連鎖商店像便利商店、超級市場、大型超級市場、量販店、折扣商店、倉庫商店、複合商店等的興起,引發零售組織的多店舖化、連鎖化及多業態化,使得物流作業的效率問題更隨之而突顯。

　　零售業者經營方式與觀念的改變,主要是為當零售業面臨消費者多樣、多變,高品質的消費型態時,許多的作業方法,管理型態亦皆需隨之而改變,如降低庫存,簡化訂貨作業,少量多樣,高頻率的訂貨,縮短配送時間及提昇商品品質等。其中重要的一項改變,就是使得通路上產生了垂直通路革命,專業的物流配送,物流中心型態的成立,將訂單處理、倉儲管理、揀貨配送等整合在一起,在面對消費者需求及通路組織重整下,可以取得成本之降低與競爭之優勢。

　　物流中心與傳統倉庫之主要差異,如由經營理念、服務觀念、定位、空間應用、…等各方面進行比較,其差異則如表 15-1 所述。

表 15-1　物流中心與傳統倉庫之差異

	物流中心	傳統倉庫
定義	凡是將商品由製造商（或進口商）送至零售商之中間流通業者,有連結上游製造業至下游消費業者,滿足多樣少量之市場需求、縮短流通通路及降低流通成本等關鍵性機能。	凡從事獨立經營租賃取酬之各種堆棧、棚棧、倉庫、冷藏庫、保稅倉庫等行業均屬之。
經營理念	1. 利潤導向 2. 除提供企業內部服務外亦兼具對同業、異業之支援服務。 3. 可進行垂直或水平策略之整合。	1. 成本導向 2. 提供企業內部服務
服務觀念	時效之掌控為優先並兼顧安全與正確	1. 著重於安全性、正確性常忽略時效性 2. 內部管理優先主義
定位	物流機能之發揮	儲存、保管

表 15-1　物流中心與傳統倉庫之差異（續）

	物流中心	傳統倉庫
空間運用	合理利用空間	空間之最大利用
人力發展	著重經營力	著重管理能力
作業方式	結合人力導入自動化作業系統	人力作業為主
主要機能	包含商品之配送、暫存、揀取分類流通、加工、保管、採購及產品設計開發等機能。	倉儲機能、裝卸貨機能、工業包機能流通、加工機能。
主要貢獻	1. 可縮短物品流通之通路，使資源充分運用。達到經濟規模。降低中間成本，提高競爭力。 2. 可降低缺貨率，賣場之庫存及訂貨等待時間，符合多樣少量之消費需求，進而提高品質	倉儲即利用倉庫作為製造率與使用率之間之「緩衝地」所衍生之庫存作業；往往被定位為存放物品之場所，用來調節供需之功能。

資料來源：　賴杉桂(1984, May 9)，中華民國商業自動化專案計畫現況及未來展望，發表於商業教育自動化觀摩與研討會，臺北：東吳大學

二、物流中心之重要性

　　近年來，便利商店、零售店、連鎖超市、量販店如雨後春筍般地出現，消費者型態也漸漸改變，隨著通路的變革與電子商務 及宅配的盛行，如何將顧客所需的商品，準確無誤地交付消費者手中，物流中心肩負了重責大任（李宗儒等，2002）。國外學者 Lambert and Stock(1993)則認為物流中心在製造商與顧客間搭起一座橋樑，可以增加交易的效率，減少不必要的搜尋過程，滿足顧客的需求，提高顧客的滿意度，使交易的程序變成一種標準化的過程，廠商通路能更加有效率。另外物流中心亦具有掌握通路，提高企業競爭優勢的策略性功能（陳泰明，孔憲禮，1996）。

　　以圖 15-5 與圖 15-6 說明廠商設立物流中心之優勢，圖 15-5 說明如果沒有設置物流中心時，有 X 家的製造廠商要把貨物送到 Y 家的商店時，則其配送的次數為(X×Y)，例如 X=6、Y=6，則 X×Y=36。若有設置物流中心時，其配送的次數為 X+Y，例如製造廠商有 6 家，商店也有 6 家，則其配送次數為 X+Y=12，比圖 15-5 配送次數少 24 次，如圖 15-6 所示。

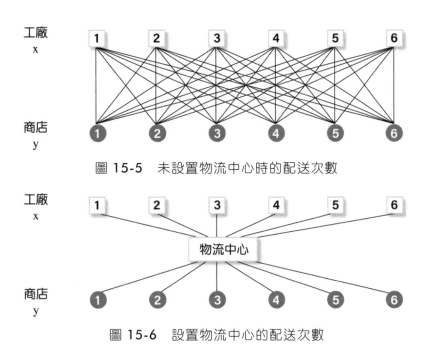

圖 15-5　未設置物流中心時的配送次數

圖 15-6　設置物流中心的配送次數

三、物流中心的型態分類

　　為能更進一步了解到物流中心在商品流通過程中所扮演的角色，以兩種不同的型態分類方式之角度，來進行對物流中心組織型態的了解，區分為依服務對象分類與按照組織分類。

（一）依服務對象型態分類

1. 共同配送型物流中心

　　提供不同批發、零售商的配送服務，由於商品結構多樣，而且從訂單到達零售商店為止的系統分歧多樣、複雜，所以配送率較差，成本也較高（見圖 15-7）。

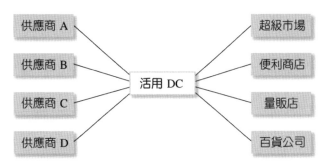

圖 15-7　共同配送型物流中心

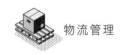

2. 特定業態物流中心

　　選擇特定的業態作物流配送，以追求效率，其配送效率比共同配送型之物流中心較佳，但又比不上特定企業專用的物流中心。例如，便利商店專用的物流中心，因其營業之訂貨型態都相同，故可利用即有的設備與經驗，以較低的成本跨足同業之配送作業，但會因不同商店間的交易與配送條件的不同，而增加些許之作業成本（見圖 15-8）。

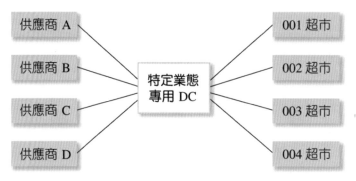

圖 15-8　特定業態物流中心

3. 專屬型物流中心

　　物流中心附屬在某企業體系裡，只負責該企業體系內的配送作業，由於從接受訂單到達需求者為止的作業系統單一化，同時產品之結構都一致規格化，因此作業之標準化程度也較高，所以能達到較高的配送效率（見圖 15-9）。

圖 15-9　專屬型物流中心

（二）按照組織型態分類

1. M.D.C.(Distribution Center Built By Maker)製造商設立物流中心

製造業者為掌握零售業之通路，能向上整合而所發展出一種物流中心。這種物流中心，聯結生產物流與銷售物物流，以方便其所產製的商品能直接配送。其特色為產品較為固定，易於規格化與標準化，在送貨與進貨的作業上較為單純。這種方式大都以製造商品的母公司為主，再配送到各大商店（例如：大賣場、超市、批發商、百貨公司）。而其儲位管理大多採用商品分類方式來作管理，能充分掌握到商品製造生產時機，提高其配送效率，例如：德記物流（見圖 15-10）。

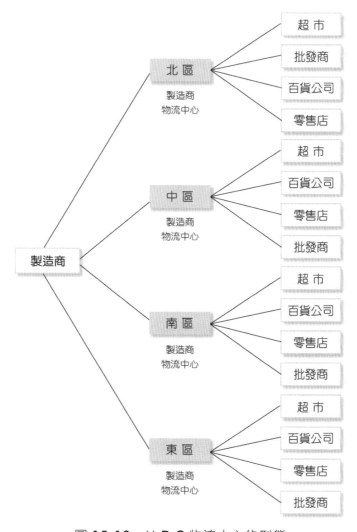

圖 15-10　M.D.C.物流中心的型態

(1) 製造商設立物流中心之探討

以前，只要製造商生產出來的產品，立刻可以銷售，而配送過程與成本不需要考慮很明顯的時代已經過去了，取而代之的是零售通路林立，而廠商為了進入這些據點銷售，不僅需支付許多名目的上架費，更擔心新產品上市後無銷售據點可以發揮促銷，同時整體利潤不斷地下降而物流成本卻節節高漲，所以製造商自己成立 M.D.C.來執行公司整體的策略也就勢在必行了。而從製造商對 M.D.C.的調整過程中，將其整個倉儲、配送的過程加以分析與評估，並成立一個獨立部門，再引入電腦，並將公司的整體流程寫成應用程式，予以應用，同時聘請專業經理人及技師來執行業務，最後將 M.D.C.所搜集、分析的資料提供給公司做為製造與排程的參考依據，而在整個過程中 M.D.C.本身必須有其技術、經驗，電腦特殊軟體來配合公司實務，所以 M.D.C.在整個製造商的體系門，可說占了很大且很重要的份量。

(2) M.D.C.製造商成立物流中心之優缺點比較

A. 優點

(A) 開發產品特性的絕對優勢

消費者需求必定是要產品來滿足，而開發產品確定產品特性來滿足消費者需要的，非製造商不可，開發出強而有力的品牌，產品來服務消費者，而其他業務型態只能做加工或重新包裝的工作。

(B) 為公司的產品服務，更會遵循客戶的要求

只有 M.D.C.為客戶配送能確實負有公司的職責，面對面的來肩負公司的使命，所以對客戶合理的要求都會悉心遵辦。

(C) 長期促銷所建立的消費者偏好

只有製造商可以不斷的以廣告促銷來建立消費者心中的品牌產品形象，使消費者到零售點指定廠牌產品來迫使零售商進貨。

(D) 擁有較佳的財務資源

成立物流中心的製造商，大多是臺灣地區成立物流中心的製造商，大多是臺灣地區的大食品製造商，長期競爭下的優勢者，擁有較佳之財務資源來設立物流中心。

(E) 對貨品的利潤率控制較有彈性

製造商了解商品的成本結構，而其它的業務只能以產品售價的百分比來做配送的費用。

(F) 產品規格及棧板規格統一

M.D.C.承運只有其製造商公司，溝通容易而且產品規格統一，棧板之規格也統一　，減少許多溝通及作業的成本。

(G) 市場資訊的不斷累積

製造商多是在市場上有數十年之經驗，且範圍較批發零售商來得廣大，由於長期對市場的耕耘，與對市場資訊的搜集，因此可以更了解消費者及中間商的行為。

(H) M.D.C.所搜集的資訊可以提供母公司作為市場決策的依據

由於 M.D.C.負責母公司產品的配送銷售事宜，所以產品於各點之銷售情報可做為母公司促銷，產品決策的依據。

B. 缺點

(A) 物流中心的營運無法獨立

製造商來設立物流中心 M.D.C.，製造商的考慮層面與獨立自主的物流中心考慮有很大之不同，如存貨數量、生產排程、產品包裝、訂貨頻率等。立場多有所不同，製造商處於母公司的優勢地位及本位主義較為濃厚，因此必須經過多次的溝通協調。

(B) 物流中心業務擴展不易

由於物流中心必須達到一個經濟規模，其龐大的固定費用才可以攤列，產生盈餘，因此物流中心所承運的貨物量必須足夠才可以達到，而 M.D.C.受限於物流中心背後有一製造商，其他廠商惟恐商業機密藉由配送而使競爭對手獲取，所以 M.D.C.皆以母公司的貨物做唯一配送的客戶，除非母公司的產品知名度夠，且產品線夠寬夠深，否則營運及未來之成長當受其限制。

(C) 物流中心的績效評估不易

M.D.C.之營運方式及營運目標受到通路系統之限制，所以一般採用量化的評估尺度並不恰當，須加上一些定性的客戶滿意程度，但是許多目標是相對替代，所以對 M.D.C.的績效評估較難獨立行使。

(D) 製造商 M.D.C.對地點的選擇不同

製造商設廠或中央倉儲的地點考慮，是以距離原料更接近，工業區土地，地價便宜等因素，所以大多遠離都會區，而存放製造成品之倉庫也多在生產廠房之旁，但 M.D.C.之考慮則以交通便利及距離主要消費市場近為考慮因素，兩者之考慮不同，而 M.D.C.所要地點，其倉儲價值通常為廠地之數倍。

2. Re.D.C.(Distribution enter Built By Retailer)

是零售商為因應迅速，多樣的消費需求與增加市場競爭之議價空間而向上垂直整合的一種物流中心。這種由連鎖加盟業自行成立的物流中心，是零售商或連鎖加盟業者間為了提升對旗下連鎖商店之配送效率所設。由於零售商對商品的需求不定，所以商品較難於規格化，但在消費客戶穩定下，其訂單之處理、配送與財務上之作業較容易統一，這種方式其特色是商品種類多樣化，可以因應不同消費者的需求，因為商品比較難於規格化，故而宜採用作業區域別的管理模式，其主要配送對象以連鎖加盟業者為主，例如：捷盟物流、全臺物流等（見圖 15-11）。

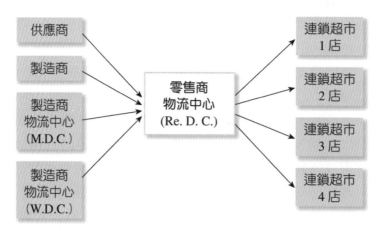

圖 15-11　Re.D.C.零售商型態物流中心

(1) 零售商設立物流中心之探討

所有物流中心設立，其服務對象都是以零售商為主，如統一集團於民國 68 年成立 7-ELEVEN 便利商店以後，整個臺灣零售業市場掀起了一股所謂連鎖化、便利化的變革，許多以前只有在行銷的教科書裡提到的業態，也紛紛地呈現在國人的面前，但整個零售業業態的改變，使得許多問題也一一地顯現出來，例如：

A. 為販賣暢銷商品而必須同時與許多廠商往來，增加了許多採購成本。

B. 店租不斷地提高，因此儘可能的利用所有空間做為賣場，除了飲料、菸、酒及速食麵以外，其餘的全部上貨架。

C. 零售商如果商品計畫做得不好，產生了缺貨的現象時，客戶便很容易流失。

D. 連鎖化使得訂貨的效率降低，但訂貨的次數卻提高了，錯誤的頻率也因此不斷產生。

E. 零售商所要求的產品包裝與製造商、批發商有所不同，所以必須配合零售商來調整，以便重新處理。

F. 零售商店內條碼要加上價格，必須花費很多人力來重新製作與黏貼，為了克服上述的幾樣困難，便有設立物流中心，來完成的想法，但是基於本身零售商的要求及向上垂直整合來產生競爭優勢，由此讓我們可以看到連鎖使得商店紛紛向上成立了物流中心，例如：7-ELEVEN 的捷盟公司，全家的全台及惠康超市的惠康物流中心來為其母公司與子公司之零售店服務。

(2) Re.D.C.零售商成立物流中心之優缺點比較

  A. 優點

    (A) 可以完全依照母公司的要求設立作業流程

      Re.D.C.可以完全依照母公司的要求，包括配送時間、頻率、品項、數量等來做完全的配合，提升母公司的競爭力。

    (B) 只與同質的客戶溝通

      設立 Re.D.C.，不論是連鎖店或未來的自願連鎖，都可視成一同質的客戶，溝通協調容易，利益均一致。

    (C) 可以減少零售商的交易次數

      零售商所需要的商品，全由 Re.D.C.統一選擇，避免零售商與多家廠商交易往來，增加交易往來成本的浪費。

    (D) 擁有存貨的因素，讓 Re.D.C.來承擔

      雖有存貨來減少緊急需求，缺貨的危險，這些責任與管理全部由 Re.D.C.來負責，零售商只須要專注於自己的業務經管，利用所有的空間做為賣場。

(E) 大量進貨，提高議價力

聯合零售店的集中力量，以大量的進貨條件來提高與廠商的議價力，更可採取數量折扣。

(F) 夜間配送

便利商店或大型零售店營業時間較長，甚至達到 24 小時的營業服務，因此可利用夜間來配送，除可避開日間交通繁忙時段外，並可以提高車輛配送效率而節省配送成本。

(G) 增加效率

客戶為母公司，可以減少下貨的盤點時間及客戶的摩擦，增加效率。

(H) 現有客戶可以達到規模之經濟

目前所設立物流中心的零售商，在家數或產品的需求量，都已達到一定的規模，因此 Re.D.C.可以免除去尋找客戶的麻煩，並且可以互相分攤其費用，降低物流之成本。

2. **缺點**

(1) 母公司擁有大部分的控制權

Re.D.C.所有利潤率的要求，全部掌控於母公司，配送所能賺得的利潤也控制在母公司之手中，即便 Re.D.C.可以大量進貨而享有數量上的折扣，這方面的利益也全被母公司所拿走。

(2) 用戶受限

成立 Re.D.C.只為母公司做服務，未來之成長只有依母公司的家數與規模之擴張而擴張，難於自行發揮。

(3) 商品種類繁多，處理成本較高

零售商進貨全數依暢銷與便利為依據，所以 Re.D.C.常需處理在200~2500 種以上之商品，每一樣商品的特性，儲存條件都不一樣，如有些須設有常溫與冷凍、冷藏的各種商品，所以處理這些商品所花費之成本也相對的提高。

(4) 與母公司的角色不一

Re.D.C.雖然全部為母公司服務，但日後物流中心的業務勢必會日益重要，因此考慮的角度會與母公司不同，所以未來對雙方業務的溝通會更形重要。

3. W.D.C.(Distribution Center Built By Wholesaler)

由代理商、經銷商、批發商轉型而成立的一種物流中心。其特色在於商品的掌握、功能與型態介於 Re.D.C.與 M.D.C.之間。儲位管理多以商品別為主的管理模式，例如，康國行銷。（見圖 15-12）

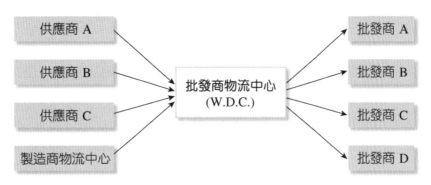

圖 15-12　W.D.C.批發商型態物流中心

(1) 批發商設立物流中心之探討

批發商是指經由製造商直接將貨物配送至經銷批發商，再由經銷批發商售給零售商，所以批發商扮演著製造商與零售商的一個中問角色。而批發商在流通的過程和區域上都各有分類與區別，如果依商圈來區分，則可分為全國性批發商和地方性批發商。全國性的批發商是指一個較大的商圈，如臺灣北區、中區、南區、東區等。地方性的批發商則是以縣、市、鄉、鎮之組合的批發網。若以在流通過程中所占的位置而言，批發商可分為一次、二次、三次批發商的不同，主要是區別是否由製造商直接取得商品。而現行的大型批發商設立物流中心是為了整個流通系統的商品倉儲、配送等機能，來做更有效的整合，力求經營時效的發揮，將硬體與軟體一併提供給零售商，完成更週全的溝通系統。批發商具有配送通路中效率之促進功能，將原本 X×Y 次的交易次數，轉化為 X+Y 次，因此批發商更可以扮演銷售中的分配、儲存、風險分擔、資金融通、資訊搜集、分析、訂單處理等的重要角色。批發商設立物流中心是為了使送貨作業更有效率，所以在過去可能每週只送貨一次的批發商，為了適應多次少量的訂貨，可能一天內就要送貨一次至數次，在這種情形下，非得改變其批發交易型態不可，而設立物流中心已成為必然的趨勢。

(2) W.D.C.一批發商成立物流中心之優缺點比較

  A. 優點

    (A) 業務的熟悉

      物流中心的作業流程，可以設定批發業的更新及擴大，進入此一物流作業。

    (B) 與上、下游建立良好關係

      批發商在通路中所扮演的角色，本來就是向製造商進貨，而對零售商販賣銷售，所擁有的往來關係及鋪貨能力，是其他不同業種所無法相比的。

    (C) 具有獨立的策略規劃能力

      由於批發商本身是一獨立的企業個體，自行負擔盈虧，不像製造商、零售商的物流中心要考慮企業體內的其他成員而犧牲了物流中心的獲利率，W.D.C.為本身的生存及成長必為客戶做更好服務。

    (D) 可以接受多次少量的訂貨

      過去可能每週只能送貨一次，現在可分為三次或數次送貨，以發揮在收到訂單後一天內能將貨物送到零售商手中，這是在未建立物流中心前，所不能做到的，因此由批發商所設立的物流中心，可真正做到接受多次少量的訂貨方式。

  B. 缺點

    (A) 往來的廠家多

      由於 W.D.C.扮演著製造商與零售商的中間角色，所以對於各個製造商與零售商在交易方式各有不同，因此產生交易比較紊亂，W.D.C.必須花更大的成本來做溝通協調。

    (B) 對上下游沒有控制力

      由於批發商是獨立的企業體，缺少整個關係企業的庇護，因此無法對上下游取得更有利的議價力，會產生製造商斷貨或被零售商要求停止送貨的危機。

    (C) 業務的繁雜

      W.D.C.是一個全功能的物流中心，當營業擴及到業務、倉儲、實體配送三個完全不同的領域及經營技術時，必須完全配合，否則可能會加重業務的負擔。

(D) 資源取得

臺灣的批發商，一般而言，其規模都比較小，而設立一個物流中心約需要有千坪以上的運作活動空間，其設立的資金至少也需要有新臺幣 1 億元以上，所以要設立一個由批發商轉型的物流中心，必須考慮到批發商是否有足夠的能力與負擔得起龐大的資金及固定資產。

4. T.D.C.(Distribution Center Built By Trucker)T.D.C.貨運業型態物流中心

是由貨運業者本身的業基，而進入物流業所成立的物流中心，是一種由貨運公司轉型後成立的物流中心。早期是以貨品的轉運為主，而這幾年來的貨運業務範圍逐漸由單純的貨物轉運發展成為共同配送中心。這種型式，其特色為對配送的對象遍及各類型，例如大榮貨運、新竹貨運等（見圖 15-13）。

圖 15-13　T.D.C.貨運業型態物流中心

5. 其他類型的 D.C.

(1) 貨運公司設立物流中心之探討

最近由於經濟的高度成長及大型加盟商店不斷地引進國內，掀起了物流的熱潮。因為各種不同的需求與市場型態的多變化，因此產生不同的行銷通路關係，也就日趨複雜。在行銷通路成員（製造商、批發商、零售商）之外，我們嘗試著尋求有哪一種產業可以進入物流中心這個市場之內，因為一個產業的進步，常常是一個產業外的局外人帶進新觀念所形成的。而物流中心這個市場，由於它的特殊經營管理技術、人力、車輛與土地的配合及融通資金成本，使得物流中心成為一個進入障礙很高的產業，而通路上的原有成員進入物流中心是基於對事業未來展望，對其他行業而言，就是另一番新的挑戰。

(2) T. D.C 貨運公司設立物流中心之優缺點比較

  A. 優點

    (A) 土地取得

      由於法律對貨運公司之車輛、土地比例之要求，全國性的貨運公司對土地的投資是持續與全面性的。由於設立物流中心最大的困難點是對於土地的取得，而貨運公司全國性的轉運站分布廣闊，且只做平面使用，如果依此擴充為物流中心比較容易，由於全省各重要的都會區都有分支轉運站，這點優勢是其他各業種所無法比擬的。

    (B) 對全國網路的熟悉

      貨運公司有對全國交通網路的熟悉，與配送區域的分隔及交通狀況的了解較清楚，更有長期配送累積下來對路況的了解及經驗。

    (C) 有專職的配送人員之培養及車輛維修

      實體配送必須具備的司機、車輛是物流中心面臨的最大管理問題，車輛的購買與維修，司機的招聘與培訓、管理、及配送效率，這些都是貨運公司營運的基本要求，而委託配送公司只需要專注於效率及服務水準的控制即可。

    (D) 舊有客戶眾多

      每一種業態，只要有貨物承運，必會與貨運公司有所往來，所以貨運公司客戶的取得比較容易。

    (E) 地點多，規模經濟

      貨運公司配送地點多，產生的規模經濟來共同分攤運送成本，如果遇到配送路線有狀況時，亦很容易以彈性來調整路線。

    (F) 與通路成員角色互補，無利益衝突

      貨運公司本身利用配送上的效率及專業知識來換取利潤與通路成員沒有利益上的衝突，只要在契約中明訂，立場較其他型態之物流中心更為中立。

  B. 缺點

    (A) 人力素質

      貨運公司其人力素質，因承襲傳統之要求不高，只需具備駕駛技能與搬運能力即可，但物流中心的服務全部以客戶的需求來

做參考量，但平均素質不高且很難改變他們過去那種根深蒂固的觀念，故有「司機老大」之稱，以往不用肩負客情的維持，而將來必須完全依客戶的指示來做，其心態的調整與客戶之間的協調與溝通，都是面臨的一大問題。

(B) 司機流動率頻繁

由於司機到那家公司仍然是司機，所以薪資福利往往成為司機流動的唯一考量，因此司機的流動很高，造成培養對該地區客戶熟悉的司機要花許多時間。

(C) 除配送外，其他業務不熟悉

如前面所言，物流中心並不只是配送，舉凡倉儲、揀貨、情報搜集、帳單收授、訂單處理的業務，對貨運公司都是新的經營技術，必須透過委託配送廠商長期的教育溝通，才能達到要求的水準。

(D) 企業主觀念的改變

貨運公司相對其他產業，是比較保守的，除非企業第二或第三代之經營者對物流中心有充分的了解而給予全力支持，否則就觀念的接受而言，可能很難改變。

(E) 客源擴充限制

貨運公司只要承運了某一行業的配送業務，則這家製造商必會明定今後不可承運其他競爭者的貨物，造成貨運公司每次都必須更新的行業來尋找新客戶。

四、各行業設立物流中心之考慮因素

R.D.C.(Regional DC)&F.D.C.(Front DC)這種是零食公司為實現源自 D.C. 的活性化而展開的新物流體制。做法是把訂單中的一些需要開箱，或零星個數非整箱的，傳送到 R.D.C.地方做專門處理，再於夜間送到 F.D.C.。F.D.C.則專門處理整箱的物流，R.D.C.則專門處理零星個數物流。經過彙總後再以整箱方式送到 F.D.C.，再由 F.D.C.逐一配送到各個零售商店據點，以專業的分工方式處理複雜的物流配送工作（見圖 15-14）。

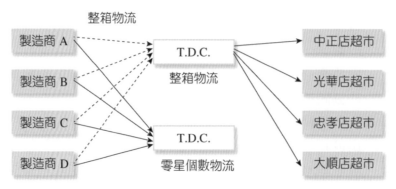

圖 15-14　R.D.C. & F.D.C.型態物流中心

　　由於物流中心係新興之經營管理型態,且具有滿足多樣少量之市場需求及降低流通成本等效益,故許多業者,如製造商、批發商、零售商,甚至於貨運業者,都紛紛設立物流中心,因此物流中心的設立有其不同的背景,所以任務及特性也不一定相同,因此其應考慮的要素有共同要素和特殊需求要素,其考慮要素大致如下:(見表 15-2)

表 15-2　各種物流中心之共同要素與特殊需求要素

	M.D.C.	W.D.C.	Re.D.C.	T.D.C.
共同要件	1. 充足的土地、財力資源、適當的地點。 2. 充足的人力資源。 3. 專業的經營技術及管理人員。 4. 足以維護損益兩大點的業務量。 5. 謹守中立的態度,維持上、下游良好關係。 6. 訂貨、倉管、帳款電腦化,倉儲、揀貨省力化。			
特殊需求要素	1. 夠廣的產品線 2. 全國性商標。 3. 至少擁有數個第一品牌方產品。 4. 垂直門合程度深。 5. 上下游電腦連線。 6. 善用物流中心提供的資訊,做生產排程依據。	1. 上下游關係良好。 2. 下游客戶多且之定,與控制力無關。 3. 擁有各重暢銷商品,可零售商只訂一次貨。 4. 成為製造商與零售商的良好溝通橋樑。	1. 得到零售商的全力配合。 2. 進貨量大到可以說服廠口,提升議價能力。 3. 零售商的同質性高。 4. 讓 Re. D.C.對內有　全的控制權。 5. 所有零售商的貨物都要透過 Re. D.C 配送。	1. 最高階層的全力支持。 2. 成立專責的部門。 3. 全力訓練員工配合客戶需求。 4. 提高員工的教育水準。 5. 擁有全國大小都會區的營業所。 6. 擁有各重順位的配送車輛。 7. 客戶有 80%以上的末端通路相同。

資料來源:作者整理

由表 15-2 可得知，各行業在設置物流中心的時候，必須要考慮到產品特性與顧客層面，及企業的優勢與劣勢為何？如此才能擬定策略。一般而言，M.D.C.的顧客層面較為廣闊，同時客戶數較多且較不固定，這種交易屬於大型化之型態，Re.D.C.乃為了提升對連鎖、便利商店之配送效率，由零售商所主導的物流中心，它的產品種類多，同時零售商對商品的種類、數量的需求不定，因而需求商品規格標準化。W.D.C.則是介於 M.D.C.與 Re.D.C.之間，在產品的特性與顧客層面上兼具有兩者之特色，經營管理上也較為複雜。T.D.C.的成立原因，乃是因貨運業者有數量眾多的車隊及物流據點，要投入物流行業是一件輕而易舉的事情，其屬於多角化的經營型態。

另外，物流中心的分類又可依溫層分類、營業型態分類等，以下分別加以說明如下：

（一）物流中心種類－依倉儲溫層功能分類

1. 常溫型物流中心

常溫型的物流是屬於最普遍也最多的一種，商品只要儲存在一般的室溫下即可，溫度的高低不會影響商品的品質。例如：日用品、常溫食品、家電產品、書籍產品、服飾產品、鞋子產品、汽車零件、錄音（影）帶及運動用品等都屬於常溫型物流。

2. 凍型物流中心

冷型物流是針對商品必須儲存在零下-18~-25℃的溫度內，否則商品會容易變質或者甚至腐爛，因此所儲存的產品大部分為冷凍產品，例如：蔬菜、海鮮、肉品、加工食品及冰品等產品。因此倉庫都必須以冷凍方式控制溫度，同時為了使冷凍溫度維持穩定及節省能源，在倉庫的地板及四週牆壁，必須考慮以隔溫的 PU 或是 PS 為材料，在地板上必須考慮透氣層、防水層及隔溫層。冷凍型的物流甚至會出現超低溫的物流，其溫度約為-45~-55℃左右，大部分是儲存鮪魚產品，因此其倉庫的地板及四週牆壁的隔溫層必須更厚，甚至必須設置-18 ~-25℃的倉庫裡面才行。

3. 冷藏型物流中心

冷藏型物流是商品必須儲存在 2~10℃之間的溫度內，否則商品會容易變質甚至腐爛，因此儲存的產品大部分為生鮮產品，例如：蔬菜、魚貝、肉品、水果及牛奶等產品 ;甚至有的產品必須加裝噴濕裝置，否則容易造成商

品的乾枯。因此倉庫都必須以冷藏方式控制溫度，為了使冷藏溫度維持穩定及節省能源，在倉庫的地板及四週牆壁，必須考慮以隔溫的 PU 或是 PS（保麗龍）為材料。

4. 氣型物流中心

冷氣型物流是針對商品必須儲存在 15~25℃之間的溫度內，否則商品會容易變質或者造成其他變化，因此倉庫都必須以空調方式控制溫度，在倉庫門窗及密閉方面比較講究。此種商品包括有藥品、巧克力及化妝品等。

（二）物流中心種類－依經營型態分類

1. 開放型物流中心

開放型物流心所指的是將商品由製造商或進口商送至零售商之中間流通業者，提供各企業專業的物流活動，收取商品價格某一百分比的費用，作為收入來源。其配送對象上並無限制，採開放式營運型態。在行銷功能上，它是針對連鎖或獨立經營之零售商提供完整的物流支援作業，專責扮演生產與零售業者間溝通橋樑。專業物流公司不從事零售作業，只擔負顧客物流作業服務。

2. 封閉型物流中心

封閉型物流中心，專責協助關係企業中的物流支援活動，其配送對象並不對外開放，在物流方面此型態的特色為只從事體系內的配送。在商流面，特色為與交易對象之間只存在著形式商流。封閉型物流中心和開放型物流中心一樣，專責在物流的配送系統作業任務，藉由提供專業的物流經營知識，發展上、下游業者關係，使得物流作業能更正確、有效率，而贏得顧客口碑並且對公司產生信賴，從而自規模經濟中獲得利益。

3. 混合型物流中心

此類型的物流中心是指物流公司所從事的行銷功能包含實質商流與形式商流，因為它們大部分為製造商所成立，所以同時涵蓋實質商流與形式商流。由於此一型態的物流公司多由製造商所成立，故在配送對象與商品開發上大多受到原製造商的牽制與影響，其自主性相對較差。混合型物流公司還是專注於物流功能的效率化，再藉由物流功能的支援，促使商流部分母公司的產品行銷與業務開發。另外，此三種物流中心之差異性，如表 15-3 所示。

表 15-3　三種物流中心之差異

	開放型	封閉型	混合型
配送對象	以各企業為配送對象	專責其關係企業之輸配送	除本身企業商品運送外，利用產能配送其他公司之產品
收費方式	以配送商品之價格百分比計價	營運額以配送商品市價計算之，而毛利則以商品價格百分比計	以配送商品之百分比計價
特色	解決零售店的倉儲配送之問題	在物流中所扮演的仍只從事體系內的配送，在商流方面僅與交易對象存在著形式商流	專注物流功能效率化，並藉由物流功能的支援，促使商流部分母公司的產品行銷與業務開發
通路功能之運用	針對連鎖或獨立經營之零售商提供物流支援系統	發展上、下游間的合作網路關係	包含實質商流與形式商流，與原營運據點合併發展

資料來源：作者整理

五、物流中心的未來展望

從目前物流中心如雨後春筍般設立的現象，我們可以看到市場對物流中心的殷切需求，可是究竟物流中心的使命為何？我們可以從上述各種不同型態的物流中心相互之間的關連發現下述之現象：

1. 物流中心並不是完全互斥性，而尚存有一部分的替代性，彼此之間各有專注的零售商客戶，這可以做為進入物流中心這個行業市場的潛在廠商找到進入點。

2. 就策略性而言，我們可以嘗試從兩個構面來區別上面這四種物流中心的策略訴求，這兩個構面是用以下二軸來做為分析。
   (1) 縱軸：從製造商到零售商的通路中，垂直整合程度的強度（向上、下游發展專業體）。
   (2) 橫軸：物流中心從事物流中心所處理的商品種類。

3. 亦可發現物流中心之設立，其距離越遠，競爭程度越低，反之，距離越近，則競爭程度越強。

4. 上述物流中心相互間仍存有若干空間可補入其他型態的物流中心，也可以以垂直程度與商品種類來做為切入或移動的參考。

　　從以上各種分析後，可得知各種物流中心相互之間的關係非常緊密，且相互關連而存有部分的「相互替代性」，而目前臺灣之物流業競爭相當激烈，在種類的分佈上大致有 M.D.C., W.D.C., Re.D.C.及 T.D.C.四種，在未來可能還會發展出其他型態的物流中心介入。由於物流業是製造業與服務業之間的橋樑，其中製造商、批發商、零售商等均可由物流中心做為中間的媒介，方便於商品之運輸配送，節省了許多手續，它更配合了多樣少量的市場，以符合消費者之需求，可見物流業在臺灣占有其重要的地位。早期流通通路之管道複雜，無法配合現代潮流以至於物流中心的產生，它不但縮短了流通通路與流通管道，同時更以最快速的配送路徑送到消費者手中。因此，物流業的發展潛力是無限的，在未來會有更多且更好的發展空間。

　　整體來說，物流中心是一個利用資訊科技，整合供應商，批發商與零售商間有關的倉儲管理，運輸與配送的組織來發揮下列之功能：

1. 改善行銷管道體系，提高配送率，降低配送成本。

2. 具有少量，多樣，高頻率的配送功能。

3. 縮短前置時間。

4. 可以進行定型化之配送作業。

5. 提高產品週轉率，增加資金運用效率。

6. 可以建立倉儲、財務、進銷存之整合性電腦化組織架構。

7. 改善產銷協調效率。

　　同時，物流中心的成立，對供應商與物流中心本身而言，有下列兩點意義：

1. 對供應商而言
　(1) 銷售量增加。
　(2) 銷售量增加。

(3) 易控制生產計畫。

(4) 降低生產成本。

2. 對物流中心而言

(1) 大量進貨，壓低進貨成本。

(2) 減少配銷環節，降低實體運輸及倉儲成本。

(3) 提高議價能力。

(4) 促銷活動容易推動。

(5) 貨品流通速度加快，有助於資金之運用。

六、物流中心之作業管理

　　物流中心內部活動分為 11 項細部作業，包括訂單處理作業、進貨作業、入庫作業、盤點作業、理貨加工作業、揀貨作業、出貨作業、越庫作業、補貨作業、退貨作業及內部搬運作業。物流中心接獲客戶之訂單後，即開始物流中心之內部作業，物流中心經由訂單處理、進貨、入庫、盤點、揀貨、理貨加工、出貨、越庫等主要作業，並輔以補貨、退貨、內部搬運等附屬作業，將商品送達客戶端（見圖 15-15 所示）。

　　這些作業可歸納為匯入作業模組、客製作業模組、匯出作業模組、附屬作業模組等四大模組，其中，匯入作業模組包含訂單處理作業、進貨作業、入庫作業、盤點作業，客製作業模組包含揀貨作業、理貨加工作業，匯出作業模組包含出貨作業、越庫作業，附屬作業模組包含補貨作業、退貨作業、內部搬運作業。

　　以下介紹將詳細描述各項細部作業之運作方式、運作流程及相關技術與設備。

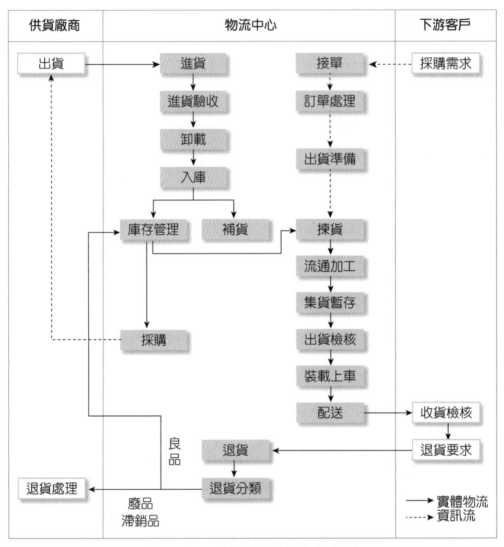

圖 15-15　物流公司內部作業模型

（一）訂單處理

　　訂單處理開啟物流中心之物流作業，其亦同時開啟資訊流作業。對於物流中而言，訂單主要為客戶表達欲配送商品之類別、配送或倉儲條件、數量、送達時間、欲加工之品項及加工樣式等資料。訂單主要來源有上游客戶（供應商）、下游客戶（消費者）及部分訂單可能由仲介商彙整後提供予物流中心。

　　訂單亦可依不同處理流程而分為買賣型訂單與服務型訂單。買賣型訂單為買主與物主交易之起始作業，其間關係為買主欲獲得物主之商品物權，而

物主欲獲得買主之資產。因此，當物流中心（買主）為獲得物主之物權而向物主下達買賣型訂單，經物主同意後，物流中心取得商品物權。而服務型訂單則為物主僅向物流中心下達配送、倉儲、加工等物流服務訂單，而物流中心則未取得商品之物權。以下首先介紹訂單處理作業方式，將傳統訂單處理方式與電子化訂單處理方式進行介紹與比較。之後，乃介紹訂單處理流程，將物流中心與不同客戶（含上游供應商、下游消費者）間之不同類型訂單（即買賣型訂單與服務型訂單）處理流程加以比較。

1. 訂單處理方式

(1) 定義

傳統訂單處理方式乃以人工處理為主，即下訂單者與物流中心內部之訂單處理均以書信、表單、電話、傳真等管道，以人工方式取得訂單之資訊或將訂單資訊進行分析並設定決策結果，由於人為輸入訂單所產生之高錯誤率與低時效性，此種訂單處理方式現已逐漸被淘汰。

(2) 方式

目前電子化訂單處理方式以 EDI(Electrical Data Interchange)訂單處理為主。所謂 EDI，即為交易資料透過電子方式傳遞。可依資料傳遞之嚴謹度分為「狹義 EDI 訂單處理方式」與「廣義 EDI 訂單處理方式」，以下乃分別介紹之。

A. 狹義 EDI 訂單處理方式

狹義 EDI 資訊傳遞方式乃為一方之電腦應用系統，運用經協定之產業標準資料格式，透過電子化傳遞方式，將資料透過網路環境傳送至另一方之電腦應用系統。由於運用協定之標準資料格式需要龐大之資料處理系統與維護費用，因此應用狹義 EDI 系統進行訂單處理需支付高昂之導入與維護成本。一般而言，狹義 EDI 僅適用於企業間之交易。

B. 廣義 EDI 訂單處理方式

廣義 EDI 資訊傳遞方式為應用網路或電子化技術將數位化資料由一方之電腦應用系統傳送至另一方電腦之應用系統，即無需透過協定之資料格式進行資料傳輸，僅需利用網路傳輸資訊。因此，由傳輸資料格式之嚴謹度由低至高可依序分為 E-mail、FTP、EOS(Electrical Ordering System)等幾種方式。其中，EOS 主要為企業體系內部之訂單資料傳遞系統，因此其傳輸資料格式僅需滿足企

業體系內部資訊流通之正確性與時效性，其內容嚴謹度不必高如狹義 EDI 之產業資訊傳遞方式。

C. 應用 E-mail 於訂單處理

買方將訂單資訊輸入於 E-mail 中並寄發給賣方之訂單處理相關部門或業務，賣方收到訂單後，需再將訂單重新輸入其後端資訊系統（訂單管理系統 Order Management System, OMS），以轉化為賣方內部資訊流通格式。此訂單處理方式優點為成本低，訂單發送作業容易且直接;但其缺點為隱密性低、資訊格式不一，人工重複輸入易造成錯誤率上升且時效性降低，因此僅能處理小量訂單。

D. 應用 FTP 於訂單處理

買方將訂單資訊輸入於檔案中，以 FTP 方式傳送訂單檔案予賣方之訂單處理相關部門。賣方收到訂單後，再將訂單匯入其訂單處理系統。部分企業採用與交易對象共同遵守之訂單格式，但仍有部分企業未採取共同格式。此訂單處理方式優點為成本低、訂單發送作業容易;但其缺點為隱密性低、資訊量低，部分企業仍須由人工重複輸入訂單資料，造成錯誤率高且時效性低。

E. 應用電子表單(E-Form)於訂單處理

買方將訂單資訊輸入於賣方所提供之電子表單中，買方之資訊系統乃自動將所得之訂單資訊彙整並匯入其內部資訊處理系統。此訂單處理方式之優點為處理速度快、訂單發送作業容易、正確性高，但缺點為資訊機密性仍不足。

F. 應用 EOS 於訂單處理

企業接收客戶訂單後，乃將資料轉成企業內部標準資訊流通格式，並將訂單輸入訂單處理系統。對於物流中心而言，在客戶訂單輸入後，其可能隨即進行進貨作業、揀貨作業與配送作業。因此應用 EOS 能於物流中心內部將訂單資訊轉換為各部門間或同階層營業所之共通格式，並可將訂單資訊正確且快速地傳遞至目的地。此訂單處理方式優點為處理速度快、正確性高，但缺點為資料機密性不夠、成本較高。

2. 訂單處理流程

由於物流中心與不同客戶間之不同類型訂單將影響訂單處理流程，因此可將可能之訂單來源與不同流程依次分為以下 5 種不同之訂單處理流程：

(1) 買賣型物流中心向上游供應商下達採購訂單。

(2) 上游供應商向第三方物流中心下達服務型訂單。

(3) 下游客戶向買賣型物流中心下達採購訂單。

(4) 下游客戶向第三方物流中心下達服務型訂單。

(5) 下游客戶向上游供應商下達採購訂單。

　　以下針對 5 種不同訂單處理流程加以介紹，本節最後將針對 5 種訂單處理方式進行綜合比較：

(1) 買賣型物流中心向上游供應商下達採購訂單

　　此類型訂單主要為買賣型物流中心向上游供應商下達採購訂單，以購入商品確保庫存水準在安全存量之上。物流中心取得上游供應商之物權後，可向下游消費者售出商品以賺取價差，而物流中心即扮演中間商之角色。

(2) 上游客戶向第三方物流中心下達服務型訂單

　　此類訂單主要以多量、少樣、少批次的方式，將供應商之商品送至物流中心之進貨碼頭，並借重物流中心之倉儲技術及配送設備進行後續之物流活動。

(3) 下游客戶向買賣型物流中心下達採購訂單

　　此類型訂單為下游消費者向物流中心下達買賣型訂單以購入商品。此類訂單主要為少量、多樣、多批次者，故物流中心需要訂單處理及排車裝車等技術。

(4) 下游客戶向物流中心下達服務型訂單

　　此類型訂單為下游消費者向物流中心下達服務型訂單，以配送商品至指定地點。此類訂單之配送環境及方式不為消費者之主要訴求，但由於配送商品主要為小量多樣且要求迅速，因此物流中心必須強化其排車及裝車等配送技術，此類典型物流業者如宅配業。

(5) 下游客戶向上游供應商下達買賣型訂單

　　下游消費者向上游供應商下達買賣型訂單，以直接取得商品之物權，上游供應商為降低配送成本，因此向物流中心下達配送（服務型）訂單。此類訂單內容通常為少量、多樣、多批次者，因此物流中心必須強化其訂單處理與排車裝車技術。

（二）進貨作業

進貨作業乃物流中心將訂單處理（包含前一節訂單處理流程所述之買賣型物流中心向上游供應商下達採購訂單、上游客戶向物流中心下達倉儲訂單、倉儲量不足以應付訂單時，物流中心向上游供應商下達買賣型訂單、倉儲量不足以應付訂單時，物流中心向上游客戶下達服務型訂單），上游供應商將商品進貨至物流中心，由物流中心人員進行進貨檢驗作業(Incoming Quality Control, IQC)；待檢驗完成後，將貨品送入物流中心之倉庫。

1. 進貨方式

對於物流中心而言，依客戶屬性與需求之不同而採取不同進貨方式；其主要可區分為直接進貨與間接進貨，以下乃分別介紹。

(1) 直接進貨

此種方式乃指物流中心之上游供應商直接將商品送至物流中心、或是物流中心派車將商品取回物流中心，但並未進行多個供應商之商品匯集作業。此種方式之特點為：

A. 商品由單一供應商提供。

B. 商品之數量多。

C. 物流中心與上游客戶具有長期之契約關係。

D. 若商品之儲運有溫度條件限制，則使用具有溫度控制設備之車輛進行運送。

(2) 間接進貨

此種方式乃指物流中心之上游供應商（例如：一般宅配客戶、小型供應商）將商品送至物流中心在各地之服務站或營業所（例如：7-11 門市收件），待商品匯集至一定數量或於某一固定時間點，再將商品統一送至物流中心或由物流中心派車取回，而並非將上游供應商之商品直接攜至物流中心。此種作業方式之特點為：

A. 商品之供應來源多。

B. 訂單商品數量少。

C. 通常為非契約關係客戶。

D. 若商品之儲運有溫度條件限制，在商品送至各地之服務站或營業所等待匯集時，乃使用溫控設備進行儲存，再由具有溫度控制設備之車輛送至物流中心。

2. 進貨流程

不論物流中心採行何種進貨方式（直接進貨或間接進貨），當商品由上游供應商配送至物流中心後，皆須通過進貨檢驗才算完成進貨作業，以下即為進貨作業之完整流程（見圖 15-16 所示）

(1) 物流中心接收上游供應商之出貨通知(Advanced Shipping Notice, ASN)。

(2) 物流中心根據出貨通知產生進貨明細表、進貨驗收單、產品入庫差異表。

(3) 上游供應商進貨至物流中心進貨碼頭（通常具有升降平台）後，即將物流中心之進貨明細表與上游供應商之出貨單相比對。若進貨明細與出貨單內容不符時，則通知上游供應商處置；其通常依上游供應商或物流中心主管之判定，決定物流中心是否退貨或要求客戶補貨。若進貨驗收單與出貨單內容符合，則將貨品先搬運至暫存區等待檢驗。

(4) 物流人員將暫存區商品之項目、數量、品質等與進貨驗收單相比對（可視貨量採全檢、抽檢等方式進行）。若不符合者即通知上游供應商，再依客戶或物流中心主管之判定，決定物流中心是否將商品退還或要求上游供應商補貨。

(5) 進貨項目、數量、品質皆符合者，則進行商品簽收。

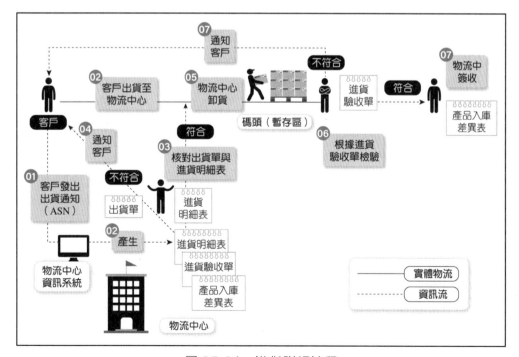

圖 15-16　進貨詳細流程

3. 進貨相關設備及技術

　　物流中心乃為滿足現今市場少量多樣與高頻率之配送需求，其作業方式已非傳統倉庫之人力作業所能負荷，因此，為使物流作業有效率，除良好之作業系統規劃外，選用適當之硬體設備亦具有高度重要性。在物流中心內部運作中，進出貨作業之作業品質不僅影響商品品質，更間接影響商譽，因此物流中心之碼頭設計乃為一項不容忽視之關鍵課題。合宜之碼頭設計可大幅提升整體物流中心之績效，更可促進整體物流作業之效率與效能。以下即介紹碼頭及相關設施於進貨作業之應用（例如：車輛固定裝置、碼頭高度調整板、碼頭緩衝墊、裝卸貨作業門）。

(1) 碼頭

碼頭之吞吐能力於進出貨作業中扮演極關鍵角色，因此完善的碼頭設計規劃及設施興建可大幅提升進出貨作業之順暢性。碼頭設施的設計規劃必須考慮貨物搬運的每一道過程。從貨車進入碼頭開始將貨物自貨車搬運至碼頭上，一直到貨車離開碼頭為止，碼頭設施設計者必須使車輛及貨物有效率且安全地移動。

(2) 車輛固定裝置(Vehicle Restraining)

將配送貨車與碼頭固定，以維護作業人員之安全而設計。車輛固定裝置乃裝設於碼頭正面，於配送貨車停靠碼頭時，其透過手動方式或自動升起一卡勾，以勾住貨車保險桿下方之底盤固定桿，以避免因碼頭作業人員與貨車司機溝通不良，造成貨車過早駛離而導致堆高機翻覆之危險。

(3) 碼頭高度調整板(Dock Leveler)

為使各種不同高度之貨車能於碼頭上方便地裝卸貨物，因而設計碼頭高度調整板。

(4) 碼頭緩衝墊(Dock Bumper)

貨車倒車駛入直線型（尾端型）碼頭時，往往由於倒車速度過快或裝載物過重，造成貨車對碼頭之撞擊力，因而對鋼筋混泥土碼頭、貨車本身或商品造成損壞，因此碼頭前端往住加裝碼頭緩衝墊，以吸收巨大撞擊力，進而保護碼頭設備、配送貨車及商品。

(5) 裝卸貨作業門

其主要乃將廠房與碼頭隔開，以防止冷氣、暖氣外洩，並隔絕噪音，使用時以不妨礙堆高機之進出為原則。依裝卸貨作業門之開關方式可將其分類為擺動門、彈性片門、電動門、氣密門等四類。

（三）入庫

1. 入庫作業

入庫作業乃指將未來欲出貨之商品先予以保存，並進行庫存商品之品質管制作業（例如：盤點作業）。入庫作業應注意之要點有：

(1) 空間運用與相關性商品之儲位安排。

(2) 庫存品在倉儲內之品質與數量控制。

2. 入庫流程

進貨商品經檢驗後乃放置於暫存區，倉儲人員將商品送入倉庫之流程稱為入庫作業。以下乃入庫作業之詳細作業（見圖 15-17 所示）：

(1) 商品進貨檢驗後，若商品之項目、數量、品質等與進貨驗收單比對後相符，則進行商品之簽收，並將進貨資料文件化或資訊化，以交予倉管人員輸入倉庫管理系統(Warehouse Management System, WMS)或以人工之方式列印表單或產生商品於物流中心內部流通用之標籤。此標籤之類型可為一般標籤、條碼(Bar code)或無線射頻辨識標籤(RFID Tag)。

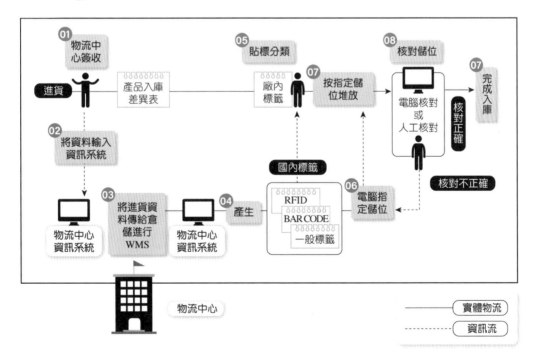

圖 15-17　入庫流程

(2) 印商品標籤後，現場人員可依電腦或主管指示，將進貨商品貼上標籤（即廠內 Bar code、RFID 或一般標籤）或分類，如存入不同庫位者乃堆疊於不同區域。

(3) 物流中心資訊系統或主管根據進貨資料指定儲位或儲區。

(4) 進貨商品以物流中心之搬運設備（例如：台車、拖板車、堆高機、輸送帶）送入 WMS 系統或主管指定之庫房儲位儲存。

(5) 商品儲存完畢後，將入庫確認訊息輸入電腦或與儲位單據互相核對其正確性。若核對結果正確，則完成入庫作業；若核對結果錯誤，則由現場人員根據表單重新入庫。

3. 入庫相關設施與設備

物流中心為在廠內能快速掌握商品資訊而須設定商品之儲位編碼及商品本身之編號。以下乃分別介紹儲位編碼及商品編號之設定方式：

(1) 儲位編碼

自商品入庫開始，物流中心為隨時掌握商品資訊而將商品所在儲位、狀態加以記錄。為方便記憶與記錄各儲區之儲位，物流中心將儲位編號、序號、標籤記號等以其可接受之代碼加以記錄之，此代碼即稱為「儲位編碼」。

(2) 商品編號

商品進入物流中心後，即依商品之內容特性分類並編排，配合物流中心之作業資訊系統，以簡明文字、符號或數字，以代替商品之「名稱」、「類別」及其它資料，以協助物流中心記錄及管理。

(3) 條碼(Bar code)

省去人工鍵入資料之作業，減少資料輸入錯誤或工作效率低落等問題，可先將已定義好的文字或數字（即編碼）轉換為一連串黑白的點狀或線條，再藉由電腦周邊設備（如掃描器、讀取器）之輔助，正確輸入商品之識別資訊，以達到商品識別資料快速輸入、正確性提高與加強保密等效果。

(4) 無線射頻辨識(Radio-Frequency Identification, RFID)

在物流活動中，用以追蹤及檢核貨品的條碼雖可達到收集資訊、掌控貨品動態的目的，但使用條碼有先天之限制，包括提供之資訊量有限、必須近距離使用、易受汙損而無法讀取、必須逐一掃讀而造成作業瓶頸與大量人力浪費，上述限制皆使條碼無法因應更細緻、更迅速

的物流資訊要求。RFID 技術利用 IC 晶片及無線電波存放與傳遞辨識資料，其具有耐環境、可重複讀寫（擴大資訊儲存量）、可間接讀取（非接觸式）、資料記錄豐富、可同時讀取範圍內多個 RFID Tag 等特性，使 RFID 技術已逐漸成為物流供應鏈中對商品進行追蹤與資訊回饋的最佳利器。

(5) 平面庫

平面庫無立體料架，儲存方式為將貨物於平面堆疊，若需要取出堆疊下方之商品時（物流箱），必須先將堆疊上方之商品（物流箱）取下才可取得，其多為一般中小型倉庫所使用。

(6) 立體倉庫

立體倉庫主要以料架存放商品，以相同面積而論，立體倉庫比平面倉庫擁有較多之儲位。商品由堆高機依商品指定之儲位，置入立體倉庫料架之對應儲位中存放。

（四）盤　點

1. 盤點作業

隨時間遞移，物流中心倉庫內商品之實際存量與會計帳面存量可能不一致，其可能為人為或不可抗拒因素所致，造成存貨數量發生短少或增溢。故需透過盤點作業記錄盤點時之倉庫商品實際存量，以掌握更正確之存貨資訊。完善的盤點制度可保證每次盤點結果之準確性，並可避免出現因盤點造成業務暫停，形成損失及產生高額盤點費用等問題。

商品特性或庫存數之變動幅度為選擇盤點方式之重要依據，而盤點方式主要可分為循環盤點、年終正式盤點、異動儲位盤點、隨機性盤點等四類盤點方式，以下即分別介紹之：

(1) 循環盤點

物流中心於一定週期內盤點物料之庫存（即認定為例行業務），每次可用於檢查一組物料，亦可以檢查任一物料於一段時間內之出入庫記錄。

(2) 年終正式盤點

通常以半年或一年舉行一次，主要由倉儲部門召開盤點會議後，根據帳上資料準備盤點標籤。盤點作業進行時，盤點人員需將實地盤點數量填入盤點標籤中且與帳面數量比對。若有數量之差異則需進行調整，以使帳面數量與實地盤點數量一致。

(3) 異動儲位盤點

庫存異動之原因甚多，如採購進貨入庫、入庫退回、銷售出貨、銷售退回等，因此商品之出庫、入庫作業造成庫存異動，而部分出入庫作業造成料件於倉庫或儲位間之調撥，亦導致來源倉庫或儲位庫存數量之短少及目的倉庫或儲位之商品數量增溢，故宜針對發生異動部分進行盤點。

(4) 隨機性盤點

盤點人員針對儲位進行不定期盤點，以檢測實際庫存是否與記錄相符。

2. 盤點流程

商品完成入庫作業後，物流中心須根據帳面所記錄之存貨狀況與實際存貨狀況相互比對，並將存貨情形記錄且更新存貨狀況。以下乃盤點作業之詳細流程（見圖 15-18 所示）：

(1) 開始進行盤點作業前，盤點人員須先得到商品入庫資料及揀貨資料，彙整這些資料後可建立目前存貨紀錄資訊。

(2) 把存貨資訊依品項、類別及儲位間距離建立盤點資料。

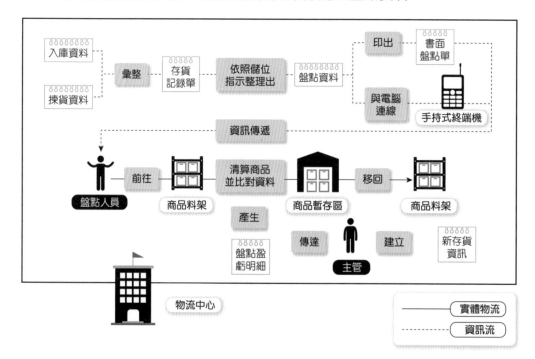

圖 15-18　盤點作業流程

(3) 電腦將盤點資料透過書面盤點單或手持式終端機將資訊傳遞予盤點人員。

(4) 盤點人員前往料架比對實際存貨狀況是否與帳面所記錄者相符，清點方式乃由盤點人員直接比對書面資料或利用手持式終端機讀取商品條碼，並將資訊匯入終端機中。

(5) 將清算後之商品移至暫存區中（其他料架、物流箱中），以免與完成清點之商品混淆。待清點完畢後，再將商品移至原料架中並記錄之。

(6) 將盤點記錄和原存貨資料比對，以產生盤盈盤虧分析報表。不論盤盈或盤虧皆需調查其原因並說明理由，經主管核准後始得進行調整分錄作業。

（五）揀　貨

1. 揀貨作業

　　揀貨作業乃指物流中心根據客戶訂單內容將商品自倉庫的儲存料架中取出，以進行商品加工或出貨，其所花費之時間約占整個物流作業所需時間與成本 30~40%左右。揀貨區域規劃、產品放位置規劃及揀貨方式皆與揀貨作業的效率有很大關聯。因此，揀貨作業為物流中心整體營運績效優劣之指標作業，其往往具有很大的改善空間。以下即針對揀貨方式、流程、相關運用之設備加以介紹。

2. 揀貨方式

　　依訂單中商品數量大小而決定揀貨方式，其可分為訂單式揀貨、批次式揀貨、混合式揀貨等三類揀貨方式，如下：

(1) 訂單式揀貨

訂單式揀貨又稱為摘取式揀貨，即依各客戶訂單之訂購內容，以一張訂單為單位，進行對應品項之揀貨作業。在此方式下，揀貨作業之前置時間較短、後續作業簡單、且揀貨區與商品存放區可同時共用，但由於一次僅揀取單張訂單，其總行走距離較長。適用於訂單間之品項差異大、數量少之訂單。（其流程如圖 15-19 所示）

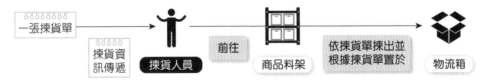

圖 15-19　訂單式揀貨

(2) 批次式揀貨（其流程如圖 15-20 所示）

批次式揀貨又稱為播種式揀貨，其揀貨流程較為複雜。其作法乃先將某一數量之訂單彙整為一批次之訂單，再就不同商品品項揀取該批次訂單內各品項之總量，待完成總量揀取後，再針對該批次訂單所揀取之品項按個別揀貨單進行分類，並依各揀貨單所需之品項與數量進行分配。批次揀貨一次揀取商品總量，可使總行走距離縮短，亦使單位時間之揀貨量增加；但由於客戶訂單並非同時集結至物流中心，必須累計一定數量之訂單後，才可進行批次彙總揀貨，故常造成等待時間浪費。此方式適用於訂單品項相似、數量大或前置時間較長之訂單。

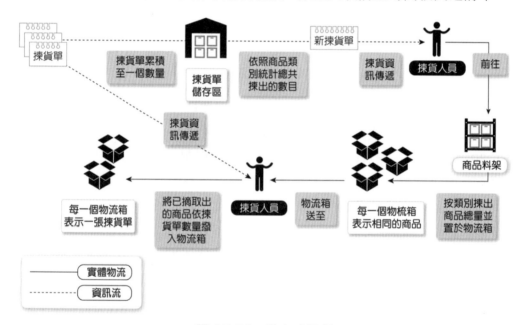

圖 15-20　批次式揀貨

(3) 混合式揀貨

混合式揀貨方式乃先將客戶訂單之訂購品項分類，之後根據不同訂單內容決定不同揀貨方式，如部分品項依訂單別揀貨進行，其餘則採用批次式揀貨，最後再進行訂單合流。其同時擁有訂單式揀貨和批次揀貨之特色，若能針對不同特色之訂單採取適當之揀貨方式，將能獲得最佳效果。

表 15-4 比較訂單揀貨與批次揀貨之優缺點，各物流公司可根據公司之作業方式選用較佳之揀貨方式。

表 15-4　訂單式揀貨與批次式揀貨之優缺點

	訂單式揀貨	批次式揀貨
優點	1. 其揀貨區與商品存放區可同時共用,系統不必如批次揀貨般需要另闢一作業區域以進行二次分類。 2. 系統之作業前置時間較短且後續作業簡單。	1. 一次揀取商品總量,可使總行走距離縮短,亦使單位時間之揀貨量增加。 2. 以商品為作業方式之決策依據,因此批次揀貨作業與二次分類作業可同時進行,以縮短批次式揀貨之總作業時間。 3. 經過商品之總量揀貨和二次分類作業等兩個階段,可形成相互稽核比對的效果,使整體揀貨作業之正確率提高。
缺點	1. 一次揀取乃以單張訂單品項內容進行,整體而言,其總行走距離較長。 2. 揀貨時一訂單之商品必須於揀貨時全部揀齊才算完成,下一個訂單才可以開始進行。	1. 客戶訂單並非同時集結至物流中心,必須累計一定數量之訂單後,方可進行批次彙總揀貨,此乃造成等待時間浪費,使作業之前置時間加長。 2. 對於庫存型物流中心而言,若採用批次揀貨作業模式,不論是否採用自動化設備輔助分類作業,皆需再另備額外之作業空間,以完成二次分類作業。 3. 對於訂單量大之物流中心而言,可能因批次揀貨次數多,造成總作業時間增加。但若減少批次數量而增加每批次之客戶訂單數,則造成二次分類的作業時間與困難度增加,兩者間需取其平衡。

資料來源:作者整理

3. 揀貨流程

　　雖然揀貨流程和設備息息相關,但流程仍有部分必要程序,故此部分先就模式相同部分進行介紹:(其流程如圖 15-21 所示)

(1) 各樣訂單由物流公司電腦彙整統計後,電腦根據訂單整理揀貨資訊(如商品品項、數量、各商品料架位置),並產生揀貨單(書面或電子方式)。

(2) 待揀貨資訊確認後,即可開始進行揀貨。依物流中心現有之設備與揀貨流程大致可分為人工揀貨、半自動揀貨、全自動揀貨三類,以下將詳細介紹之。

(3) 揀貨完畢後,可將揀貨品項依訂單內容置於物流箱中,其可能直接出貨或經由理貨加工後再入庫保存。

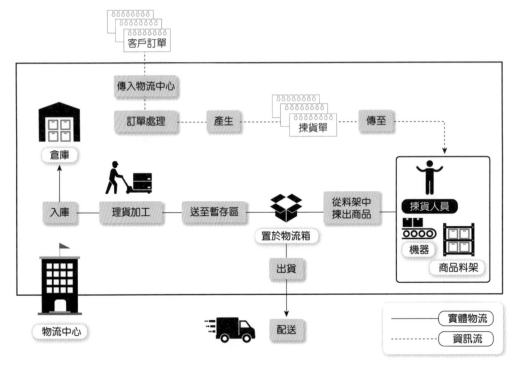

圖 15-21　揀貨作業於完整物流作業流程角色

　　以下乃分別介紹三種揀貨方式(即人工揀貨、半自動揀貨、全自動揀貨)及對應之揀貨流程（見圖 15-22 所示）：

(1) 人工揀貨

　　此種模式乃直接由人工作業方式進行揀貨。揀貨時由揀貨人員根據所印出之書面資訊（即揀貨單，或稱 PK 單），以純人工作業方式（人為判斷數量、品項、儲位）進行揀貨，為一種較傳統之揀貨方式。以下為不同之人工揀貨方式：

A. 揀貨人員持揀貨單據進行揀貨

(A) 揀貨人員依據資訊管理系統（通常為 WMS 或 OMS 系統所產生）所列印之揀貨單或出貨單進入倉儲系統內進行揀貨，由於距離及路線之考量，所以揀貨人員可能一次攜帶多張揀貨單進入倉儲系統內。

(B) 揀貨人員必須憑藉著對揀區儲位之記憶，行走於料架間並依揀貨單據之資料進行商品揀取，並放置於物流箱中。

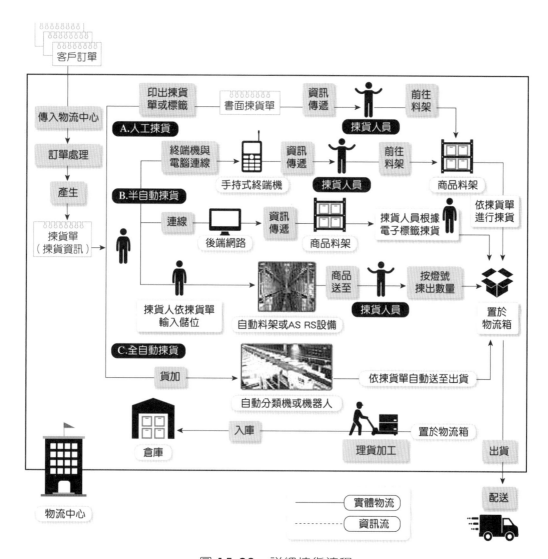

圖 15-22　詳細揀貨流程

B. 揀貨人員以貼標揀貨方式進行揀貨

(A) 揀貨前先將需要揀貨之商品數量、品項、相關揀貨訊息與客戶資訊，合併列印等量之標籤，因此客戶訂單的標籤總數即等於該張訂單之總揀貨件數。

(B) 揀貨人員提取列印之標籤取代揀貨單以進行揀貨，揀取一件商品進入物流箱中即以一張對應之標籤貼上，可將標籤上之資訊與揀取貨品進行比對，而當該訂單之標籤全數黏貼完畢，即表示完成該訂單之揀貨作業。

(2) 半自動揀貨

此種模式乃為揀貨人員、硬體設備及揀貨資訊互相搭配進行之揀貨方式，其主要可透過電子資訊指示協助揀貨人員揀貨，並由揀貨人員直接將資訊輸入至硬體設備中，或者由硬體設備直接將相關物流箱送至揀貨人員前，讓揀貨人員進行揀貨。

(3) 全自動揀貨

此種模式不需揀貨人員，其經由電腦和硬體間之連繫即可完成揀貨作業。

4. 揀貨相關資訊技術與設備

(1) 電子標籤輔助揀貨系統

由主控電腦控制一組安裝於貨架儲位上之電子裝置（即電子標籤），藉由燈號與顯示板上之數字顯示，以引導揀貨人員正確、快速地揀取貨品。在歐美一般稱 PTL(Pick-to-light or Put-to-light)System, 在日本則稱之為 CAPS(Computer Aided Picking System)或 DPS(Digital Picking System)。

(2) 掌上型終端機

主要乃利用輕薄短小的設備於作業現場依終端機之作業指示，以進行各項作業;其又可稱為資料收集器。一般掌上型終端機較常應用於倉儲管理方面，如進貨驗收、庫存盤點、出貨檢核等，或應用於製造業生產線之資料收集。

(3) 自動料架

由揀貨人員對自動料架直接輸入揀貨商品之儲位，自動料架即自動將對應儲位之商品旋轉主揀貨人員圓前，揀貨人員不需移動即可直接根據揀貨單揀取所需之商品數量。自動料架又可分為垂直式旋轉系統、水平式旋轉系統和自動倉儲系統。

(4) 自動分類機

此設備乃於產品投入與確定目的地後，系統即按預先所設定之對應邏輯，自動將商品送至目的流道中，以完成品項分流或分類作業。物流中心若採用批次揀貨策略，則自動分類機可應用於其後續之二次分類作業，達到揀貨快速且精確之目的。

(5) 揀貨台車

此設備乃利用自由移動式台車搭配電子標籤進行批次揀貨之一種實際應用。

（六）理貨加工

一般物流中心之理貨加工作業乃從事簡易加工活動，如貼標、包裝、將損傷或過期商品進行修復，以讓商品能擁有銷售價值等活動。

1. 理貨加工方式

物流中心主要之理貨加工作業為貼標作業、包裝作業、商品修復作業等三項，主要作業，如下：

(1) 貼標作業

標籤為出現於產品包裝上之印刷資料，其可能為字條、代號或經設計之圖案。其基本內容應註明製造商名稱及地址、產品內容或成分、製造日期、有效使用日期、尺寸與大小、重量或容量等。

(2) 包裝作業

為商品外觀設計與製造容器相關之活動，其具有保護商品、協助商品儲存及搬運、辨識商品等功能。

(3) 商品修復作業

將已失去價值性之商品經過修復、切割等程序重新建立商品之價值。

2. 理貨加工流程

物流中心根據客戶訂單將商品進行各式理貨加工，加工完成後視訂單內容而決定出貨或再重新入庫，其流程如下：

(1) 物流中心依據客戶訂單所提需要擬定理貨單，由電腦依儲位考量後整理揀貨單及揀貨方式，揀貨人員即可開始進行揀貨。

(2) 揀貨人員所揀取之商品置於暫存區中等待加工。

(3) 進行常見之理貨加工作業，含貼標作業、包裝作業、商品修復作業。

(4) 完成理貨加工後形成之新商品可再重新分類，其可能再次進入倉儲系統或直接出貨至下游客戶端。完整理貨加工作業流程如圖 15-23 所示。

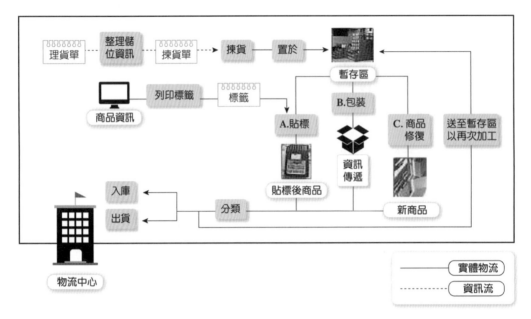

圖 15-23　理貨加工流程

3. 理貨加工之相關設備與技術

　　理貨加工作業於物流中心乃扮演供應鏈之末端加工角色，而物流中心之主要加工設備與相關應用材料包括以下項目，以下乃分別介紹：

(1) 內部填充材料

　　避免物流箱內之商品於運用過程中彼此碰撞而造成損毀，其作法乃透過固定商品於物流箱之位置或將不足之空隙填滿。

(2) 瓦楞紙箱利用

　　瓦楞紙之波浪形狀可減少碰撞時所發生之損壞，且其質量很輕，不會造成搬運之額外負擔。

(3) 圓形容器自動貼標機

　　使貼標速度提升且附貼於商品之標籤位置能夠統一，增加產品之美觀、整齊。其主要適用一般化工、製藥、食品、酒廠等圓形容器標籤。

(4) 半自動貼標機

　　藉由現場人員和貼標機互動而完成貼標作業，亦是目前最普遍之方式。其運作方式乃由電腦將標籤資訊傳至半自動標籤機，貼標機將標籤列印出後，由貼標人員自行判斷而將標籤貼於商品上，即完成貼標作業。

(5) 自動收縮膜包裝機

　　於商品外層緊貼著一層塑膠膜，以避免商品受到刮傷。通常用於各種文具、書籍、五金工具、電器製品、化妝品、禮盒、日用品、CD/DVD 盒、卡式錄音帶、錄影帶等。

(6) 自動封蓋機

　　將瓶蓋和瓶身以真空壓力下密封，以避免商品接觸外在環境而變質。其可根據不同瓶蓋和瓶身之接觸方式可將封蓋機分為螺旋式和密封式。

（七）出貨作業

　　出貨作業乃指物流中心將欲出貨之商品裝車後送至客戶端。目前物流中心為提高對客戶之服務品質，往往提供即時查詢系統，而客戶也因此能夠更迅速地知悉商品之即時動態，以進行更即時之反應。

1. 出貨方式

　　根據不同的客戶關係及訂單內容之商品類別而有以下不同出車方式：

(1) 專車配送

　　配送之訂單通常為長期契約關係之客戶，或為大批量商品，且其通常為單一目的地。若訂單中之商品有溫度限制者，則使用具有溫度控制設備之車輛。如大榮貨運負責配送家樂福之冰品。

(2) 共同配送

　　配送之訂單通常為小批量或宅配業務，配送之目的地通常較多。若訂單之商品有溫度限制者，亦使用具有溫度控制設備之車輛。

2. 出貨流程

　　物流中心經揀貨、理貨加工等作業後，即將商品送至暫存區等待出貨。出貨作業包含前後兩段作業，前段作業乃為貨物裝車作業，即將商品放置至配送卡車上；後段作業乃為配送作業，即將商品送至客戶端，以完成出貨作業。以下乃分別介紹前後段出貨作業。

(1) 前段出貨作業（即裝車作業）

　　A. 出貨人員接獲出貨指示後，即將所需配送之訂單經輸配送支援系統 (TDSS)或以人工方式處理後，決定商品裝車方式（如 LIFO, Last in First Out，最後裝車之商品為最先配送之目的點）及運送之路線規劃資訊。

B. 將這些資訊及訂單資訊儲存於 PDA 或以文件單據形式交予裝車人員和司機,待裝車人員與司機根據這些資訊利用 PDA（結合 Bar code）或者填寫確認之表單,以確認出貨商品後,即完成配送之前段作業。

(2) 後段出貨作業（出車後配送作業）

A. 司機確認出車後,將出車時間記錄於 PDA 或出車記錄表上,結合 GPRS 將出車訊息傳回公司主機以即時回報。若配送拖輛並未具備 GPRS 功能,則必須等待配送完成後才將出車訊息以批次方式向公司調度中心回報。

B. 司機可由 PDA 之 GPS/GIS 功能即時掌握路況,公司主機與車輛之 GPRS 車機連線藉此即時監控系統可掌握車輛行進路線、行車時間速度等,進而提供客戶商品之即時配送狀況,並可進行車輛之即時調度。

C. PDA 可讀取配送商品之 Bar code 資訊,並利用 GPRS 功能與公司資料庫進行連結、確認。訂單經 TDSS 系統處理產生之輸配送資訊可藉由 PDA 以圖形方式顯現,並顯現車廂之實際配置情形,裝車人員便可依照顯示之資訊進行貨物裝車作業。

D. 司機若發現無法及時將商品送達客戶手中,則可透過 PDA 將無法準時送達之訊息送回公司進行即時回報。公司客服人員可即時利用 E-mail、手機簡訊或資訊系統主動通知客戶到達時間將有所變更。

E. 司機到達目的地後,即可與客戶端之作業員進行點檢交貨。司機先請客戶檢驗商品數量是否正確;若數量正確,即要求客戶於出貨表單上進行簽收,同時司機以 PDA（結合 Bar code）確認已達交貨品資訊,並利用 GPRS 功能將確認資訊傳回公司;若無相關電子資訊設備支援則略去此步驟。之後,司機將客戶簽收之送貨單據送回公司,以完成配送作業。

F. 若客戶拒絕收貨,則司機可利用 PDA 回報拒收條件（如訂單錯誤、數量錯誤、產品汙損等）,並將客戶拒絕之商品攜回。而配送作業未完成之訊息亦同時自 PDA 透過 GPRS 傳回公司,待公司確認退貨訊息無誤後,由公司重新出貨配送至客戶端。若司機無法以電子設備即時回報客戶拒絕收貨之資訊,司機則央請客戶填寫相關表單並攜回公司（或由客戶自行以電話通知公司）,待公司確認退貨訊息無誤後,由公司重新出貨配送至客戶端。

G. 因商品之配送狀態可透過即時傳輸方式傳回公司主機，客戶可透過公司提供之查詢平台，藉由輸入商品對應之單據號碼，即可即時掌握該商品之配送狀態。圖 15-24 即顯示出車後配送作業之流程。

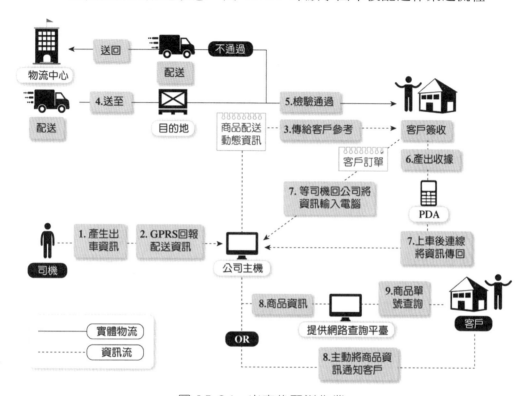

圖 15-24 出車後配送作業

3. 出貨相關資訊技術與設備

目前出貨相關設備甚多，其主要目的乃為獲得即時之商品配送資訊，以下乃針對目前新興技術與相關設備作介紹，包含 PDA 輸配送支援系統、即時監控系統等 3 項，以下分別介紹：

(1) 個人數位助理器(PDA)

個人數位助理器(Personal Digital Assistant)為目前在資訊工業中相當重要之設備，其主要功能與特性乃能提供任何人不受場合及時間限制(Any People 、Anywhere、Anytime)，可靈活運用於處理個人每日工作或個人事務。PDA 為一種可攜式電腦產品，無論在產品使用系統及輸入方式均與個人電腦(PC)有所不同。廣泛而言，PDA 之出現並非用以取代 PC，其乃期望加強個人化與即時化之資料處理能力。過去 PDA 產品之研發重點在於資料記憶功能，但在通訊技術極速發展下，具即

時通訊功能之 PDA 亦逐漸成熟。產品使用系統及輸入方式均與個人電腦(PC)有所不同。廣泛而言，PDA 之出現並非用以取代 PC，其乃期望加強個人化與即時化之資料處理能力。過去 PDA 產品之研發重點在於資料記憶功能，但在通訊技術極速發展下，具即時通訊功能之 PDA 亦逐漸成熟。產品使用系統及輸入方式均與個人電腦(PC)有所不同。廣泛而言，PDA 之出現並非用以取代 PC，其乃期望加強個人化與即時化之資料處理能力。過去 PDA 產品之研發重點在於資料記憶功能，但在通訊技術極速發展下，具即時通訊功能之 PDA 亦逐漸成熟。產品使用系統及輸入方式均與個人電腦(PC)有所不同。廣泛而言，PDA 之出現並非用以取代 PC，其乃期望加強個人化與即時化之資料處理能力。過去 PDA 產品之研發重點在於資料記憶功能，但在通訊技術極速發展下，具即時通訊功能之 PDA 亦逐漸成熟。

(2) 輸配送支援系統(TDSS)

輸配送決策支援系統 TDSS(Transportation/ Distribution Sup-port System)，能協助物流業者於接受訂單後，依訂單內容安排最佳配送順序、運送路徑與車輛型態外，尚具有以下 3 項主要功能：配送前之排車規劃功能、配送過程之監控紀錄功能與配送後之績效管理功能。

(3) 即時監控系統

即時監控系統乃利用電子資訊之即時傳輸，讓物流中心與客戶掌握配送狀態。監控系統本身結合以下 4 項技術：

A. GPS 衛星定位技術(Global Positioning System)

B. GPRS 封包交換技術(General Packet Radio Service)

C. GIS 地理資訊系統(Geographical Information System)

D. Internet 網際網路

（八）補貨作業

當存貨不足（通常指低於安全存量），或根據訂單揀貨時發現揀貨作業區之存貨不足，而進行相關補貨資訊（如補貨單據、確認單據）處理，以向上游供應商要求進貨至倉庫或揀貨作業區。

1. 補貨方式

補貨作業之發生端視於商品之庫存量是否足夠。補貨時機依各公司不同之決策管理方式而有下列 3 種類型：

(1) 批次補貨

於每日或每一批次揀貨前，經由電腦計算所需揀取之商品總量，再與揀貨區之存貨量比對，於進行揀貨前的一特定時間點補足貨品。此一次補足之補貨原則，較適合每一批次揀貨量變化不大、一日內緊急插單不多、或每次揀取量大之情形。

(2) 定時補貨

將每作業日劃分為數個時點，補貨人員於時段內檢視揀貨作業區之商品存貨量，若存量不足即馬上進行補足，此即為定時補足之補貨原則。此原則較適合分批揀貨時間固定，且處理緊急插單之時間較固定之物流中心。

(3) 隨機補貨

即指定專門之補貨人員隨時巡視揀貨作業區之商品存貨量，若存貨量不足即隨時補足。此為一種不定時補貨原則，較適合每批次揀貨量不大，緊急插單多，以致於一日內作業量不易事前掌握之情況。

2. **補貨流程**

說明補貨流程前，將三種不同補貨類型之特質歸納如下：

(1) 因盤點發現庫存不足而進行補貨：即因物流中心之庫存不足而必須向廠商重新訂貨時，所進行之補貨作業。

(2) 依訂單補貨、且揀貨作業區與倉庫區為不同區域：揀貨時發現揀貨作業區之庫存量不足，而必須將倉庫之庫存商品搬運至揀貨作業區而進行之補貨作業。

(3) 依訂單補貨、且株貨作業區與倉庫區為相同區域：當物流中心之倉庫與揀貨作業區為相同之區域時，因揀貨或盤點而發現庫存不足時所進行之補貨作業。

3. **訂單揀貨之補貨流程**

(1) 因盤點發現庫存不足而進行補貨之流程。

(2) 盤點時發現倉儲庫存不足後，由倉儲主管人員發布補貨命令。

(3) 要求訂貨處理部門向上游供應商訂貨。

(4) 依物流中心之進貨、入庫作業補足庫存量。

(5) 倉儲主管人員確認作業無誤後，即完成補貨作業。

4. 訂單揀貨的補貨流程

　　由於揀貨作業區與倉庫區可能為相同區域或相異區域，因而影響依訂單內容而引發之補貨流程，因此以下將此二情形分別討論：

(1) 物流中心之揀貨作業區與倉庫區分開設置時

　　A. 物流中心根據訂單發布揀貨命令而至揀貨作業區揀貨。

　　B. 當發現揀貨區之商品不足時，揀貨作業區之主管即發布補貨命令並傳送至倉庫區要求補貨。

　　C. 倉儲主管人員確認倉庫庫存足以滿足揀貨單位之需求後，即發布補貨之揀貨單據。

　　D. 補貨人員自倉庫區將補貨之商品揀出並送至揀貨作業區。

　　E. 揀貨作業區人員確認補貨內容無誤時，即完成補貨命令。

　　F. 倉庫之庫存量不足以滿足揀貨單位之需求後，則須向上游供應商訂貨，並發出補貨訂單。

(2) 物流中心之揀貨作業區與倉庫區為相同區域時

　　A. 物流中心依訂單內容發布揀貨命令，揀貨人員即前往倉庫區揀貨。

　　B. 當揀貨人員發現庫存不足時，由倉儲主管發布補貨命令，並依補貨命令向上游供應商下達補貨訂單。

　　C. 依物流中心之進貨、入庫作業補足庫存。

　　E. 倉儲主管人員確認補貨內容無誤後，即完成補貨作業。

5. 補貨作業相關技術與設備

(1) 由於補貨作業並無專屬之特殊設備與技術，而是結合揀貨與入庫相關設備與技術而完成，因此以下僅列舉相關設備或應用方式。

(2) 廠商送達之補貨商品，可如同入庫作業之方式以 AS/RS 設備完成補貨入庫作業。

(3) 利用 RF 設備由倉庫區揀貨至揀貨作業區，以無紙化方式完成補貨作業。

（九）退貨作業

　　物流中心之獲利來源主要為增加商品之附加價值，然而，其面對下游客戶時，往往有滯銷品、瑕疵品之退回問題；此退貨作業隱含不少企業損失，也隱含物流中心內部作業問題。退貨作業所引發之逆物流之發生地點、時間、數量往往難以預測，加上過量生產及環保考量，其所造成之浪費甚多。

1 .退貨流程

退貨流程可就退貨之對象與處理流程而分為兩類：

(1) 下游客戶退貨給物流中心

 A. 物流中心收到下游客戶之退貨通知。

 B. 物流中心派車至下游客戶，以將退貨之商品全數送回物流中心。

 C. 物流中心依合約退款予下游客戶。

 D. 送回物流中心之退貨商品乃送至檢驗部門，以確定商品不符客戶要求之原因，並整理、分析此退貨原因，詳實記錄以利後續參考。

 E. 將分析報告呈交管理人員，並且更新庫存資料。

 F. 若商品損壞原因為意外或其它因素，則物流中心可將退貨之損失由保險公司理賠或將此報告交予上游供應商，以避免再次發生相似問題。

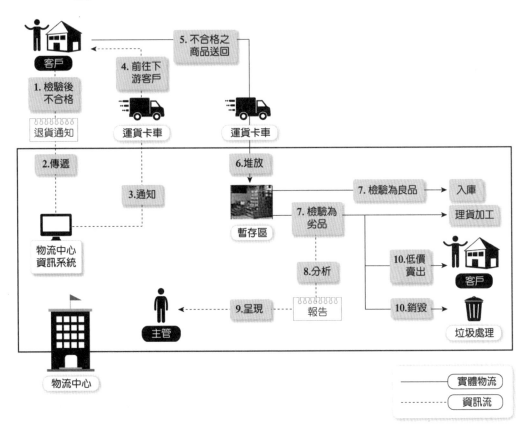

圖 15-25　下游客戶退貨流程

G. 退貨之商品有三種處理方式：

 (A) 若商品因數量不符合下游客戶訂單需求或送錯商品而遭受退貨，由於商品本身並無瑕疵，可將商品檢驗後完成入庫作業。

 (B) 若商品有部分瑕疵，即進行全面檢驗，以將劣品和良品予以區分，良品可重新入庫，而劣品則加以銷毀或維修，甚至以較低之價格重新出售。

 (C) 若商品過期不符合規定，可視商品本質是否損壞來決定處理方式，若商品本質損壞，則直接銷毀;若商品本質不變，仍可經過理貨加工程序而重新入庫。

(2) 物流中心重新出貨給下游廠商（詳細流程如圖 15-25 所示）

2. 物流中心重新出貨給下游客戶（詳細流程如圖 15-26 所示）

(1) 物流中心收到下游客戶之退貨通知並要求補償。

(2) 物流中心派車至下游客戶並依下游客戶之需求量補足商品，且將退貨之商品全數送回物流中心。

(3) 送回物流中心之商品乃送往物流中心之檢驗部門，以確定商品不符客戶要求之原因，並整理、分析退貨原因，詳實記錄以利後續參考。

(4) 將分析報告呈交管理人員，並更新庫存資料。

(5) 退貨之商品有 3 種處理方式：

 A. 若商品因數量不符下游客戶訂單需求或送錯商品而遭到退貨，由於商品本身並無瑕疵，可於商品檢驗後完成入庫作業。

 B. 若商品有部分瑕疵，需進行全面檢驗，以將劣品和良品區。良品可重新人庫，而劣品則需進行銷毀或維修，甚至以較低價格重新出售。

 C. 若商品過期而不符合規定，則可視商品本質是否損壞來決定處理方式。若商品本質損壞，則直接銷毀，若商品本質不變，仍可經過理貨加工程序而重新入庫。

(6) 若商品損壞原因為意外或其它因素，則物流中心可將退貨之損失由保險公司理賠或將此報告交予上游供應商，以避免相似問題再次發生。

(7) 上游供應商將商品送至物流中心，卸貨後置於物流中心之暫存區。

(8) 物流中心檢驗人員進行商品檢驗。

(9) 若物流中心檢驗人員發現商品數量、品質與所下訂單不符，即可通知上游供應商將商品取回。

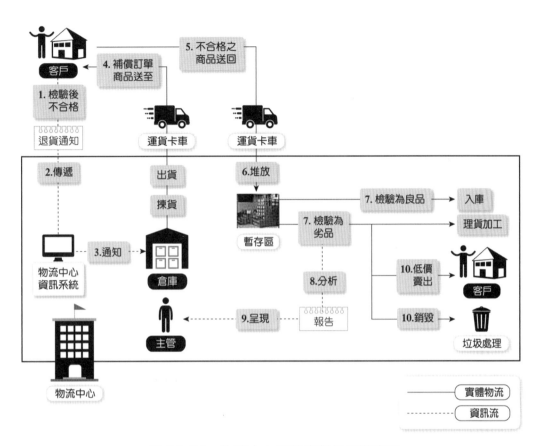

圖 15-26 物流中心重新出貨給下游客戶

物流個案

■ 低溫倉儲高效分揀機器人

memo

Chapter 16

我國企業如何善用物流運籌以提升競爭力

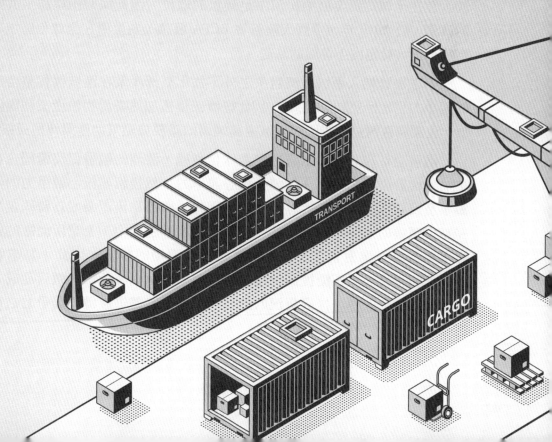

有鑑於全球化競爭態勢越演越烈，為提升臺灣在全球化運籌與布局能力，首要之務就是協助物流業者發展國際化服務。經濟部在國家總體策略下，積極透過各項推動政策，協助物流業者轉型為具規模與國際化能力的服務商，同時串聯物流與產業之間的整合，打造臺灣堅厚的全球運籌戰鬥力。

第一節　概說

一、國際化物流趨勢底定

自從 2008 年發生金融海嘯以來，歐美經濟疲弱不振，全球經濟結構產生巨大變化，包括：中國大陸、東協 10 國在內的亞洲新興經濟體，成為全球經濟主要成長動能。為了在亞洲經濟占有一席之地，世界各國都加強發展區域經貿整合，包括「跨太平洋戰略經濟夥伴關係協定」(TPP)與「區域全面經濟夥伴協定」(RCEP)，都正如火如荼進行談判協商中。

在全球區域經貿整合趨勢下，臺灣被邊緣化的隱憂逐漸浮現，為掌握中國大陸在全球經貿發展中扮演舉足輕重的地位，因此採取兩岸和平共榮發展的政策，於 2010 年與中國大陸簽署 ECFA 協議，為臺灣在全球化區域經濟整合趨勢下，奠定向上發展的基礎。

除了加速進入區域經濟體系之外，強化臺灣產業在區域經貿整合趨勢中的競爭力也是相當重要的關鍵，因此經濟部積極加速臺灣物流產業朝國際化發展，企圖將臺灣打造成國際區域運籌網絡的重要據點幫助產業轉型與擴展。

隨著全球經貿發展澈底走向全球化型態，激烈的競爭促使跨國企業必須更加專注於製造、研發、行銷等核心競爭力，然後將非核心競爭力的全球運籌事務及國際物流委外給專業廠商，因此，國際物流產業成為跨國企業串起完整供應鏈的重要角色。此外，在全球化競爭趨勢中，企業所面臨的競爭已經不再只是企業對企業，而是供應鏈對供應鏈的競爭，因此，為求勝出市場，跨國企業必須不斷提高供應鏈管理效率，藉以降低供應鏈管理成本，提升運籌物流的效率、提高貨況的能見度，增強整體供應鏈的競爭力之後，才能在全球運籌的爭戰中脫穎而出。

在此趨勢下，牽動全球運籌及身處供應鏈體系關鍵地位的物流業者，必須跟上潮流積極將自己打造成為具備國際物流運籌服務的提供商，包括：積極透過同業間的水平整合，增加經營深度、擴大規模經濟、降低營運成本；以及藉由跨業間的垂直整合，發展整合性服務模式，都是國內物流產業改變規模小的方法，壯大規模才有機會與國際物流大廠競爭。

二、強化跨境物流

有鑑於臺灣物流業者在發展國際化物流服務，以及串聯產業朝整合型物流服務商邁進時有諸多困難，因此，政府積極藉由各項政策推動，以「物流支持產業、產業推動物流」的雙贏方向，協助國內物流業者朝向國際化、規模化發展之外，也強化臺灣產業在全球運籌的能力。

2010 年 10 月，行政院通過「國際物流服務業發展行動計畫」，以整合資源、強化臺灣全球物流運籌競爭力為目標，進行各部會分工與整合推動，具體措施包括：提升通關效率、完善基礎建設、強化物流服務、促進跨境發展與合。經濟部指出，在強化物流服務方面，著重於輔導物流業者強化倉儲轉運能量與建構完整進出口網絡，以及輔導物流業者承接外商物流服務，在促進跨境發展與合作方面，政策重點在於針對 ECFA 簽署後的產業需求，輔導物流業者朝向規模化與利基發展，擴大全球服務項目與跨國服務據點。

2011 年 2 月 16 日，經濟部宣布成立「兩岸產業布局策略小組」，選定 LED、電動車、低溫物流與物聯網做為兩優先合作產業，之所以將物流業產業列入其中，目的在於協助我國物流業者拓展海外市場廣大的低溫物流商機。經濟部透過聯盟方式結合國內物流業者，逐步建立中國及海外市場 低溫物流網絡，作為臺灣產製低溫商品的後勤支援，同時結合電子商務、連鎖通路、特色餐飲等商流營運，將臺灣低溫物流服務觸角延伸至全球市場。

在確立國際物流服務為臺灣經濟發展與強化產業競爭力優先項目後，經濟部遂過產業運籌服務化推動計畫、低溫物流國際化發展推動計畫、物流基礎整合與效率化推動計畫、物流利基化與供應鏈服務推動計畫等多項政策，逐年逐步輔導業者推動國際物流服務升級、加值與創新。

另外，經濟部有鑑於物流業者的同業水平整合與異業垂直整合有其難度，進一步在物流利基化與供應鏈服務推動計畫中，以物流聯盟服務示範案為方向，藉由業務合、股權參與、股權轉換、合資發展或企業併購等多種聯

盟方式，推動物流業與產業進行垂直或水平整合，達成核心業務互補、流程整併與改善的目標，協助業者成為提供全流程、整合性國際物流的服務業。

 ## 第二節　運籌與物流管理發展基礎

一、運籌管理流程

阿里巴巴創辦人馬雲曾經說過：「物流是走出經濟困境和全球化的重要關鍵」。

物流管理在營運成本上占有極重要的角色，面對資訊科技與新零售通路的夾擊，使用過去的物流經營模式，只會稀釋掉企業的獲利效益。知名的國際企業例如亞馬遜、阿里巴巴皆是靠完善的現代物流管理取勝，將省下的成本回饋給民眾，吸引更多消費者上門。本篇將介紹良好的物流管理應如何經營，成本如何降低，讓您掌握物流等於掌握獲利數字。

運籌管理是指從研發到上下游管理的過程，所涉及到的物流、資訊流、金流，透過完善管理與整合，使得產品的製造與銷售達到最佳組合，以實現市場競爭力。運籌管理涵蓋的層面甚廣，物流管理只是其中的一部份。

二、物流管理階段

物流管理包含哪些階段呢？物流管理是指「採購」到「配送」的過程，每個環節都可能影響成本的支出，我們將整個物流管理歸納出 9 項，企業可以依照以下 9 項內容，檢核自家物流系統的完善度。

研發　採購　運輸倉儲　配送　行銷　上下游管理

圖 16-1　運籌管理的過程

1. 採購管理：制定採購計畫、說明書，確定採購數量與品質，送貨時間與地點的標準。

2. 運輸管理：運輸的方式與路線，若為易碎品或冷藏冷凍品，需確認運輸的車輛與承裝方式。

3. 儲存管理：原料、半成品與成品的儲存方式，包含庫存量與庫溫的控管。

4. 裝卸管理：裝卸搬運系統的設計與設備規劃。

5. 包裝管理：包材的選擇與設計，包裝的自動化與標準化。

6. 製造加工管理：製造流程標準化，制定標準作業流程。

7. 配送管理：集貨中心地點的選擇、配送作業的流程優化。

8. 物流訊息管理：驗收、領料、庫存與退貨的數量，須即時掌握。

9. 客戶管理：調查與分析顧客對於物流的反應，以判定顧客真正所需的物流服務。

三、物流五種管理方法

物流成本如同一塊冰山，看得見的成本只是冰山一角，其他隱形或是會計難以估算的成本更是占多數，包括：原料物流、配送物流、逆物流、裝卸費用、廠房折舊費等等，都與物流成本息息相關。雖然無法將偌大的成本冰山消除，但可以運用一些方法，幫助企業節省多餘的成本。

（一）即時性生產

客戶尚未下單前，不事先製造過多的產品，也不囤貨，而是按照訂單，生產固定數量的產品，企業也可以採用經濟訂貨批量系統(EOQ)，已達儲存成本最小化。

（二）即時性出貨

根據歷史資訊儲存產品，不過度提早在消費地點存放產品，而是接到客戶訂單後，再從物流中心發貨至顧客手中。

（三）集中運輸與預訂送貨

運往相同區域的貨品，統一集中後，再一併配送至客戶手中。或是先與客戶預定好交貨日，再發貨。例如：先與客戶預定一週後送達貨品，在這一週內可以集中到較大的運輸量，屆時再統一配送貨品。

（四）供應商緊密合作

與供應商緊密合作，對於原料品質與數量能有清晰的預測，亦能為下游客戶制定準確的訂購計畫。

（五）第三方物流

將貨品交由第三方物流配送，專業物流公司能有系統的將貨品整合後送出，落實集中運輸的概念，並替公司省下養車、雇用人力的成本。

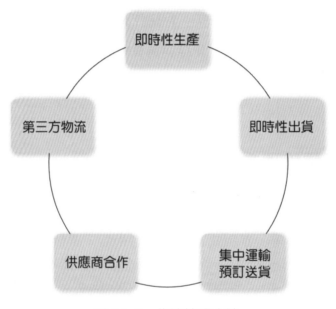

圖 16-2 物流管理方法

 第三節　善用資訊技術與數據

亞馬遜在數據與科技的運用上已達爐火純青的地步，他們在 30 分鐘內可以完成顧客訂單，從訂單處理、揀貨到包裝，皆由大數據所操作。面對顧客同時購買易碎品與一般物品時，也一樣有高效率的配送方式，原因在於亞馬遜背後強大的演算法，能將重量與材質相異的商品，採低損壞率與低成本的方式運送。

雖然，一般的中小企業尚無強大的演算系統，但是善用資訊科技與數據，一樣能確保物流系統高效率的運轉，例如使用倉儲管理系統，可以隨時

掌握庫存狀況，進行庫位調節，避免資訊不對等的風險，亦能利用系統查詢歷史資料，幫助企業做出準確的預測。

其實，我們天天都在使用大數據。如今大數據一詞已經變得無處不在。人們在思考通過利用大數據治療癌症、結束恐怖主義以及飢餓，從而改變這個有時候有點糟糕的世界。當然，也有人已經開始利用大數據掙錢，預測稱到 2030 年其可為全球經濟增加 15 萬億美元的貢獻。

可能很多人會產生疑問：大數據很熱也很重要，但跟我好像沒什麼關係。只有那些在 IT 業務上投入數百萬甚至上億美元的大公司才有可能從中受益？而且只有那些擁有海量數據的公司才會有所作為？但事實可能並不是這樣的。最近幾年，收集、分析以及利用這些數據，以提高個人的業務能力已經變得越來越容易。只是很多人似乎還沒有意識到這一點。 以下是我們在日常生活中使用大數據的一些場景：

一、Google：廣告、搜索、翻譯

雖然不經常對外進行宣傳，但 Google 確實已經擁有堆積成山的數據並且已經開發出很多處理這些數據的工具。Google 這方面的業務不只是網頁搜索，還衍生為可以實時查詢任何可測量數據的中央集線器，這些數據內容包括天氣信息、航班延誤、股票漲跌、購物訊息等。

大數據分析（利用工具對數據進行分類，並讓這些數據產生價值）加以很好利用的實例是，我們可以很方便的檢索相關的訊息。在 Google 搜索中就運用了非常複雜的算法，在用戶查詢相關訊息時可以與所有可得的數據進行匹配。Google 搜索還在嘗試判斷，用戶是否在尋找新聞、實時、人或統計數據，並從正確的訊息流中提取相關訊息。

對於其他更複雜的操作，比如，Google 翻譯會調用其他內置的算法，這些算法也是基於大數據。Google 會研究幾百萬篇翻譯文章和演講，然後給出最準確的解釋。

當我們使用 Google 的 Adwords 廣告系統進行廣告投放時，從最大的業務到一個人的業務都在使用大數據分析。通過我們瀏覽的網頁了解我們，Google 然後會推送我們可能會感興趣的產品和服務。當使用 Google Adwords 或 Google 旗下其他服務時，廣告主也會使用大數據分析，希望吸引那些與他們的網站和商店的用戶畫像匹配的消費者。

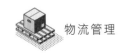

二、Facebook：廣告、社交

　　Facebook 和 Google 擁有非常相似的業務和數據模型（儘管兩者在市場定位方面存在很大的差異）。每一家都在公司形象中突出大數據這一方面，尤其是那些自己擅長的業務。對於 Google 來說，就是在線信息、數字和事實。對於 Facebook 來說，就是用戶。因為讓我們與家人和朋友之間的溝通變的更方便和高效，這使得 Facebook 在短短數十年的時間內成為全球最大的公司之一。同時，這也意味著 Facebook 從我們身上蒐集了大量的數據，並且我們自己也可以利用這些數據。具體應用的場景包括，搜索老朋友、與我們搜索的結果進行匹配。Facebook 研究的先進技術還包括：圖像識別－通過訓練機器學習幾百萬張圖像後，該技術可以識別圖片或視頻中的物體或細節。這也是為什麼在我們說出照片中人物名字前，為何機器先說出了答案，以及如何發現我們喜歡嬰兒或貓咪照片，以後我們將看到更多的類似照片。對於用戶以及他們喜好細緻入微的了解，使得 Facebook 可以向任何企業出售精準的廣告。Facebook 可以根據詳細的人口數據以及興趣數據，幫助企業主找到潛在的消費者。或者也可以讓 Facebook 使用大數據分析，尋找那些與公司目前消費者類似的人群。

三、亞馬遜：電商

　　作為全球最大的電商公司，亞馬遜同時也是全球最大的由數據驅動的公司之一。需要說明的是，亞馬遜與其他互聯網巨頭的不同之處在於市場定位。與 Google 和 Facebook 一樣，亞馬遜也向用戶提供廣泛的在線服務，包括：訊息搜索、聯繫朋友和親人以及廣告。然後，這一切都建立在電商這一主營業務上。亞馬遜將我們所瀏覽和購買的商品，與世界其他地區消費者的購買行為進行對比。通過創建購買習慣的用戶畫像，那些從別人身上得到的產品推薦可能與我們很匹配，也可能非常符合我們的需要。在亞馬遜，大數據的應用被稱為推薦引擎。除了購物外，亞馬遜也讓我們使用其平臺自己賺錢。每一個打算在亞馬遜平臺上做生意的商家，都會受益於數據驅動的推薦引擎。而且理論上，該引擎會向用戶推薦適合他們的商品。Google、Facebook 和亞馬遜三家公司都在使用大數據技術，同時我們也在生活中使用並受益了。隨著海量的數據變得越來越可得而且成熟的工具越來越多，大數據會產生更多的價值。當然，數據洩露、隱私安全、數據之爭等問題也日益增多。

第四節　客製化倉儲物流管理

　　傳統的第三方物流，雖設有倉儲管理系統，但執行上有諸多限制，無法靈活的配合中小企業的出貨頻率與數量。Boxful 的企業倉儲物流管理服務解決中小企業的痛點，Boxful 提供彈性的倉儲租賃，輕鬆控管租賃成本，並依照淡旺季配合顧客需求，靈活的配送，不受合約限制。在倉儲環境方面，全天候維持 22℃，濕度設為 50~60%RH，不論是食品、化妝品還是電子產品，皆能避免產品發霉或變質，您可以放心的存放貨品。客製化的物流管理已逐漸成為新趨勢，靈活的運用倉儲與線上系統進行管理，大幅節省人力成本，提升工作效率，降低的成本能反應在商品售價上，讓您的商品在市場上更具競爭力，想讓企業獲利成長，不再是難題。「BOXFUL 跨境配」如何幫電商賣家打造最有成本競爭優勢的一站式跨境倉儲物流服務，有五大優勢：

一、 一站式整合倉儲物流，最快 24h 內送達亞洲重要城市

　　BOXFUL 發現，其實跨境交易中有很多時間是耽擱在處理訂單和倉儲流程，透過整合電商平臺、倉儲和物流的一站式服務，跨國平臺上一接單，可客製化存放方式的跨境倉即開始撿貨、包裝和配送，搭配多元物流選項，最快 24h 內可送達港澳、新加坡、馬來西亞、日本等亞洲重要城市消費者手上。

二、整合多家物流廠商，系統即時挑選最適宜物流選項

　　跨國物流快遞出貨到每個市場都有不同的成本和價格策略，因此僅只配合一家跨境物流業者送到各市場可能不是最佳成本策略 BOXFUL 系統，針對出口貨物材積及出口地區挑選最適宜物流，讓臺灣品牌的商品更有成本價格優勢。

三、 串接跨國電商平臺，自動生成出口面單，回拋追蹤編號

　　串接 SHOPLINE、Shopify、亞馬遜全球開店、蝦皮購物等多個跨國電商平臺，平臺一收到訂單即與 BOXFUL 物流後臺同步，自動生成出口面單，不

用再一筆筆手動輸入訂單，大幅提升效率；並自動回拋追蹤編號給消費者，不需要一再被消費者追殺貨送到哪裡，讓跨國消費者能即時追蹤貨態。

四、 跨通路訂單庫存管理系統，一鍵解決出貨問題

雲端訂單庫存管理系統，可整合多個通路訂單庫存，一目瞭然呈現進出、貨態、庫存管理、數據分析等資訊，讓賣家能輕鬆管理不同平臺的庫存，一鍵出貨。

五、 獨家設立臺灣、香港、韓國多國跨境倉庫，跨境連動更省成本

BOXFUL 跨境配獨家於臺、港、韓設立自有倉庫，並有北美合作倉庫，預計明年初可透過系統連動，臺灣賣家可批量出貨暫存商品在香港、韓國或美國倉庫，並透過當地倉庫發貨；或者處理當地逆物流，商品不用退回臺灣，而可退到當地倉庫，大幅省下跨境物流的成本。

 第五節　未來展望及影響

總體而論，在全球化競爭中，物流產業朝向國際化發展的趨勢確立，政府應當不斷透過各項政策的推動，協助物流業者發展成為大規模且具備國際化服務的業者，並協助物流業者與臺商產業進行串聯整合，為臺灣的性業打造更堅實的全球化運籌能力，以提高全球布局競爭力。

物流個案

■ 聯邦快遞在全美運送首批 COVID-19 疫苗

附錄一　自由貿易港區之發展

2003 年制訂「自由貿易港區設置管理條例」後，有 7 個自由貿易港區被核准設立並開始營運。基隆港自由貿易港區及高雄港自由貿易港區的順利運作，吸引多家知名跨國企業的頻頻探詢，陸續有臺北港、臺中港，以及桃園航空自由貿易港區／貨運園區、蘇澳港、安平港等 5 個自由貿易港區核准啟用，傾力為臺灣在全球生產運籌鏈中找尋新的定位。

一、自由貿易港區

為發展全球運籌管理經營模式，積極推動貿易自由化及國際化，提升國家競爭力並促進經濟發展，特制訂自由貿易港區設置管理條例，於 2003 年 7 月 23 日公布施行，另為提升自由港區營運自由度，降低營運成本及提高效能，於 2009 年提出條例修正案，並於同年 7 月 8 日修正公布。目前經行政院核准並已開始營運之自由貿易港共計有六海港一空港，包括基隆港自由貿易港區、臺北港自由貿易港區、桃園航空自由貿易港區、臺中港自由貿易港區及高雄港自由貿易港區、蘇澳港自由貿易港區及安平港自由貿易港區。

目前全世界有 600 多個自由貿易區，或類似經貿特區，鄰近的新加坡、香港、大陸、日本、韓國和菲律賓等國，都有自由貿易港或類似的貿易經濟特區，且這些特區皆成為主導國際間貿易之樞紐及集散、交易中心。在這些強敵環伺之下，臺灣海港自由貿易港區，憑藉著眾多優勢與特色，依舊在亞太區域擁有一席之地，成為亞太地區的新焦點。

臺灣以獨特的地理優勢、強大的運輸能力、快捷的通關效率、強大的製造實力及完善的 B2B 基礎建設，加強整合商流、物流、金流與資訊流等供應鏈管理，使企業在產品的供應、下單、運輸、銷售等跨國經貿活動上，都能快捷地完成。

臺商目前已經在世界各國建立生產基地，就廠商的規模而言，臺灣成為其企業全球營運中心已經儼然成形。自由貿易港區結合我國製造能力將可以相輔相成，產生我國自由貿易港區特有的競爭優勢，同時應用資訊通訊科技及工具加強貨物流動資訊的實質掌握，再應用走動管理、風險管理等技巧達到營運便利及安全控管兼顧的效果。

表 1　亞洲地區自由貿易港港區比較

功能／地區	設置目的	營利事業稅率	營運方式	產業引進	通關方式	商品流通	優惠措施	招商方式
台灣	發展全球運籌管理經營模式提升國家競爭力	17%	民營、單一窗口	進出口、轉口貿易，亦可從事儲存、標示、拆櫃、重新包裝、組裝、測試、分類及深層加工製造	通報	港區內自由流通，廠商自主管理	具優惠措施	專賣單位負責，合作招商
新加坡	成為物流中心	17%	民營、單一窗口	主要為轉口	通關申報	自由進出、自主管理、重新包裝、標籤	具優惠措施	專賣單位負責
韓國	成為國際物流中心基地	22%	中央或地方政府、單一窗口	保管、銷售、單純加工、產品維修、國際物流	通關申報	自由進出、自主管理、倉儲、重新包裝、貼標籤、直接加工展示、再出口	租稅減免及投資獎勵措施	無
中國大陸	成為東亞商品集散和物資分發中心	25%	地方政府	加工、製造及國際貿易	通關申報	自主管理、保稅、貼標籤、組裝	包括全國一致性及地方自訂優惠	無
日本（沖繩）	成為日本南方國際交流流據點	30%	地方政府	加工、製造、轉口及倉儲	通關申報	自由進出、保稅、重新包裝、貼標籤、組裝	稅賦優惠、補助金、低利融資及開發地區優惠	無
菲律賓	成為亞太物流中心基地	無	中央機關、單一窗口	進出口及轉口	通關申報	自由進出、自主管理、保稅、重新包裝、貼標籤、組裝	具優惠措施	無

注：上表根據經建會「我國自由貿易港區規劃及相關國家作法研析」再行整理

（一）營運面

允許自由港區事業可從事貿易、倉儲、物流、貨櫃（物）之集散、轉口、轉運、承攬運送、報關服務、組裝、重整、包裝、修理、裝配、加工、製造、檢驗、測試、展覽或技術服務共 19 種多樣態業務，另業者可以分公司、辦事處或營運部門等型態進駐港區營運，增加了業者競爭力。

（二）效率面

為加速貨物進出自由港區之流通，政府減低貨物流通時之行政管制，對於貨物控管、電腦連線通關及帳務處理等作業，均由自由港區事業以自主管理方式進行，形成了低度行政管制及高度自主管理模式。當國外貨物進儲自由港區、自由港區貨物輸往國外或轉運至其他自由港區時，通關模式原則採免審查免檢驗方式進行；與國內課稅區及保稅區間之貨物流通採行按月彙報制度，以提高流通效率。另為便利外籍商務人士於自由港區內從事相

關活動，外籍商務人士得經自由港區事業代向自由港區管理機關申請，辦理「選擇性落地簽證」，以簡化其入境作業。

（三）成本面

自由港區事業僱用外國勞工核配比例提高至 40%。對於租稅優惠則提供國外運入自由港區之貨物、機器設備，免徵關稅、貨物稅、營業稅、推廣貿易服務費及商港服務費等相關稅費；為符合供應鏈運作需求，國內課稅區或保稅區銷售與自由港區事業供營運之貨物、機器設備或勞務適用營業稅零稅率。另外國營利事業自行申設或委託自由港區事業於自由港區內從事貨物儲存與簡易加工，並將該外國營利事業之貨物售與國內、外客戶者，其所得免徵營利事業所得稅。

（四）服務面

為積極推動自由貿易港區，由交通部成立「自由貿易港區跨部會推動小組」負責審議自由貿易港區發展政策及劃設案件，並協商跨部會事項；另各自由港區管理機關則成立「自由貿易港區工作小組」，除提供類似單一窗口之行政服務外，並負責協調處理該自由港區相關業務。

二、七大港區各具功能特色

（一）基隆港自由貿易港區

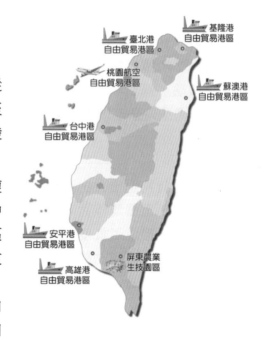

基隆港自由貿易港區之開發範圍從基隆港東岸 6 至 22 碼頭以及自西岸 7 至 33 碼頭，開發者為基隆港務局。總開發面積為 71.16 公頃。

基隆港擁有大臺北都會區之消費腹地及鄰近臺灣地區重要政經工商業中心，並有汐止、南港、內湖等科學園區與大武崙、瑞芳、六堵工業區等產業支撐，可提供船舶運送業、國際物流業、倉儲業、大型批發商、跨國營運進出口貿易商等以港口作為營運基地，並利用臺灣海港自由貿易港區之優勢，進行企業一條鞭的轉運、配銷、重整、多國拆併櫃、簡易加工、深層加工等生產與貿易活動，節省物流時間，以大幅提升營運效率。基隆港較適宜進駐的產業有倉儲、物流、組裝、重整、包裝、簡單加工、承攬運送、轉口、轉運等，部分產業並已產生群聚效應。

優勢條件：1.直接連接國道一及三號高速公路；2.東西岸皆各有聯內道路便利區內交通；3.鄰近北部政經與消費中心，擁有全台 52%貨源；4.港區鄰近擁有貨櫃集散站與三大工業區；5.擁有足夠倉棧設施因應各類貨物作業需要；6.建置車道辨識管理系統，自動化管制門哨；7.已實施貨櫃（物）動態系統掌握貨櫃（物）即時資料，並備有現場作業監控系統 CCTV。

（二）高雄港自由貿易港區

高雄港自由貿易港區之開發範圍係從第 1 至第 5 貨櫃中心及中島區 30 至 39 號碼頭區域，開發者為高雄港務局。總開發面積為 415 公頃。高雄港務局已洽高雄市政府有償撥用南星計畫土地，配合政府新能源政策，規劃引進新能源產業進駐；另外引進鑽油平台組裝作業，結合國內產業製造及自由貿易港區物流加值，是自由貿易港區最典型的委外加工作業模式；高雄港位居臺灣南部，臨近臺灣農漁牧產地，港口又具有最先進多溫層冷凍物流倉儲設

備，加上農漁牧產品列入 ECFA 早收清單，未來農漁牧產品物流快遞作業也是高雄港重點之一。

高雄港自由貿易港區東距小港國際機場 3 公里，各貨櫃中心聯外道路均鄰接省道台 17 線、中山高、國道 10 號、國道 3 號等，串成便捷之交通網。高雄港鄰近之區域包括大台南、大高雄、屏東縣等產業園區。在毗鄰高雄市的部分，包括經濟部加工出口區、南部科學工業園區、陽明好好物流中心、內陸貨櫃集散站等；鄰近之產業聚落包括：以中油公司為中心的石化業、臺灣造船公司的造船業、加工出口區之高雄、楠梓、成功、高雄航空貨運、臨廣、高雄軟體科技及屏東等 7 個園區，以及南部科學工業園區之半導體、光電及生物科技等產業聚落。

優勢條件：1.棧埠作業民營化，作業效率高、成本低、服務品質佳；2.擴大重整、加工等附加價值作業功能；3.毗鄰土地遼闊，可相互合作、發揮乘數效應；4.各貨櫃中心距高速公路 2 公里；距小港國際機場 3 公里，交通便捷；5.設置自動化門禁管制系統與關貿網路公司櫃動庫系統結合，透過資訊平台辦理電子資料傳輸作業，縮短車輛進出站時間，加速轉運作業時效，免除轉口櫃人工押運作業。

（三）臺中港自由貿易港區

臺中港自由貿易港區之開發範圍包括 1 號至 18 號碼頭、20A 至 46 號碼頭、西 1 至西 7 碼頭、港埠產業發展專業區 82.55 公頃，以及石化工業專業區 9.2 公頃，開發者為臺中港務分公司（原臺中港務局），總開發面積 627.75 公頃。

臺中港地處臺灣南北交通的中心，有快速道路連接清泉崗國際機場，有利海空聯運；更位於上海到香港航線的中點，與大陸東南沿海各港呈輻射狀等距展開，在兩岸直航具有最佳的優勢。

臺中港自由貿易港區鄰近加工出口區中港園區、臺中港關連工業區、彰濱工業區、中科園區、臺中工業區、機械科技工業園區、潭子加工出口區等，可產生區域群聚效應，提供貨主儲存貨物、重新組裝、簡單加工，作為分裝配送中心、製造加工再出口及物流中心，以提高貨物附加價值。在結合自由貿易港區各項優勢後，將有助臺中港區內業者從「國內物流」升級為「國際物流」，使港口「碼頭裝卸」、「貨物儲轉」、「生產加工」三大機能結合成為一體。

優勢條件：1.港區範圍遼闊，具發展製造加工再出口及物流中心之潛力；2.聯外公路系統完善；3.兩岸通航最佳港口；4.鄰近多處工業區與加工出口區；5.港埠作業民營化；6.港埠管理資訊化。

（四）臺北港自由貿易港區

臺北港自由港區現有之營運面積為 93.7 公頃，包含東碼頭區 79 公頃，以及北碼頭區貨櫃儲運中心北 3 至北 6 碼頭後線部分場地 14.7 公頃。臺北港整體規劃陸域面積達 1038 公頃，未來將配合新生地填築作業之完成，例如：南碼頭區及離岸倉儲物流區，逐步擴大自由港區營運範圍。

臺北港擁有廣大的腹地，港區範圍約為基隆港的 5 倍 ，目前主要營運型態為汽車物流中心與石油、化學油品之重要供應鏈節點，未來將闢建大型貨櫃中心、散雜貨中心、油品儲運中心、提供離岸物流倉儲區、親水遊憩區、遊樂船停泊區、物流中心等港埠多元開發。

臺北港自由貿易港區接近大臺北都會區，貨源充沛，又與土城、五股、林口、樹林等工業區毗鄰，距桃園國際機場僅 23 公里，海空聯運便捷。

優勢條件：1.腹地廣大、港池水深足夠；2.接近大臺北都會區，貨源充沛；3.採企業化、資訊化、自動化經營理念；4.鄰近桃園國際機場，海空聯運便捷。

（五）桃園航空自由貿易港區

適合高附加價值零組件及 IT 關連產業進駐，具整合航空貨運、物流加值、運籌、倉辦等功能，主要有航空貨運站、倉辦大樓、加值園區、物流中心及運籌中心等區域；總面積 34.85 公頃，目前第一期營運面積 13.73 公頃。

尚可招商土地：第一期加值園區招商總面積為 82,985 平方公尺（25,103 坪），尚可出租 58,475 平方公尺（17,689 坪）。

第 2 期預定 104 年 1 月 1 日提出港區貨棧興建及營運計畫，第 3 期預定 107 年 12 月 31 日前完成港區全部設施之投資興建。

（六）蘇澳港自由貿易港區

蘇澳港自由貿易港區於 2010 年 9 月 13 日經交通部許可營運，正式成為臺灣第 6 個自由貿易港區，其營運範圍為管制區內第 1 至第 13 號碼頭及其後

線倉棧設施，包括一般堆置場三處、貨櫃堆置場一處、第一物流專區及第二物流專區等，面積總計 71.5 公頃。

蘇澳港自由貿易港區業已積極招商引進綠能產業近 25 億元之投資，未來除引進國際物流中心與相關綠能產業進駐外，將結合區外各型專區，並與鄰近利澤、龍德工業區互相串連支援，以委外加工方式串接供應鏈，透過蘇澳港之國際運輸功能活化蘭陽地區之產業群聚效應。

優勢條件：1.引進綠能產業，形成產業聚落；2.鄰近龍德、利澤兩大工業區及宜蘭科學園區；3.近北部都會區，40 分鐘即可到達；4.直接由台 2 及國道 5 號與北部地區聯接，台 9 及蘇花改與花東地區相連，交通便利。

（七）安平港自由貿易港區

安平港自由貿易港區於 2013 年 8 月 20 日獲行政院同意申請設置，正式成為臺灣第 7 個自由貿易港區，其營運範圍為管制區內包含工業區碼頭（1 至 7 號碼頭）、五期重劃區（8 至 12 號碼頭，其中 10 至 12 號碼頭尚未興建）及四鯤鯓碼頭區（22 至 31 號碼頭，24 至 26 號碼頭尚未興建）等區域，總面積約 72.1 公頃。

安平港自由貿易港區，除擴大我國六海一空自由貿易港區之營運規模及發展空間，提供航商、物流業者更具永續性經營環境之外，並可結合鄰近各工業區、農業生產基地及科學園區深層加工與製造功能，將可實踐「前店後廠」運作模式構想，以創造廠商製造、倉儲、物流、轉口、轉運、簡易加工、委外加工、通關等之一貫作業優勢，並縮短供貨時間、節省運輸成本。

安平港可利用聯外道路～省道台 17 線公路及台 86 東西向快速道路，連結安平港附近工業區、科學園區、農業生技園區（車程時間在 1 小時以內），及國道 1 號和國道 3 號，交通運輸條件及區位相當優越，可快速服務區內物流、商業之需求且能大量處理海運貨物，完全滿足亟需經營自由貿易港區業務之潛在業者需求。

優勢條件：1.可由省道台 17 線公路轉台 86 東西向快速道路與國道 1 號及國道 3 號車接，交通便利；2.鄰近台南各工業區車程時間在 1 小時以內抵達；3.鄰近台南機場，海空聯運便捷；4.設置自動化門禁管制系統與關貿網路公司櫃動庫系統結合，透過資訊平台辦理電子資料傳輸作業，縮短車輛進出站時間，加速轉運作業時效。

三、七大港區之租金與相關成本

　　七大港區之租費各有不同，僅海港之基隆港、臺北港、蘇澳港、臺中港、高雄港、安平港等六個自由貿易港區有地租與管理費。桃園航空自由貿易港區僅有倉庫出租，因而無地租。

表 2　七大港區租費差異表

單位：新臺幣／平方公尺／月

自由12121貿易港區	土地租金（NT$M2，月）	倉庫租金（NT$M2，月）	管理費	備註
基隆港自由貿易港區	約 50~70（西 11、西 33、東 20）	約 70~110（西 7-1、西 16-4F、東 14-2F）	管理費以土地租金及設施租金總和之 15% 為底價	1. 土地租金＝承租面積 x 區段值 x 租金率 2. 管理費採競標方式辦理 3. 採浮動制：參考行政院主計總處公布之營造或臺售物價年總指數漲跌幅逐年調整，每年原則以 3% 為限
臺北港自由貿易港區	約 21.25	NA	約為：10 元/m2/月	
蘇澳港自由貿易港區	約 30	NA	管理費以土地租金及設施租金總和之 15% 為底價	
臺中港自由貿易港區	約 12.5	NA	管理費依承租土地面積按每年每平方公尺新臺幣 73.42 元繳納，自開始營運日起計繳，並自 102 年起日起按「臺灣地區臺售物價年總指數」漲跌幅逐年調整，漲跌幅調整每年以 2%為限。	無

表 2　七大港區租費差異表（續）

單位：新臺幣／平方公尺／月

自由 12121 貿易港區	土地租金 （NT$M2, 月）	倉庫租金 （NT$M2, 月）	管理費	備註
高雄港自由貿易港區	約 6.25~16.88	11 元至 81 元	土地租金＋倉庫租金 10%或為招標標的（採競標方式辦理）	無
安平港自由貿易港區	25~46.6	NA	每公頃每月 100 萬元（競標標的不得低於 300 萬元）	無

注 1.　資料來源：臺灣海港自由貿易港區網站。

注 2.　關於桃園航空自由貿易港區的更多資訊請參閱遠雄自由貿易港區網站。

附錄二　兩岸物流

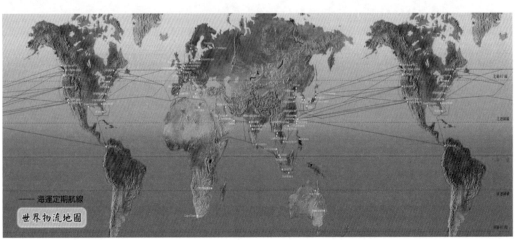

海運定期航線

世界物流地圖

一、臺灣物流產業發展趨勢

（一）臺灣物流企業發展歷程

　　國內物流趨勢以食品業製造商為開端，藉由投資建立下游零售通路體系，同時也設立完整的物流配送系統。接著又有由商品代理商、運輸業者等向下與向上兩端整合而成立的物流業，以及擁有完整銷售通路的經銷商或量販業向上整合之物流業等。

　　以上眾多不同型態的物流業者可以透過下列形式進行區分：

1. **依提供物流配送對象區分**：封閉性／開放性。

2. **依物流公司發展型態區分**：製造型／批發代理型／零售型／直銷及通信販賣型／宅配型／生鮮處理型／區域型／前端型。

3. **依產品性質區分**：3C 產品／日用品／冷藏品。

4. **依產業規模區分**：以億元為單位，依資本額區分。

5. **依業者發展背景區分**：倉儲保管／運輸配送／貨物承攬／專業物流／貿易代理／快遞。

（二）臺灣物流業運營型態及轉型趨勢

1. **第三方物流：** 當全球運籌進入供應鏈對供應鏈的競爭紀元，各企業大多策重在發揮一己核心優勢的領域，而傾向於把有關運輸、倉儲、報關甚至組裝、發貨等物流功能，外包給專業的物流服務提供者。由於這些 LSP 公司是買賣供需以外的第三者，其提供的專業物流服務型態就被稱作第三方物流(3PL)。

2. **第四方物流：** 企業把其在全球供應鏈上有關物流、金流、商流、資訊流的管理與技術服務，統籌外包給一個可以提供一站式整合服務(single-point-of-contact integrated service)的提供者。這種多元整合的服務不是單獨一個3PL 能力所及，必須結合 3PL（一個或多個）與管理顧問及科技諮詢甚至金融服務等公司，而整合這個服務聯盟的主導者就是所謂的 4PL，臺灣廠商將生產基地移往中國大陸之後，產銷運籌隨著兩岸布局而趨於複雜。

臺灣廠商在大陸的布局以製造分工為主，著眼於成本的降低及供應鏈的整合，在運籌上傾向由臺灣統籌接單、大陸負責生產及出貨之分工型態。臺灣仍掌握主要價值活動，包括研發設計、採購、高階產品試產、運籌及管理等功能。

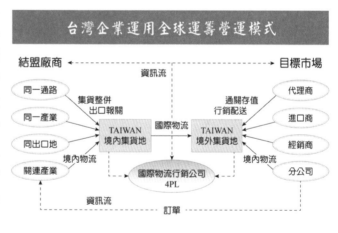

（三）　臺灣何時開始推動運籌發展，其背景為何?

1. 民國 82 年 7 月 1 日，政府公布實施「振興經濟方案」，將「發展臺灣成為亞太營運中心」，列為經濟發展的長期目標。

2. 同年 8 月並成立專案小組負責推動（期間並委託麥肯錫顧問公司進行規劃評估）。

3. 84 年 1 月 5 日，行政院院會通過經建會所提亞太營運中心計畫，至此，發展臺灣成為亞太營運中心乃正式成為政府未來的施政重心。

（四）臺灣開始推動運籌發展，其背景為何？

1. 在企業因應全球化的趨勢下，跨國企業隨之興起，而一般跨國企業在區域經濟整合的發展潮流中，為求有效掌握該地區資源，加強其間的資源配置與管理，多積極尋找適當地點作為該區域內之營運總部。

2. 任何國家能在此種趨勢中掌握先機，塑造良好經濟環境，不僅能為本國企業奠定良好的競爭基石，亦能吸引廣大跨國企業以該國為營運中心，而創造無限商機。此亦即我國政府積極發展臺灣成為亞太營運中心之緣由。

（五）政府對運籌中心的推動結果

歸納相關文獻及天下雜誌、工商時報對外商所作的調查結果等看法，我國要成為亞太營運中心，有下列明顯劣勢：

1. 政府對資金、人員、財貨的流通等，尚存在許多管制與規範，未能達到自由化的程度。

2. 公共設施或有落後（如電信通訊設備）、或有趨近飽合（如交通運輸）的情形。

3. 政府機關的行政效率不彰。

4. 法規不合時宜，政策缺乏一貫性。

5. 有關稅賦過高，尤以複式稅制遭人詬病，政治、法令無法整合。

84 年政府推動的「亞太營運中心」計畫中，將臺灣發展為區域性甚至是全球性的物流中心，是重點方向之一。其中六大營運中心中的海運中心與空運中心，即在增加臺灣的物流能力。但在 93 年(2004)檢討此一政策時，因 10 年來政策的延宕，臺灣已經無法成為亞太物流中心。

（六）新政府對運籌中心的態度如何？有何具體的政策？

民國 97 年(2008)新政府上台馬政府愛臺 12 建設與中國大陸 2008 年 12 月底所提「十大產業調整振興規劃」做比較：

1. **愛臺 12 大建設～物流政策**：高雄自由貿易及生態港（577 億元）：(1)高雄洲際貨櫃中心建設；(2)建設港區生態園區並設立海洋科技文化中心；(3)改造旗津為高雄國際級海洋遊樂區；(4)哈瑪星、鼓山、苓雅等舊港區之改造計畫；(5)擴建倉儲物流及加工增值專區。

2. **臺中亞太海空運籌中心**（500
億元）

(1) 建設臺中港、臺中機場、
中科、彰濱間運輸網路，
以發揮亞太海空運籌中心
功能。

(2) 中部國際機場擴建及新建
航空貨運站。

(3) 設立物流專業區及加工增
值專區。

　　新建公共設施工程計畫，完
善臺中港物流專業區，吸引國內
外倉儲物流及加工廠商進駐，增加就業機會，發揮自由貿易港區相乘效應，
提升臺中港營運量，活絡港區產業經濟活動。

3. **桃園航空城**（670 億元）

(1) 自由貿易港區（機場東側）：設置保稅倉庫、交易中心、物通中心等，
並引入活動貨物運輸（自動化）倉儲業、貨運承攬業、報關業、快遞
業、加工、製造、配銷、發貨、支援通路流通公證及時加值型產業與
自由貿易等。

(2) 機場專用區（機場北側）：包含現有機場（1223 公頃），設置第三跑道
及第三航廈，引入地勤業、航空貨運倉儲業、飛機修護保養業、機場
內客運及停車租賃業、空廚業管理辦公室等。

(3) 航空產業區（機場南側）：設置航空訓練中心，並引入航空相關產業之
維修保養服務、航太科技製造、航空訓練產業、航空物流及服務產
業。

(4) 經貿展覽園區（機場西南側）。

(5) 機場相容產業區。

(6) 濱海遊憩區（機場北側）。

(7) 精緻農業發展區（機場西側）。

(8) 生活機能區（機場周邊）。

（七）臺灣物流企業發展趨勢

1. **專業分工已成趨勢**：外包再外包、異地備援主機、訂單處理、流通加工、包材採購、配送。

2. **客製化服務是主要經營模式**：代收貨款、客戶支援（銷售分析、庫存預測）、供應商庫存管理(VMI)。

3. **物流產業群聚桃園**

4. **消費性產品(FMCG)物流中心**：大型且集中。

   (1) 外商：IDS（中法興）、ID（英和亞太）、DKSH（大昌華嘉）、MAERSK（馬士基）、SHENKER（信可）、Watsons（屈臣氏）、Welcome（頂好）、COSTCO（2010）、Amway（安麗）、Melaluka（美樂家）、Kao（花王）。

   (2) 臺灣：世聯、昭安、東源、中保、立益、佰士達、中華僑泰（2009 年 12 月被 DKSH 收購）、百及、特力屋、東川。

5. **封閉型物流中心轉型做第三方物流**：伸鴻（捷盟、3M、A-SO）、捷盟（7-11、TOYOTA 零件中心）、臺灣高鐵（收回）、購物臺、雅芳、神腦、東森、來來。

6. 第三方物流中心向上開闢服務項目（承攬、報關），向下整合資源（靠行車隊）。

7. **專業的第三方物流相繼成立**：(1)產品別：3C、菸酒、（流通）FMCG、化學品、科學園區原材料、汽車整備及零件、網購及電視購物、農漁類及副產品。(2)國際型：自由貿易港區（保稅）、國際物流中心（保稅）。

8. **跨國物流企業購併及併購**：大者恆大，磁吸效應。

9. **跨國併購**：BAX/SHENKER、DHL/Exel/Danzas/AEI/Dotuch Post、Uti／百及、DHL／中外運、FedEx／大田、DKSH／中華僑泰（2009）。

10. **供應商管理發貨（越庫）中心**：關鍵性零組件及原材料（鄰近製造基地）龜山、竹科、南科世聯、科學城、ups、中保。

二、中國大陸物流產業發展趨勢

（一）中國政府因應 2009 金融危機訂出物流政策，輔佐中國經濟度過難關

1. 2008 年 9 月發生全球性的金融海嘯後，大陸受到歐、美國家對外需求急凍，使得出口嚴重下滑，外銷訂單大幅滑落。

2. 國際外需市場無法立即恢復的情形下，大陸唯有透過內需市場的提振，才能有效緩和經濟成長減速。

3. 2008 年 11 月提出高達 4 兆人民幣的擴大內需政策。

4. 2008 年 12 月底提出「十大產業調整振興規劃」，計畫在 2009~2011 年實施。

（二）十大振興產業

鋼鐵、汽車、船舶、石化、紡織、輕工、有色金屬、裝備製造、電子資訊、物流業。

（三）物流業發展若干計畫

1. 積極擴大物流市場需求，加快企業併購重組，培育大型現代物流企業。

2. 推動能源、礦產、汽車、農產品、醫藥等重點領域物流發展，加快發展國際物流和保稅物流。

3. 加強物流基礎設施建設，提高物流標準化程度和資訊化水準。

（四）物流園區布局的規劃

共劃分七大物流區：1.北京、天津為中心的華北物流區；2.瀋陽、大連為中心的東北區；3.青島為中心的山東半島區；4.長江三角區；5.珠江三角區；6.廈門為中心的東南沿海區；7.武漢、鄭州為中心的中部物流區。

（五）兩岸之間物流政策差異化

1. 中國物流政策與產業對接及國家發展對接。

2. 企業可依此政策發展，由地方政府主導開發。

3. 地方政府開發地產，收入大部分歸地方所有，不需上繳中央。

4. 臺灣物流政策著重於硬體設備、道路設施增建及改善。

5. 企業不知如何著手及與地方政府合作。

（六）兩岸直航帶動物流業快速成長

1. 民進黨執政時於 2003 年 8 月 15 日公布官方「兩岸『直航』之影響評估」。

2. 海運「直航」方面，可節省約一半的運輸時間及每年新臺幣 8 至 12 億元運輸成本。

3. 在空運「直航」方面，可節省旅客旅行時間 860 萬小時及新臺幣約 132 億元。

4. 貨物運輸時間 26 萬噸小時及成本約新臺幣 8.1 億元。

5. 對個別企業而言，因海空運「直航」可節省運輸成本估計約 15%~30% 成。

6. 海運貨物運輸成本節省 14.56%。

7. 人員往返兩岸的貨幣成本節省 27.12%。

8. 兩岸直航的時間節省：桃園到上海只需 67 分鐘，桃園到北京只要 2 小時 30 分鐘，桃園到廈門只需 1 小時。

表 3　兩岸貨運包機執行情形

日期	中國籍航空公司			大陸籍航空公司			合計		
	最大載貨噸數 A	實際載貨噸數 B	裝載率 C=B/A	最大載貨噸數 D	實際載貨噸數 E	裝載率 F=E/D	最大載貨噸數 G=A+D	實際載貨噸數 H=B+E	裝載率 I=H/G
第1~4週 (97.12.15~ 98.1.11)	3,040	1,265	41.6%	1,892	905	47.8%	4,932	2,170	44%
第5~8週 (98.1.12~28)	1,080	624	57.8%	1,024	546	53.3%	2,104	1,170	55.6%

表 3　兩岸貨運包機執行情形（續）

日期	中國籍航空公司			大陸籍航空公司			合計		
	最大載貨噸數 A	實際載貨噸數 B	裝載率 C=B/A	最大載貨噸數 D	實際載貨噸數 E	裝載率 F=E/D	最大載貨噸數 G=A+D	實際載貨噸數 H=B+E	裝載率 I=H/G
第 9~12 週 (98.2.9~3.8)	2,720	1,668	61.3%	1,876	1,305	69.2%	4,596	2,973	64.7%
第 13~16 週 (98.3.9~4.5)	2,800	1,940	69.3%	2,044	1,499	73.3%	4,844	3,439	71.0%
第 17~20 週 (98.4.6~5.3)	2,800	2,015	72.0%	1,884	1,469	78.0%	4,684	3,484	74.4%
第 21~24 週 (98.5.4~5.31)	3,000	2,097	69.9%	1,884	1,294	68.7%	4,884	3,391	69.4%
第 25~28 週 (98.6.1~6.28)	3,000	2,221	74.0%	2,360	1,784	75.6%	5,360	4,005	74.7%
第 29~32 週 (98.6.29~7.26)	2,556	2,067	80.9%	2,008	1,176	85.5%	4,546	3,783	82.9%
	20,996	13,897	66.2%	14,972	10,518	70.3%	35,968	24,415	67.9%

（七）兩岸物流產業的交流

1. 2009 年 5 月 18 日，6 月 18 日海峽物流論壇及博覽會已在福州及廈門開辦完成，吸引臺灣廠商 500 多家前往試探市場。

2. 福建地區積極主動先行先試，進一步深化兩岸在航運、物流與供應鏈、物流金融與電子商務等方面的交流與合作，加強兩岸物流人才培養，加快兩岸物流技術資訊化和服務標準化對接。

3. 七大物流園區的開發及合作將是臺灣物流業者的機會。

（八）合作之風險及效益評估

　　2009 年 1 月份中國國家發展和改革委員會、商務部有關人士在發布《中國物流發展報告》時透露：

1. 目前倉儲、配送業等物流企業營業稅的稅率為 5%以上。

2. 倉儲企業毛利率已經降到 3%至 5%。

3. 運輸企業只有 1%至 3%。

4. 通關及運輸訊息不透明、不及時、品質低落。

5. 車輛超載、低價搶單無嚴格規範。

三、兩岸物流產業合作營運模式

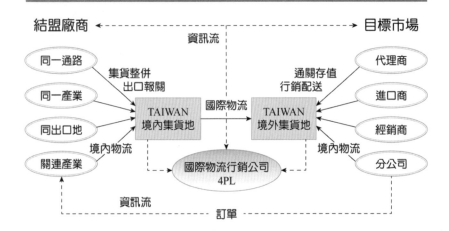

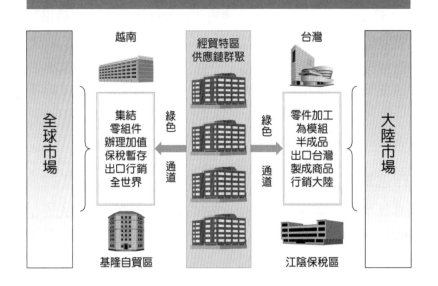

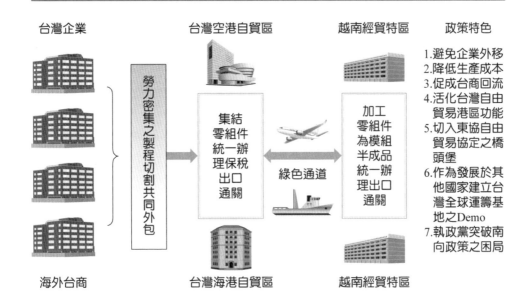

四、結論

（一）兩岸物流產業合作有利基嗎？

1. 趨勢大師大前研一先生針對臺灣在全球經濟與兩岸市場合作所言：臺灣只剩 1 年時間掌握大陸市場，必須找到新的重點與創新的發展模式，才能爭取屬於自己的利基市場(Niche Market)。

2. 大陸內需市場是全球各大企業發展主要標的。

3. 復旦大學物流研究院院長朱道立博士說：「臺灣整理物流服務水平領先大陸 8~10 年」。

4. 企業物流鮮少外包→潛在市場→利基市場

    國美電器、蘇寧電器、七匹狼服飾、康師傅物流服務都是直營。

5. 臺北市進出口商業同業公會為協助大陸臺商度過金融海嘯危機，所進行之「協助臺商拓展大陸市場及解決經營問題」問卷調查，發現臺商所遇到的前幾名問題分別為：

    (1) 爭取大陸擴大內需商機(11%)。　　　(2)　建立通路(11%)。

(3) 提供法規、市場資訊(9%)。　(4) 開拓二線或內陸市場(8%)。

(5) 市調(7%)。　(6) 建立品牌(6%)。

(7) 信用風險(6%)。　(8) 提供貿易商機資料庫(5%)。

(9) 大陸法規限制或障礙(5%)。　(10) 維護智財權(5%)。

(11) 提供通關等諮詢服務(5%)。　(12) 融資(4%)。

(13) 轉型升級輔導(4%)。　(14) 匯款問題(4%)。

(15) 設立物流中心(3%)。　(16) 經營管理輔導或診斷(3%)。

(17) 調解貿易糾紛(3%)。　(18) 輔導各產業專業貿易商

　　　　　　　　　　　　　　　　　(3%)。

（二）創新物流運營模式

1. 經貿物流園區→東莞臺商協會。

2. 大麥克商品流通中心→臺灣全球運籌發展協會、外貿協會、中衛發展中心、資策會、中國生產力中心、臺商張老師、紡拓會、金屬中心。

（三）目的

以物流運籌協助臺商、臺資企業發展商流，開拓兩岸內需市場。

歷屆試題解析

109 年公務人員高等考試三級考試試題

類科：航運行政

科目：物流運籌管理

一、世界銀行自 2007 年起，每兩年會發布物流績效指標(Logistics Performance Index)，對世界經濟體進行排名。請問該指標是由那些面向來衡量？（25 分）

答

　　一個國家的通關效率、貿易運輸基礎建設、國際貨運安排、物流服務、國際貨運追蹤能力、及時性等，都會影響整體國際物流的服務能力。

　　臺灣推動國際物流服務業行動計畫之推動成果逐漸顯現，在世界銀行 2012 年 5 月公布物流績效指標(Logistics Performance Index, LPI)評比中，臺灣名列全球第 19 名；這是臺灣繼世界銀行評比 2007 年名列第 21 名、2010 年第 20 名之後（世界銀行每 2 年調查一次），再次在跨國物流調查中名次逐步攀升。

　　在 21 世紀供應鏈競爭的時代，國際物流能力已是國家產業競爭的重要支柱，東亞國家在此領域尤為積極追趕並漸次超前。由世界銀行 2012 年的評比來看，新加坡物流能力蟬聯全球第 1，香港名列全球第 2，日本名列全球第 8，至於臺灣(19)、韓國(21)及中國大陸(26)，分別推升 1~2 名。此顯示東亞國家在國際物流運籌之競爭仍在逐漸升溫。各國透過國際物流能力，以培植跨國產業供應鏈之策略，已成為經濟競爭力的主要戰場之一。

　　擔任國際物流服務發展協調機關的經建會表示，基於國際物流之發展策略意涵，經建會在 2010 年偕同財政部、經濟部及交通部等物流主政機關，共同研擬「國際物流服務業發展行動計畫」，針對通關效率、基礎設施、物流服務、跨境合作，分別研擬相關發展之提振措施。經建會並依據世界銀行 2010 年物流評比結果，提出「通關效率」、「基礎設施」及「物流服務」3 項排名於 2 年內各提升 2 名之目標，以加速推動該行動計畫之落實。

世界銀行 2012 年公布的結果顯示，臺灣 LPI 總排名前進 1 名，在全球受評的 155 個國家中，屬於國際物流能力之前段班。世銀由各分項檢視臺灣之物流表現，在「通關效率」、「物流服務」及「基礎設施」方面，臺灣分別進步 3 名、2 名及 1 名，整體尚符合「國際物流服務業發展行動計畫」之原設定目標；至於在物流的「及時性」評比，臺灣大幅前進 16 名，名列全球第 14，原因是在進出口前置時間與貨櫃費用、通關文件數、清關時間及查驗機率等方面，均有明顯的改善，因而帶動行動計畫推動之綜合成效。

從本次評比退步項目來檢視，臺灣在「國際貨運安排」及「國際貨運追蹤能力」方面分別下滑 6 名及 9 名，列為全球第 16 及 21 名。此 2 項目本屬臺灣民間國際貨運業者最能掌握之強項，之前未列在行動計畫中列入管考；至於在本次評比中，何以國際貨運能力受到全球其他物流業者之降評而名次退落，經建會表示將請相關主管機關與民間業者進行檢討及研商，以作為後續政策上調整改進之依據。

經建會針對本次評比表示，相關主政機關，將從兩大面向繼續推動國際物流發展。在國內方面，政府機關將於近日物流服務業發展會議中，檢討世界銀行 LPI 排名及相關報告，並請交通部、財政部及經濟部等各相關部會研擬強化對策，以調整「國際物流服務業發展行動計畫」之執行細目。另在對外國際合作方面，臺灣將積極參與 APEC「供應鏈連結行動計畫」，透過國際合作與檢視，共同排除亞太區域物流之八大瓶頸，結合民間業界及公協會的力量，積極強化關務、運輸、貿易等國際合作，以期在國際共同行動中，促進臺灣與各國跨境連結合作，繼續提升國際物流運籌的基礎實力。

二、美中貿易戰效應，我國的自由貿易港區再度成為焦點。請問我國自由貿易港區吸引廠商進駐的利基為何？（25 分）

自由貿易港區：限設在臨近港口、國際機場或特定區域，在此貿易區內，貨物可以自由進出，向海關通報免通關手續，其運輸、儲存、包裝、分類、製造加工等均可自由經營，貨物在報關進口前，儲存保稅貨物之倉儲場所，免繳關稅。

（一）我國自由貿易港區之設置

「自由貿易港區設置管理條例」於民國 92 年 7 月 23 日公布施行，至 101 年底，經交通部核准並開始營運的自由貿易港區（以下簡稱自由港區）。包括基隆港、臺北港、蘇澳港、臺中港、高雄港等 5 處（不含空港，以下統計資料均僅含海港部分），自由港區之主管機關亦於 98 年由經建會轉移至交通部。

（二）自由港區定義及業務範疇

依據《自由貿易港區設置管理條例》第 3 條，自由港區指經行政院核定，於國際航空站、國際港口管制區域內；或毗鄰地區劃設管制範圍；或與國際航空站、國際港口管制區域間，能運用科技設施進行周延之貨況追蹤系統，並經行政院核定設置管制區域進行國內外商務活動之區域。至於毗鄰區域範圍則包括：1.與國際航空站、國際港口管制區域土地相連接寬度達 30 公尺以上；2.土地與國際航空站、國際港口管制區域間有道路、水路分隔，仍可形成管制區域；3.土地與國際航空站、國際港口管制區域間得闢設長度 1 公里以內之專屬道路。

自由港區可從事之事業包括：1.自由港區事業：經核准在自由港區內從事貿易、倉儲、物流、貨櫃（物）之集散、轉口、轉運、承攬運送、報關服務、組裝、重整、包裝、修理、裝配、加工、製造、檢驗、測試、展覽或技術服務之事業。2.自由港區事業以外之事業：指金融、裝卸、餐飲、旅館、商業會議、交通轉運，及其他前款以外經核准在自由港區營運之事業。

（三）自由貿易港區的利基

1. 境內關外作業區域

「境內」指的是在法律上，仍將自由貿易港區視為國境之內，原則上臺灣的法律都必須適用；「關外」指的是人、貨進出這個區域，並不需要通過海關，也沒有關稅的問題，是關稅領域以外的經貿特區，可以不受輸出入作業規定、稽徵特別規定等的限制，但是一旦離開這個區域進入國內就需要通關、繳納關稅。臺灣海港自由貿易港區就是以「境內關外」觀念，結合海空港功能與供應鏈管理需求，強化企業競爭優勢。

2. 保稅運輸與國內加工能量的聯繫

　　保稅貨物進口、出口或轉運其他保稅區域或口岸，為維持該等貨物之保稅狀況，避免流入課稅區，其運送應由經海關核准登記之保稅車輛承運，此種運送方式稱為「保稅運輸」。海關管理保稅運貨工具辦法，保稅運送工具有下列三種：(1)保稅卡車；(2)保稅貨箱；(3)駁船。

3. 進口加工外銷原料稅捐擔保記帳制度

　　保稅制度之種類，依其性質有保稅區域、保稅運輸及類似保稅制度所構成。保稅區域可區分屬貿易性質及生產製造性質保稅區域，凡未經加工純為買賣貿易行為者，例如：保稅倉庫、物流中心、免稅商店。生產製造加工者，例如：加工出口區、科學工業園區、農業科技園區、保稅工廠等。自由貿易港區屬二者兼顧，能作貿易，也可作深層加工等。

三、 面對新冠肺炎(COVID-19)疫情，全球供應鏈的風險管理成為焦點。何謂供應鏈的復原力(Supply Chain Resiliency)？請問要如何打造供應鏈的復原能力？（25分）

答

（一）供應鏈的復原能力指從供應鏈的觀點出發，復原能力則為「對非預期的中斷作出回應並使供應鏈網絡恢復正常營運的能力，並有機會形成一種競爭優勢，甚至成為企業成功的核心能力，目前的供應鏈危機，當會造成供應體修的失能當受到無法預期外部疫情衝擊時，公司應該實施風險管理原則，而且至少要涵蓋到供應鏈中的一級與二級供應商。對於二級以下的供應商，至少要理解會有什麼風險。有些情形下，公司無法為特定零件或材料找到多種來源。例如，一家供應商可能具備獨特的智慧財產；有時數量不足，沒有必要分成兩種來源；或是根本沒有多種來源。這些情形下，公司必須用新資料來源與新方法，來補足傳統的採購實務，以了解並降低要承擔的風險。企業必須具備有監測與繪製供應資訊地圖的能力。投入資源，全天候監測全球供應商。使用人工智慧與自然語言處理之類的新科技，讓公司做得到大範圍監測供應商，而且隨時都能進行。如通用汽車(GM)公司，花費多年繪製大範圍的供應鏈資訊地圖。繪製地圖時，過程需要供應商參與，以了解他們的全球據點與契約商，以及了解哪些零件來自或者會

經過這些據點。如果供應中斷，在這方面投入資源的公司將會受益，因為他們能在數分鐘或數小時內進行三角測量，預測供應鏈在未來數日、數週、數月可能會受到什麼影響。如果公司能預先知道中斷發生的地點，以及什麼產品會受影響，就有前置時間能立即執行迴避與緩解策略，例如，提供替代品折扣以調整需求、買進全部存貨、在備用據點預留產能、控制存貨分配等。採用此種方式主動採取行動，必須付出代價。例如，若要有多個採購來源，就需要有多個位於不同國家的合格供應商與據點。但這種成本通常是可以抵銷的，做法是減少分配給較高成本供應商與國家的業務比率。能夠迅速在供應商、工廠與國家之間調整生產作業所帶來的優勢，往往能產生豐富的投資報酬，足以證實投入這些成本相當合理。過去十年來，繪製供應鏈地圖與監測供應商的成本已經下降。如今，這些投資很容易就能透過節省費用來抵銷，包括降低對存貨、人工操作流程與人力的依賴而節省費用；儘管有些事情每隔幾週就會出錯，但這個迅速、反應快、敏捷的供應鏈仍能持續運作，不致於在疫情爆發時發生斷鏈的危機。

（二）打造供應鏈的復原能力上，係指運用供應鏈的韌性，來自於以下四項領域的「超前佈署」，企業必須專注於以下目標，建立全面透明的數位供應鏈：

1. 終端客戶體驗：掌握市場的需求訊號與消費脈動，逆向思考流程的改善方向。

2. 面對衝擊的應變力：保持靈活彈性，即時因應外部的挑戰、市場的顛覆者。

3. 全面的透明化：看的見，才能管的著，結合從研發到售後服務，從上游原料到下游經銷的完整資訊流。

4. 智慧化調度產能資源：逐步落實 5G 與 IIoT，將 AI 帶入生產的執行端、計畫端與管理端。

四、 區塊鏈(Blockchain)是一種新興的技術概念，已經應用在物流及供應鏈管理領域。請問何謂區塊鏈？請舉例說明區塊鏈技術在物流產業的應用。（25分）

（一）區塊鏈

　　區塊鏈藉由密碼學串接並保護內容的串連文字記錄。每一個區塊包含了前一個區塊的加密雜湊、相應時間戳記以及交易資料，這樣的設計使得區塊內容具有難以篡改的特性。區塊鏈有幾個最重要的特色，主要即為中心化，為強調區塊鏈的共享性，讓使用者可以不依靠額外的管理機構和硬體設施、讓它不需要中心機制，因此每一個區塊鏈上的資料都分別儲存在不同的雲端上，核算和儲存都是分散式的，每個節點都需要自我驗證、傳遞和管理，這個去中心化是區塊鏈最突出也是最核心的本質特色。在去中心化的前提之上，每個運算節點的運作方式就會透過「工作量證明機制(Proof of Work, POW)」來進行，也就是誰先花費最少的時間，透過各自的運算資源來算出答案並得到認可它就成立，如此一來就可以實現多方共同維護，讓交易可以被驗證。

　　區塊鏈的關鍵元素有：

1. 分散式分類帳技術

　　所有網路參與者都可以存取分散式分類帳，以及其不可變的交易記錄。使用此共用分類帳，交易只要記錄一次，這消除了傳統商業網路常見的作業複製。

2. 記錄是不可變的

　　在交易記錄至共用分類帳之後，沒有任何參與者能夠變更或竄改交易。如果交易記錄包含錯誤，則必須新增交易以更正錯誤，之後這兩筆交易都會呈現。

3. 智慧型合約

　　為了加快交易速度，在區塊鏈上會儲存一個規則集（稱為智慧型合約）並自動執行。智慧型合約可定義公司債轉讓的條件，包括要支付的旅遊保險條款以及其他更多。

區塊鏈網路的類型有：

1. 公用區塊鏈網路

公用區塊鏈是任何人都可以加入和參與的區塊鏈，例如比特幣。缺點可能包括需要龐大的運算能力、鮮少甚或沒有交易隱私，還有安全性薄弱。這些都是企業區塊鏈使用案例的重要考量。

2. 私密區塊鏈網路

類似於大眾區塊鏈網路的私密區塊鏈網路，是一種去中心化的點對點網路，最大的不同是有一個組織在控管網路。該組織控制誰可以參與網路、執行共識協定，以及維護共用分類帳。視使用案例而定，這可以大幅提升參與者之間的信任和信心。私密區塊鏈可以在公司防火牆後面執行，甚至可在內部部署中代管。

3. 許可制區塊鏈網路

設立私密區塊鏈的企業，一般都會設置許可制區塊鏈網路。須注意的是，公用區塊鏈網路也可以採用許可制。這會限制誰可以參與網路，而且僅在特定交易中。參與者需要取得邀請或權限才能加入。

4. 聯盟區塊鏈

可由多個組織一起分擔維護區塊鏈的責任。這些預先選擇的組織將決定誰可以送出交易或存取資料。聯盟區塊鏈很適合所有參與者都需要獲得許可且共同分擔區塊鏈責任的企業。

（二）區塊鏈技術在物流產業的應用

區塊鏈在現實世界中的應用場景已數不勝數，這種革命性的技術正影響著全球的每一個行業，並將改寫商業規則。全球物流與供應鏈每年都在呈指數增長，區塊鏈將改變此行業的格局，許多物流與供應鏈企業已開始看到區塊鏈的優勢，它可以防止欺詐，消除不準確，提高數據安全性和透明度，提高效率和減少開支。彙整區塊鏈目前在物流與供應鏈的應用領域與好處如下：

1. 全球最大的零售商沃爾瑪(Walmart)希望提升食品體系透明度，增強消費者信任，尋求有效的食品追溯解決方案，沃爾瑪與 IBM 合作來記錄每一個供應商的每一筆交易環節，全程數位元化追蹤食品供應鏈。首先是保障在

中國大陸市場的豬肉供應鏈安全，該方案可及時將豬肉的農場來源、批號、工廠和加工資料、到期日、存儲溫度以及運輸細節等每一個流程的資訊都記載在區塊鏈資料庫上，可隨時查看豬肉的每一筆交易的過程，全程追蹤來保障食品安全，未來將要擴展到其他食品的供應鏈追蹤上。

2. 法國超市巨頭家樂福(Carrefour)也啟動了下一階段的區塊鏈計畫，顧客可以用智慧手機掃描店內商品的二維碼來追溯來源，例如：顯示牛奶的收集和包裝時間、地點、奶牛場的 GPS 座標，甚至奶牛在不同季節的餵養方式。家樂福正準備將逾 1.2 萬家門店轉化為分散式帳本的系統，此服務使銷售額出現了增長。

3. 雀巢(Nestle)通過與 OpenSC 的合作，來增加供應鏈的透明度。OpenSC 是一個創新的區塊鏈平臺，允許消費者追蹤食品溯源到農場源頭。OpenSC 是由澳大利亞世界自然基金會和波士頓諮詢集團共同創立，可以讓任何人在任何地方訪問可獨立驗證的永續發展和供應鏈資料。雀巢最初的試點將追蹤牛奶從新西蘭的農場、生產商、到中東的工廠和倉庫，雀巢希望消費者在終端選擇產品時能做出明智的決定，選擇負責任的產品。

　　這些企業追蹤供應鏈上的一個產品有什麼用？回到十年前美國爆發的大腸桿菌疫情，當時菠菜感染了大腸桿菌，傳播了疾病，如果以後再發生類似事件，就很容易識別出受感染的批次，而不需要銷毀所有的庫存，因為時間對於處理此類事件和限制損害至關重要。

108 年公務人員高等考試三級考試試題

類科：航運行政

科目：物流運籌管理

一、對一企業的產品與服務，運籌(logistics)能提供那幾種相互關聯的經濟效用(utility)？請舉例說明。(25 分)

答

（一）一般言，提供滿足顧客產品需求的過程中，約可產生四種經濟效用：

1. 形式效用(form utility)

2. 時間效用(time utility)

3. 空間(地點)效用(place utility)

4. 持有效用(possession utility)

其中形式效用主要是由生產功能提供，時間與地點效用是由物流運籌功能提供，持有效用由商流功能提供。

（二）若進一步將物流運籌分解為儲存與運輸活動時，物流運籌創造的空間（地點）效用主要由運輸功能來達成；有關時間效用的創造則有二種方式：

1. 縮短時間來創造時間效用：是藉由整體的週期時間縮短來創造時間價值，可獲得的好處包含減少物品過時成本、增加周轉率、節省庫存成本等。此效用需要整體物流運籌功能來達成。

2. 彌補產銷時間差來創造時間效用：經濟社會中普遍存在供需間的時間差，彌補產銷時間差的時間效用是由儲存功能來滿足。

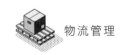

二、企業對供應鏈專業人才的需求很大，但勝任人才的供給總是不足而有落差，請分別從人才獲得(attract)、發展(develop)與留任(keep)提出各應包哪些重要的人力資源管理作業活動？還需注意哪些限制？（25分）

（一）人才獲得(attract)

其應包含的重要人力資源管理作業活動，為挑選企業的潛在員工，目標使員工的個人特點（能力、經驗等）與工作要求相符。人員的獲得方式應包括內部招聘選拔和外部招聘選拔兩種途徑。可以利用多種方式進行。例如：申請書面、面試、測驗、背景考核和個人推薦信等。在進行外部招聘與選拔的過程中應該採取更細緻的方法，可以幫助管理者對應聘者的素質做出更準確、更合理地判斷，並有利於應聘者對企業的瞭解，使員工將來能夠更好地適應企業環境。國外許多企業根據對工作的不同要求，採用績效模擬測驗的方式對員工進行招聘與選拔。雖然這種方式比較複雜所需費用也較大，但是卻可以幫助企業篩客觀篩選掉不合格的人選，因而得到日益廣泛的應用。大部分管理人員可以由公司內部有經驗的人員進行升遷。資料顯示大部分的歐洲企業只有 30%的高級經理人員是由外部招聘。在丹麥和德國有半數以上的企業在公司內部建立本身的人才做為新職位提供合適人選的來源。

（二）人才發展(develop)

其應包含的重要人力資源管理作業活動，為員工的技能會隨著時間的推移和新技術的應用而老化。因此人員培訓與開發系統不僅只是培訓技術技能還應該包括員工的道德修養、溝通技能、及解決問題能力等等。使員工成為技術精良、人格健全的人員。企業創建學習型組織目的就在學習和訓練中提高員工的素質和技能，形成良性的培訓和開發系統。對員工進行職業生涯開發是組織維持並提高現在的生產率，同時為未來的變化做好準備的一種有效方式。一般來說大多數員工的職涯階段會經歷四個時期：探索階段、立業階段、職業中期、職業晚期。在不同的時期員工對工作和情感的需求也不盡相同。想讓員工保持較高的工作水準和職業素養，企業提供的培訓制度需符合員工成長的腳步，以支持員工在每個職業階段的工作和情感需求。

（三）人才留任(keep)

其應包含的重要人力資源管理作業活動，為把優秀的員工留在企業是人力資源管理的最終目的。合理的考核與薪酬體系不但能夠促進員工的敬業精神、良性競爭態度，也能讓員工了解本身努力的回報，並找出自身的不足，最終企業也能夠留住有用之才，讓員工能與企業一同成長。因此對於員工進行考核作出評估常用的標準有三項：員工的任務完成情況、員工行為、員工特質。這三項標準應該被綜合考量。考核評估相對合理的方法是全方位評估法，即員工在日常工作中可能接觸到的所有人都可以成為評估者，，這種方法比較全面也更準確。此外員工不僅需要滿足物質需求還需要滿足精神需求。這種精神需求可能是鼓勵也可能是職位的升遷。因此必須瞭解員工的需求,建立合理的薪酬體系，用事業留人也用感情留人，讓優秀人才永遠成為企業的中堅力量。

三、 何謂綠色供應鏈(green supply chain)？其主要內容包括哪些？請舉例說明。(25 分)

答

（一）綠色供應鏈的概念，最初是由美國密西根州立大學在 1996 年提出，其目的是基於對環境的影響，從資源優化利用的角度，考量製造業供應鏈發展的問題。亦即從產品的原材料採購源頭進行追蹤和控制，使產品在設計研發階段，就遵循迴環保的規定從而減少產品在使用期和回收期給環境帶來的危害。初期綠色供應鏈的內涵僅包含環境保護和能源節約兩層含義，即用最少的能源、最綠色的材料，製造出最環保的產品。綠色供應鏈廣義上指的是要求供應商其產品與環境相關的管理，亦即將環保原則納入供應商管理機制中，其目的是讓本身的產品更具有環保概念，提升市場的競爭力。在作法上，有些企業提出以環境為訴求的採購方案、績效或評估過程，讓所有或大部分的供應商遵循。而另一些企業則研訂對環境有害物質的種類併列出清單，要求供應商使用的原料、包裝或汙染排放中不得含有清單所列物資。目前綠色供應鏈的意義，指歐盟所倡議綠色產品所造成的供應鏈效應。歐盟先進國家對於供應鏈間環環相扣的利益關係，積極將一些環保訴求跳脫過去道德勸說的層面而開始立法，並且訂定時程確定要執行，希望

以歐盟龐大的商業市場為後盾，帶領全世界製造業進入一個對環境更友善的新紀元。最受人注意的是「廢電機電子設備指令」（Waste Electrical and Electronic Equipment，WEEE）及「電機電子設備限用有害物質指令」（Restriction of the use of certain Hazardous Substances in electrical and electronic equipment, RoHS）等。歐盟於 2002 年 11 月通過 WEEE 及 RoHS 指令，並於 2003 年 2 月 13 日正式公告 10 大類電機電子設備之回收標準，並要求 2006 年 7 月 1 日 10 大類電機電子設備中不得含有鉛(Lead)、鎘(Cadmium)、汞(Mercury)、六價鉻(Hexavalent chromium)、溴化耐燃劑(Polybrominated biphenyls, PBB; Polybrominated diphenyl ethers, PBDE)等六種物質。隨著指令的正式公布，各項電機電子產品中含有上述六種禁用物質及其化合物的電子產品均必須使用替代材質來代替被管制的材質，而此一指標性規定，已演變成全球性環保要求，也成為資訊電子產業基本技術門檻。

（二）綠色供應鏈的內容涉及到供應鏈的各個環節，其主要內容有綠色採購、綠色製造、綠色銷售、綠色消費、綠色回收以及綠色物流。

1. 綠色採購是指根據綠色製造的要求，一方面生產企業應選擇能夠提供對環境友好的原材料的供應商，來提供環保的材料作為原料，另一方面企業在採購行為中應充分考慮環境因素，實現資源的迴圈利用，儘量降低原材料的使用和減少廢棄物的產生，實現採購過程的綠色化。

2. 綠色製造包含綠色設計和綠色生產。綠色設計是一種全新的設計理念，又稱為生態設計、環境設計、生命周期設計。是在產品全部生命週期內，著重考慮產品的環境屬性，包括節能性、可拆卸性、壽命長、可回收性、可維護性和可重覆利用性等。綠色生產要求比常規生產方法能顯著節約能源和資源，同時，在生產過程中，最大限度地避免或減少對人體傷害和環境汙染，例如：減少輻射、噪音、有害氣體及液體等對人體的傷害和對環境的汙染。

3. 綠色銷售是指企業在銷售過程中充分滿足消費需求、爭取適度利潤和發展水平的同時，能夠確保消費者的安全和健康，遵循在商品的售前、售中、售後服務過程中註重環境保護的資源節約的原則。

4. 綠色消費主要有三層含義：一是倡導消費者在消費時選擇未被汙染或有助於公眾健康的綠色產品；二是在消費過程中註重對垃圾的處置，避免環境汙染；三是引導消費者轉變消費觀念，崇尚自然、追求健康，在追求生活舒適的同時，節約資源和能源，實現可持續消費。

5. 綠色回收就是考慮產品、零部件及包裝等的回收處理成本與回收價值，對各方案進行分析和評價，確定出最佳回收處理方案。

6. 綠色物流是指在整個物流活動的過程中，儘量減少有害物質的產生，如：降低廢氣排放量和雜訊汙染、避免化學液體等商品的泄漏對土壤和水源的汙染等，儘可能減少物流對環境造成的危害，實現對物流環境的淨化。並且使物流資源得到最充分的利用，如：降低能耗、提高效率等。綠色供應鏈的物流過程包括前向物流和逆向物流。

（三）綠色供應鏈的評價指標綠色供應鏈評價指標選取的原則：為保證綠色供應鏈績效評價指標體系的系統性、科學性，在設計這些指標時應遵循一定的原則；選擇供應鏈績效時，應該選擇重要程度高、影響大的指標，排除不必要或者重要性比較低的指標。

1. 全面性原則：選取的指標在滿足簡單性原則的同時，還應儘可能全面，即可以反映各利益相關者的權益情況。而綠色供應鏈的利益相關者通常為股東和綠色供應鏈本身。

2. 易實施原則：數據收集要比較方便，計算應用也要簡單。由於綠色供應鏈的自身複雜性，致使有的數據很難收集到或者不准確甚至在計算上有困難，這類指標應該用一些簡單實用的指標代替，以增強指標體系的應用性。

（四）指標體系的建立根據平衡記分卡法，對供應鏈系統制訂評價指標時，主要從 4 個方面進行，即財務、客戶服務、內部流程、學習與發展。對綠色供應鏈而言，還可以增加一項綠色環保的方面，同時在具體的子系統中對相關指標進行一定的改變和增加。

1. 財務：作為對供應鏈績效衡量的方面，財務指標當然能夠直接表明企業績效的高低，同時也是平衡記分法中不可缺失的一個主要方

面。但是，對於綠色供應鏈而言，財務指標雖然能夠反映企業的直接績效，但是其只能反映近期的表現。

2. 對於一些長遠期的效果，還要依靠別的指標來衡量。具體來說有如下一些指標：

   (1) 財務收益：用總資產報酬率來衡量。總資產報酬率＝淨利潤／總資產平均值。該指標是供應鏈上企業成敗的關鍵，只有長期盈利，才能真正做到持續經營，才能保證供應鏈運作的完整、順暢。

   (2) 營運能力：用總資產周轉率來衡量。總資產周轉率＝銷售收入淨額／總資產平均值。周轉的速度越快，表明資產在供應鏈上各企業經營環節進入的速度越快，經濟效率越高。

   (3) 現金流：用現金周轉率來衡量。現金周轉率＝360／現金周轉期。現金流對於企業而言，重要程度不言而喻。是企業得以維持的重要動力，而且企業現金流的情況能夠體現企業的償債能力。

3. 隨著社會對環保和永續發展越加重視，傳統的供應鏈客戶服務的評價指標也要相應地做出調整。除上述財務類別指標及下列品質指標外，需增加綠色認同度指標：

   (1) 產品質量合格率：該指標是質量合格的產品數量占產品總產量的百分比。該指標如果越低，說明產品質量不穩定或質量差。會直接導致不合格產品的返修率或報廢損失。

   (2) 準時交貨率：該指標是指下層供應商在一定時間內準時交貨的次數占其總交貨次數的百分比。如果越低，表明供應商的生產能力不強，生產管理水平不高。

   (3) 顧客抱怨率：該指標是顧客抱怨次數與總交易次數的百分比。體現了顧客對供應商提供服務的總體滿意情況。涵蓋了質量、數量等多方面。

   (4) 綠色認同度：該指標可以衡量綠色供應鏈在公眾眼中的環境聲譽。也是從顧客角度，對企業在綠色環保方面所採取的措施提供一個評價的標準。

（五）內部流程指標：客戶服務的績效指標很重要，但是必須在將其目標轉化為內部流程指標後才能夠實現。就供應鏈內部流程而言，主要為了實現以下四個目的：減少提前期、提高響應性、減少單位成本、構成敏捷企業。具體指標如下：

　　1. 供應鏈響應時間：供應鏈響應時間=客戶需求及預測時間+預測需求信息傳遞到內部製造部門時間+採購、製造時間+製造終結點運輸到最終客戶的平均提前期。該指標反映了供應鏈在完成客戶訂單過程中有效的增值活動時間在運作總時間中的比率。

　　2. 供應鏈生產彈性：該指標主要指由於市場需求的變動所導致的非計畫產量的增加使供應鏈內部重新組織、計畫、生產所需要的時間。該指標反映了供應鏈對顧客需求做出反應的能力。

　　3. 總運營成本：包括物流成本（如採購成本、運輸成本、庫存成本）以及相關的信息成本、人力成本、資本成本及管理費用。只有把運營成本降低才能在行業供應鏈的競爭中占據主導地位。

　　4. 產品產銷率：該指標主要表示一定時期內生產出並銷售出去的產品數量占所有已生產的產品數量的比值。該指標可以反映出供應鏈的資源利用程度，庫存水平和產品質量。

　　5. 學習與發展能力：需檢視員工對環境保護的瞭解程度。定期考核員工對環境保護方法的瞭解及學習進度，以增強環保意識。環境保護瞭解度：讓企業定期考核員工對環境保護方法的瞭解，以增強環保意識，實現綠色供應鏈的發展理念。

（六）綠色環保：作為一個綠色供應鏈特有的評價角度，在傳統的平衡記分法中是不存在的。綠色供應鏈之所以稱之為「綠色」，主要在於資源的節約和有效利用、減少整個供應鏈環境的負面影響以及資源的再回收再利用方面對供應鏈進行優化。

（七）煤水電耗用量：也就是所謂的能源和資源的耗用量。從節約和有效利用方面衡量供應鏈的環保性。

　　1. 排放總量管制：廢氣，廢水，廢渣的排放量能夠體現供應鏈的綠色化程度。該指標越低，供應鏈對環境的負面影響越大。

2. 廢棄物回收利用率：該指標十分重要。對於耗用的資源而言，有時是不可避免，然而，如何從廢棄物中提取和回收有用的資源卻是大有可為的。故設置該指標來衡量回收的效果是很有必要的。

四、何謂大數據(big data)？供應鏈管理執行大數據分析的主要目的為何？請舉例說明它對未來的供應鏈問題可能提供哪些解決方案？（25分）

答

（一）意義：大數據為基於物聯網進行各項活動資訊的即時蒐集和處理的新型態資料結構。其又被稱為巨量資料，其概念為過去數十年廣泛用於企業內部的資料分析、商業智慧(Business Intelligence)和統計應用之大成。大數據現在不只是資料處理工具，更是一種企業思維和商業模式，因為資料量急速成長、儲存設備成本下降、軟體技術進化和雲端環境成熟等種種客觀條件就位，方才讓資料分析從過去的洞悉歷史進化到預測未來，甚至是破舊立新，開創從所未見的商業模式。一般而言，大數據的定義是 Volume（容量）、Velocity（速度）和 Variety（多樣性），另外也有再加上 Veracity（真實性）和 Value（價值）兩個 V。但其實不論是幾 V，大數據的資料特質和傳統資料最大的不同是，資料來源多元、種類繁多，大多是非結構化資料，而且更新速度非常快，導致資料量大增。而要用大數據創造價值，不得不注意數據的真實性。

（二）大數據於供應鏈的應用方式

1. 客戶需求與模式研發：透過收集客戶的資料，來研究出符合客戶需求的服務模式，回應客戶的需求。

2. 個人喜好及商品推薦：透過數據收集分析顧客喜好，再進行流程的改善提升顧客滿意度購買率。

3. 資源分配：將有限的資源透過數據分析，進行最合理有效的分配。

4. 預防性維護：透過感測器收集到的數據進行分析，可能造成貨物損壞的進行預防性的處理。

5. 智慧產品之大數據應用：現在許多應用於供應鏈的智慧設備，其背後都有大數據的支撐，透過大數據的分析來進一步應用於商務或行銷的推展。

（三）相關的解決方案

結合上下游供應商及客戶可運用大數據分析，做出更精準、划算的規畫，可從以下面各面向來應用：

1. 規畫：活用數據，精準預測。採購原物料之前，公司通常會進行預測分析，訂出「何時該進多少原物料，才趕得上銷售」的計畫。如果預測的不夠精確，可能會產生大量庫存或大量缺貨，付出額外的管理成本。有些大型消費品公司已經開始整合供應商、製造、銷售、財務端的數據，以評估各國的產品需求量，相較於過往只採用自家公司的數據，預測結果更為精確。預測計畫還必須能即時調整，以符合外在環境變化。當企業從上游的原物料、生產到物流運送，都安置感測器蒐集數據，就能將訊息全部傳送回總部的控制中心，用可視化儀表板顯示跨部門、跨地區、即時的物流供應狀況，方便計算出原物料的缺口，馬上改變計畫。

2. 採購：說服供應商共享數據，構思更好的採購方式。要做到精準規畫，採購端必須做到數據串連，讓供應商願意把原料的數量、生產進度都讓你知道。挑單處為如何讓供應商「同意分享」。企業必須提出數據共享對於「雙方的好處」的誘因，如可以幫對方減少存貨，或是對方能用數據換取更多折扣。如果是重要的供應商，取得數據之後，還可以與對方一同構思更好的採購方式。不僅降低本身存貨的壓力，也能減緩供應商的趕貨壓力。

3. 生產：加速生產流程、減少不良率。進入製造階段，3D 列印是常見的應用，可以更快速精確地製造出少量多樣的產品。另外則是像將廠房的設備裝上感測器，讓機器之間能彼此「溝通」，當 A 機器停擺，其餘機器自動做出相應的調整，無需人力監控就能減少因製程不順產生的成本浪費。

4. 物流：機器人揀貨，效率、安全倍增。不少企業採用機器人揀貨、裝車，再搭配 RFID（Radio Frequency Identification；無線射頻識別

系統）或條碼等技術，機器人能自動掃描、辨識貨品，再分揀至指定的位置，大幅提升物流效率和安全性。銷售：即時收發資訊，掌握客戶和通路需求。過去銷售數字傳達為逐步上報，通路回報給經銷商，經銷商再提交總公司過程非常冗長；現在銷售數據可以直接同步各層級，產品從任何管道一經銷售，總部馬上可以進行調整發貨給不同通路的數量，不會造成門市太多庫存。

5. 售後服務：提早報修，遠端維修。對顧客來說，產品損壞需要進廠或預約維修人員。為了提供更好的服務，企業可以先在商品運作中安裝感測器，一旦發現異常訊號，就主動通知客戶、提供維修服務，甚至可採用遠端視訊連線，馬上提供顧客解決的方案。

107 年公務人員高等考試三級考試試題

類科：航運行政

科目：物流運籌管理

一、（一）直接配銷(Direct Shipment)、越庫作業(Cross-Docking)與轉運(Transshipment)的意涵及差異。（10 分）（二）集中(Centralized)與分散(Decentralized)控制的意涵及差異。（10 分）

答

（一）1. 直接配銷(Direct Shipment)

係指貨品由供應商或製造商直接運送至零售商或顧客。直接運送配銷策略是為了越過倉庫和配銷中心。優點在於零售者可避免配銷中心的營運費用、減少前置時間。缺點在於沒有中央倉庫，不會產生風險共擔效應、製造商與配銷的運輸成本增加。直接運送配銷策略運用強勢的零售商及前置時間緊迫策略。

2. 越庫作業(Cross-Docking)

其倉庫的功能像是存貨的調節站而非儲存站。貨物從製造商送達至倉庫後，隨即轉至送往零售商的車輛，且儘可能越快送達越好。其可減少儲存時間、限制存貨成本及減少前置時間。但需要重大的起始投資，其管理也非常困難，例如：配銷中心、零售商及供應商必須以先進的資訊系統相互結合、系統需要一個能快速回應的運輸系統才能運作、預測是十分關鍵的，也因此資訊的分享是必要的、越庫作業只在大型的配銷中心才能有效率地運作。

3. 轉運(Transshipment)

轉運是指以運輸工具從一國境外啟運，在該國境內設立海關的地點換裝另一運輸工具後，不經過該國境內陸路繼續運往其它國家的貨物。由於各國之間貿易或貨物的原因所產生的國際貨物轉運，又稱為「轉船」（國際貨物轉運大多為一艘船換裝到另一艘船，但不僅限於船舶換裝）。在海關合作理事會主持簽訂的《京都公約》的附約中，將這一類轉船業務定義為「在海關監督下，貨物從進口運輸

工具換裝到出口運輸工具，其進口和出口均在一個海關範圍內辦理」。公約規定海關對轉船貨物免稅徵進口關稅，並提供進出口手續的便利。

（二）1. 集中(Centralized)控制

指在組織中建立一個相對穩定的控制中心，由控制中心對組織內外的各種信息進行統一的加工處理，發現問題並提出問題的解決方案。這種形式的特點是所有的信息（包括內部、外部）都流入中心，由控制中心集中加工處理，且所有的控制指令也全部由控制中心統一下達。集中控制是一種較低級的控制，只適合於結構簡單的系統，如小型企業、家庭作坊等。

2. 分散(Decentralized)控制

指系統中的控制部分表現為若幹個分散的，有一定相對獨立性的子控制機構，這些機構在各自的範圍內各司其責，各行其是，互不幹涉，各自完成自己的目標。當然這些目標是整個系統目標中的分目標。分散控制的特點是與集中控制相反，不同的信息流入不同的控制中心不同的控制指令由不同的控制中心發出。

二、運送人評估乃在透過現有及潛在運送人服務特質的評估，進而選擇合適的運送人，如果你被賦予評選運送人的工作，試述你的做法。（25分）

答

如果我被賦予評選運送人的工作評選運送人的工作，我會以下列的項目做評估，其分列如下：

（一）性別：目前95%以上的業務員都是男性，可能原因如下：

　　1. 社會性：業務員「應為」男性，他們對外勤工作的意願較女性為高。

　　2. 安全性：有些客戶座落在公寓底深巷中，男性較無安全上的顧慮。

　　3. 機動性：男性大都會開車或騎機車，女性則否。

　　4. 調和性：進出口商的業務人員大都是女性，比較「適配」？

5. 未來性：男性業務員為未來公司的幹部或主管的人選；女性，對不起，嫁人生子，不可依靠？

6. 工作彈性：男性較適合與客戶交際應酬，女性則否。

　　事實上，隨著工商社會的進步，女性的就業人口及教育水準普遍大增，女性全職從事外勤業務員的人數也迅速提高。許多例子顯示，女性業務員都能夠善用她們的性別差異，表現相當突出。

（二）學歷：海運界無可避免的也以學歷高低取人，並據以為起薪的標準。學歷誠然無法絕對代表一個人的能力，卻可代表一些此人未來的可發展性。

（三）語文程度：海運業的一個特色是它的國際性，因此所有的工作內容或文件都牽涉到外語，甚至法律。

（四）經歷：聘用有同業工作經驗者，當然可節省訓練的時間及花費，並可從其同業經驗中獲利，如可以馬上投入工作行列，或可以帶進新的客戶，新的社會關係，甚至是新的銷售方法等。但相對的也有負面效果，如帶進原公司的惡習，破壞薪資結構等，以致增加公司在管理上的困難。聘用新人的優點當然是職員的可塑性及服從性高，管理容易，但缺點是必須投入相當多的時間及精神從頭訓練起。有時甚至在這些新人的生產力未出現或還未達到高峰時就已提出職呈，造成公司相當大的損失。

（五）外表：外表較體面、端正及身材較高者，毫無疑問較容易得到注意而增加被錄用的機會。這種以貌取人的原因，乃是認為業務員經常要面對完全陌生的客戶，外表較佳者第一次被接受的程度較高，攬到貨載的機率也相對提高。

（六）專業知識：對一個毫無工作經驗的應徵人員而言，他的基本知識可能來自學校所唸的科系，也可能是自己課外進修或從朋友處學習而來。無論如何，應徵人員若有稍許的專業知識，確實可多吸引面談人的注意力，錄用的機會也會增加些。

（七）人際關係：不可否認的，無論是任何國家或任何行業，都會有引進社會背景堅強，甚至是親朋好友，內舉不避親的現象。這些人先天就占有進入就業市場的優勢，外人毫無置喙的餘地。

（八）個性：個性落落大方、反應敏捷、應對舉止井然有序、不失禮儀者，常給面談人深刻的印象。

（九）筆試及面談成績：可對應徵人員先行舉行筆試，再從中擇優面試。

三、物流與供應鏈績效評量必須綜觀供應鏈全貌，請說明物流與供應鏈績效評量指標必須具備哪些基本特徵？（25分）

物流與供應鏈績效評量指標有：

1. 採購訂單處理效率：業者協助供應商處理營運端（如製造商、DC 業者）之採購訂單效率。

2. 採購訂單追蹤能力：業者提供製造商向供應商查詢採購訂單的追蹤能力。

3. 企業線上下單服務：業者提供供應點至營運點廠商線上接單下單的商流。

4. 服務企業線上報價服務：業者提供供應點至營運點廠商線上報價的商流。

5. 服務企業線上付款服務：業者提供供應點至營運點廠商線上付款的金流。

6. 服務資訊系統投入成本：營運端內部資訊系統投入所需之固定成本。

7. 資訊服務成本：EC 業者提供營運端廠商與供應端及顧客資訊流、商流與金流資訊服務的成本。

8. 資訊系統整合能力：業者提供營運端廠商內部資訊系統整合能力。

9. 資訊系統建構能力：業者協助營運端廠商內部資訊系統建構能力。

10. 完整資訊／表單能力：業者提供營運端廠商內部資訊系統完整資訊／表單能力。

11. 內部資源分享能力：業者提供營運端廠商內部管理資源分享能力。

12. 文件管理能力：業者提供營運端廠商文件管理的能力。

13. 存貨查詢能力：業者提供營運端廠商存貨查詢能力。

14. 網路會議功能提供：業者提供營運端廠商網路會議功能。

15. 網路廣告行銷能力：業者協助營運端廠商透過網路向顧客端廣告行銷的能力。

16. 顧客線上下單服務：業者協助營運端廠商提供顧客線上下單的商流服務。

17. 線上顧客付款服務：業者協助營運端廠商提供顧客線上付款的金流服務。

18. 電子型錄展示服務：業者協助營運端廠商提供電子型錄展示的服務。

19. 線上產品查詢服務：業者協助營運端廠商提供顧客線上產品或服務查詢。

20. 線上顧客諮詢服務：業者協助營運端廠商提供顧客相關諮詢服務。

四、 在網路無國界的特性下，跨境電子商務(Cross-Border e-Commerce)產業是一個新興市場的發展機會，試問：(每小題 10 分，共 30 分)

（一）何謂跨境電子商務？

（二）跨境電子商務的特徵有哪些？

（三）跨境電子商務成功的關鍵因素有哪些？

答

（一）跨境電子商務，跨境電子商務是指分屬不同國境的交易主體，通過電子商務平臺達成交易、進行支付結算，並通過跨境物流送達商品、完成交易的一種國際商業活動。跨境電子商務是基於網路發展起來的，網路空間相對於物理空間來說是一個新空間，是一個由網址和密碼組成的虛擬但客觀存在的世界。網路空間獨特的價值標準和行為模式深刻地影響著跨境電子商務，使其不同於傳統的交易方式而呈現出自己的特點。

（二）跨境電子商務的特徵

　　1. 全球性(Global Forum)

　　　　網路是一個沒有邊界的媒介體，具有全球性和非中心化的特徵。依附於網路發生的跨境電子商務也因此具有了全球性和非中心

化的特性。電子商務與傳統的交易方式相比,其一個重要特點在於電子商務是一種無邊界交易,喪失了傳統交易所具有的地理因素。互聯網用戶不需要考慮跨越國界就可以把產品尤其是高附加值產品和服務提交到市場。網路的全球性特徵帶來的積極影響是信息的最大程度的共用,消極影響是用戶必須面臨因文化、政治和法律的不同而產生的風險。任何人只要具備了一定的技術手段,在任何時候、任何地方都可以讓信息進入網路,相互聯繫進行交易。美國財政部在其財政報告中指出,對基於全球化的網路建立起來的電子商務活動進行課稅是困難重重的,因為:電子商務是基於虛擬的電腦空間展開的,喪失了傳統交易方式下的地理因素;電子商務中的製造商容易隱匿其住所而消費者對製造商的住所是漠不關心的。比如,一家很小的愛爾蘭線上公司,通過一個可供世界各地的消費者點擊觀看的網頁,就可以通過互聯網銷售其產品和服務,只要消費者接入了互聯網。很難界定這一交易究竟是在哪個國家內發生的。這種遠程交易的發展,給稅收當局製造了許多困難。稅收權力只能嚴格的在一國範圍內實施,網路的這種特性為稅務機關對超越一國的線上交易行使稅收管轄權帶來了困難。而且互聯網有時扮演了代理中介的角色。在傳統交易模式下往往需要一個有形的銷售網點的存在,例如,通過書店將書賣給讀者,而線上書店可以代替書店這個銷售網點直接完成整個交易。而問題是,稅務當局往往要依靠這些銷售網點獲取稅收所需要的基本信息,代扣代繳所得稅等。沒有這些銷售網點的存在稅收權力的行使也會發生困難。

2. 無形性(Intangible)

網路的發展使數字化產品和服務的傳輸盛行。而數字化傳輸是通過不同類型的媒介,例如數據、聲音和圖像在全球化網路環境中集中而進行的,這些媒介在網路中是以電腦數據代碼的形式出現的,因而是無形的。以一個 e-mail 信息的傳輸為例,這一信息首先要被伺服器分解為數以百萬計的數據包,然後按照 ICP/IP 協議通過不同的網路路徑傳輸到一個目的地伺服器並重新組織轉發給接收人,整個過程都是在網路中瞬間完成的。電子商務是數字化傳輸活動的一種特殊形式,其無形性的特性使得稅務機關很難控制和檢查銷售商的交易活動,稅務機關面對的交易記錄都是體現為數據代碼

的形式，使得稅務核查員無法準確地計算銷售所得和利潤所得，從而給稅收帶來困難。數字化產品和服務基於數字傳輸活動的特性也必然具有無形性，傳統交易以實物交易為主，而在電子商務中，無形產品卻可以替代實物成為交易的對象。以書籍為例，傳統的紙質書籍，其排版、印刷、銷售和購買被看作是產品的生產、銷售。然而在電子商務交易中，消費者只要購買網上的數據權便可以使用書中的知識和信息。而如何界定該交易的性質、如何監督、如何徵稅等一系列的問題卻給稅務和法律部門帶來了新的課題。

3. 匿名性(Anonymous)

由於跨境電子商務的非中心化和全球性的特性，因此很難識別電子商務用戶的身份和其所處的地理位置。線上交易的消費者往往不顯示自己的真實身份和自己的地理位置，重要的是這絲毫不影響交易的進行，網路的匿名性也允許消費者這樣做。在虛擬社會裡，隱匿身份的便利迅即導致自由與責任的不對稱。人們在這裡可以享受最大的自由，卻只承擔最小的責任，甚至乾脆逃避責任。這顯然給稅務機關製造了麻煩，稅務機關無法查明應當納稅的線上交易人的身份和地理位置，也就無法獲知納稅人的交易情況和應納稅額，更不要說去審計核實。該部分交易和納稅人在稅務機關的視野中隱身了，這對稅務機關是致命的。以 eBay 為例，eBay 是美國的一家網上拍賣公司，允許個人和商家拍賣任何物品，到目前為止 eBay 已經擁有 3000 萬用戶，每天拍賣數以萬計的物品，總計營業額超過 50 億美元。但是 eBay 的大多數用戶都沒有準確地向稅務機關報告他們的所得，存在大量的逃稅現象，因為他們知道由於網路的匿名性，美國國內收入服務處(IRS)沒有辦法識別他們。電子商務交易的匿名性導致了逃避稅現象的惡化，網路的發展，降低了避稅成本，使電子商務避稅更輕鬆易行。電子商務交易的匿名性使得應納稅人利用避稅地聯機金融機構規避稅收監管成為可能。電子貨幣的廣泛使用，以及國際互聯網所提供的某些避稅地聯機銀行對客戶的「完全稅收保護」，使納稅人可將其源於世界各國的投資所得直接匯入避稅地銀行，規避了應納所得稅。美國國內收入服務處(IRS)在其規模最大的一次審計調查中發現大量的居民納稅人通過離岸避稅地的金融機構隱藏了大量的應稅收入。而美國政府估計大約三萬億美元的資金因受避稅地聯機銀行的「完全稅收保護」而被藏匿在避稅地。

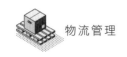

4. 即時性(Instantaneously)

對於網路而言，傳輸的速度和地理距離無關。傳統交易模式，信息交流方式如信函、電報、傳真等，在信息的發送與接收間，存在著長短不同的時間差。而電子商務中的信息交流，無論實際時空距離遠近，一方發送信息與另一方接收信息幾乎是同時的，就如同生活中面對面交談。某些數字化產品（如音像製品、軟體等）的交易，還可以即時清結訂貨、付款、交貨都可以在瞬間完成。電子商務交易的即時性提高了人們交往和交易的效率，免去了傳統交易中的中介環節，但也隱藏了法律危機。在稅收領域表現為：電子商務交易的即時性往往會導致交易活動的隨意性，電子商務主體的交易活動可能隨時開始、隨時終止、隨時變動，這就使得稅務機關難以掌握交易雙方的具體交易情況，不僅使得稅收的源泉扣繳的控管手段失靈，而且客觀上促成了納稅人不遵從稅法的隨意性，加之稅收領域現代化徵管技術的嚴重滯後作用，都使依法治稅變得蒼白無力。

5. 無紙化(Paperless)

電子商務主要採取無紙化操作的方式，這是以電子商務形式進行交易的主要特徵。在電子商務中，電子電腦通訊記錄取代了一系列的紙面交易文件。用戶發送或接收電子信息由於電子信息，以比特的形式存在和傳送，整個信息發送和接收過程實現了無紙化。無紙化帶來的積極影響是使信息傳遞擺脫了紙張的限制，但由於傳統法律的許多規範是以規範「有紙交易」為出發點的，因此，無紙化帶來了一定程度上法律的混亂。電子商務以數字合同、數字時間截取了傳統貿易中的書面合約、結算票據，削弱了稅務當局獲取跨國納稅人經營狀況和財務信息的能力，且電子商務所採用的其他保密措施也將增加稅務機關掌握納稅人財務信息的難度。在某些交易無據可查的情形下，跨國納稅人的申報額將會大大降低，應納稅所得額和所徵稅款都將少於實際所達到的數量，從而引起徵稅國國際稅收流失。例如，世界各國普遍開徵的傳統稅種之一的印花稅，其課稅對象是交易各方提供的書面憑證，課稅環節為各種法律合同、憑證的書立或做成，而在網路交易無紙化的情況下，物質形態的合

同、憑證形式已不復存在，因而印花稅的合同、憑證貼花（即完成印花稅的繳納行為）便無從下手。

6. 快速演進(Rapidly Evolving)

互聯網是一個新生事物，現階段它尚處在幼年時期網路設施和相應的軟體協議的未來發展具有很大的不確定性。但稅法制定者必須考慮的問題是網路，象其他的新生兒一樣，必將以前所未有的速度和無法預知的方式不斷演進。基於互聯網的電子商務活動也處在瞬息萬變的過程中，短短的幾十年中電子交易經歷了從 EDI 到電子商務零售業的興起的過程，而數字化產品和服務更是花樣出新，不斷的改變著人類的生活。一般情況下，各國為維護社會的穩定，都會註意保持法律的持續性與穩定性，稅收法律也不例外。這就會引起網路的超速發展與稅收法律規範相對滯後的矛盾。如何將分秒都處在發展與變化中的網路交易納入稅法的規範，是稅收領域的一個難題。網路的發展不斷給稅務機關帶來新的挑戰，稅務政策的制定者和稅法立法機關應當密切注意網路的發展，在制定稅務政策和稅法規範時充分考慮這一因素。跨國電子商務具有不同於傳統貿易方式的諸多特點，而傳統的稅法制度卻是在傳統的貿易方式下產生的，必然會在電子商務貿易中漏洞百出。網路深刻的影響著人類社會，也給稅收法律規範帶來了前所未有的衝擊與挑戰。

（三）跨境電子商務成功的關鍵因素

電子商務出口在交易方式、貨物運輸、支付結算等方面與傳統貿易方式差異較大。現行管理體制、政策、法規及現有環境條件已無法滿足其發展要求，主要問題集中在海關、檢驗檢疫、稅務和收付匯等方面，跨境電子商務其主要的成功的關鍵因素在於：

1. 建立電子商務出口新型海關監管模式併進行專項統計，主要用以解決目前零售出口無法辦理海關監管統計的問題。

2. 建立電子商務出口檢驗監管模式，主要用以解決電子商務出口無法辦理檢驗檢疫的問題。

3. 支持企業正常收結匯，主要用以解決企業目前辦理出口收匯存在困難的問題

4. 鼓勵銀行機構和支付機構為跨境電子商務提供支付服務，主要用以解決支付服務配套環節比較薄弱的問題。

5. 實施適應電子商務出口的稅收政策，主要用以解決電子商務出口企業無法辦理出口退稅的問題。

6. 建立電子商務出口信用體系，主要用以解決信用體系和市場秩序有待改善的問題。

106 年公務人員高等考試三級考試試題

類科：航運行政

科目：物流運籌管理

一、物流的顧客服務管理中，有關顧客訂單週期通常會有那些主要工作？所謂的完美訂單(Perfect order)在以功能為基礎的績效評量觀點下，採購、製造、物流及銷售各供應鏈階段分別有哪些績效指標？各階段請列舉三至四項。

答

（一）訂單週期（也稱為補貨週期或前置時間）是客戶下單到收貨之間的時間，分為四個階段：訂單傳送、訂單處理、揀貨和裝配、訂單運送。

（二）完美訂單是指訂單得到了完美的履行，在整個訂單完成周期內，每一步作業都嚴格按照對顧客的承諾執行，毫無差錯，可以作為企業零缺陷物流承諾的指標。完美訂單評估的是企業總體物流績效的有效性，而不是單個智能的有效性。它衡量一個訂單流是否能完美無瑕的通過各個階段——訂單輸入/信用結算/庫存可得性，準確的分揀，準時交付，正確地開出發票以及不折不扣地付款，即快速無誤，無異常處理或人為干預地管理訂單流。

（三）採購、製造、物流及銷售各供應鏈階段分別有哪些績效指標可分列如下：

1. 採購
    (1) 時間績效：停工斷料影響工時、緊急採購的費用差額。
    (2) 品質績效：進料品質合格率、物料使用的不良率或退貨率。
    (3) 數量績效：呆滯物料金額、呆料處理損失金額、庫存金額、庫存金額。
    (4) 價格績效：實際價格與標準成本的差額、實際價格與過去移動平均價格的差額、比較使用時之價格和採購時之價格的差額、將當期採購價格與基期採購價格比率同當期物價指數與基期物價指數之比率相互比較。

(5) 效率指標：採購金額、採購金額占銷貨收入的百分比、採購部門的費用、新開發供應商的數量、採購完成率、錯誤採購次數、訂單處理的時間。

2. 製造

(1) 工單準時完工百分比：對於工單接單總數與交貨的完工比。

(2) 停機時間百分比：對於總工作時數和停工的比例。

(3) 遲交訂單的百分比準時交貨百分比：遲交訂單與準時交貨的百分比。

(4) 採購 100%如期交貨百分比：採購如期交貨的百分比。

3. 物流

(1) 物流成本考核：物流成本率＝年物成本總額／年銷售額。

(2) 庫存周轉率：庫存周轉率＝年銷售量／平均庫存水平。

(3) 顧客服務水平：針對產品事業部或銷售部門的考核指標。

(4) 訂貨的滿足率：訂貨的滿足率＝現有庫存能夠滿足訂單的次數／顧客訂貨總次數。

(5) 訂單與交貨的一致性：無誤交貨率＝當月準確按照顧客訂單發貨次數／當月內發貨總次數。

(6) 交貨的及時率：交貨的及時率＝當月商品準時送達車數／當月商品送貨數量。

(7) 貨物的破損率：貨物破損率＝當月破損商品價值／當月發送商品總價值。

(8) 投訴次數：承運商幫助企業將貨物送達給客戶，所以承運商在和顧客進行貨物交接的過程代表著企業的服務形象，在這一過程中提供儘可能多的服務將提高顧客對企業的忠誠度，但配送中心反應顧客投訴最多的還是承運商在和顧客交接過程中服務沒有到位。針對客戶的投訴我們的建議是企業應該細化和承運商的服務協議，在協議中明確提出幫助卸貨、到貨前通知顧客、以及代收退貨等基本服務以及今後可能的代收貨款。

4. 銷售

(1) 消費指標：網頁瀏覽數、影片瀏覽數和觀看完整度、下載量。

(2) 分享指標：按讚數、分享／轉貼數、內部聯結點擊數、評論熱
度。

(3) 引導指標：基本資料表格填寫、部落格訂閱率、email 訂閱率、
轉換率。

(4) 業績指標：網購業績、實體業績、口碑推薦。

二、某筆記型電腦製造商擬實施綠色供應鏈，以達成歐盟「廢電機電
子指令」(Waste Electrical and Electronic Equipment)的環保標準。
請說明 WEEE 指令的基本目的為何？該公司為達成此一標準應有
何相關配套管理架構？為達成此目標，您對該公司在逆向物流
(Reverse logistics)的實務運作有何具體建議？

答

（一）WEEE 指令(2002/96/EC)廢電機電子設備指令(Waste Electrical and
Electronic Equipment)要求於歐盟市場流通之 10 大類電機電子產品製造
／供應商負起電子廢棄產品回收及再利用責任。其係為會員國應於
2005 年 8 月 13 日前建立電子廢棄產品回收體系，輸歐產品應完成品牌
註冊並標記回收標誌。會員國應於 2006 年 12 月 31 日前達成回收率目
標(50~75%)及回收量目標（每人每年 4 公斤）。

（二）公司應依歐盟委員會於 2008 年 12 月 3 日提出 WEEE 指令修正案建
議，茲針對內容進行說明。WEEE 指令修正的目的為降低行政上的負
擔、提高指令執行率以及降低 WEEE 的收集、處理與回收上對環境的
影響，來建立相關配套管理架構。

1. 管制產品範疇

管制產品範圍將參照 RoHS2.0 指令 10 大類產品之相關附錄。產
品有大型家用電器、小型家用電器、資訊及電信通訊設備、消費性
設備、照明設備、電機及電子工具（大型固定工業工具除外）、玩
具、休閒及運動設備、自動販賣機、醫療設備及監控儀器等 10 大
類電機電子設備（如 Brussels,COM(2008)809/4 之 AnnexI）。

2. 新增收集率於 2016 年需達 65%的目標

　　WEEE 產品在投入市場後的兩年，其 WEEE 收集率至少達產品平均重量的 65%，並且在 2016 年後需達此標準，訂定這個目標的用意在鼓勵各會員國以分類（單獨）方式來收集 WEEE。

3. 再回收目標調高 5%

　　為鼓勵會員國 WEEE 的再利用，將各類回收目標提高 5%，其中第 8 類醫療器材之前並未設定回收目標，於此次修正建議中將其回收目標同第 9 類。

4. 建立生產者登記制度

　　為了降低行政成本，將 WEEE 指令的申請、登記制度以及生產者的對各國的義務業務等予以統一。

5. 訂定出貨最低限度的監測要求

　　另外，為了縮短各國的執行差距，訂定最低出貨檢查、監測(inspection and monitoring)要求，（詳見 Brussels, COM(2008)810/4之 Annex I），要求會員國加強執行 WEEE 指令。

（三）廢棄物物流(waste material logistics)是指將經濟活動中失去原有使用價值的物品，根據實際需要進行收集、分類、加工、包裝、搬運、儲存等，並分送到專門處理場所時形成的物品實體流動。

1. 提高潛在事故的透明度

　　逆向物流在促使企業不斷改善品質管理體繫上，具有重要的地位。ISO9001 2000 版將企業的品質管理活動概括為一個閉環式活動－－計畫、實施、檢查、改進，逆向物流恰好處於檢查和改進兩個環節上，承上啟下，作用於兩端。企業在退貨中暴露出的品質問題，將透過逆向物流資訊系統不斷傳遞到管理階層，提高潛在事故的透明度，管理者可以在事前不斷的改進品質管理，以根除產品的不良隱患。

2. 提高顧客價值，增加競爭優勢

　　在當今顧客驅動的經濟環境下，顧客價值是決定企業生存和發展的關鍵因素。眾多企業通過逆向物流提高顧客對產品或服務的滿意度，贏得顧客的信任，從而增加其競爭優勢。對於最終顧客來

說，逆向物流能夠確保不符合訂單要求的產品及時退貨，有利於消除顧客的後顧之憂，增加其對企業的信任感及回頭率，擴大企業的市場份額。如果一個公司要贏得顧客，它必須保證顧客在整個交易過程中心情舒暢，而逆向物流戰略是達到這一目標的有效手段。另一方面，對於供應鏈上的企業客戶來說，上游企業採取寬鬆的退貨策略，能夠減少下游客戶的經營風險，改善供需關係，促進企業間戰略合作，強化整個供應鏈的競爭優勢。特別對於過時性風險比較大的產品，退貨策略所帶來的競爭優勢更加明顯。

3. 降低物料成本

減少物料耗費，提高物料利用率是企業成本管理的重點，也是企業增效的重要手段。然而，傳統管理模式的物料管理僅僅局限於企業內部物料，不重視企業外部廢舊產品及其物料的有效利用，造成大量可再用性資源的閒置和浪費。由於廢舊產品的回購價格低、來源充足，對這些產品回購加工可以大幅度降低企業的物料成本。

4. 改善環境行為，塑造企業形象

隨著人們生活水平和文化素質的提高，環境意識日益增強，消費觀念發生了巨大變化，顧客對環境的期望越來越高。另外，由於不可再生資源的稀缺以及對環境汙染日益加重，各國都制訂了許多環境保護法規，為企業的環境行為規定了一個約束性標準。企業的環境業績已成為評價企業運營績效的重要指標。為了改善企業的環境行為，提高企業在公眾中的形象，許多企業紛紛採取逆向物流戰略，以減少產品對環境的汙染及資源的消耗。

三、進口經銷商將擬定下年度採購計畫，已知下年度的年需求量為 900 個單位，該商品的單位成本為 12 美元，但當每次採購數量達 275 個單位以上時，國外供應商會給予折扣，以 10 美元計之；進口經銷商每次採購成本是 100 美元，其年度庫存持有成率為 20%；在運輸成本方面，該類物品的小宗物件運輸費率每件 3 美元，250 件以上的大宗物件運輸費率每件則為 2 美元，請依據經濟採購量(EOQ)的方法，計算該經銷商的每批次最佳採購數量為何？並請計算其全年採購之總成本（包括全年之存貨持有成本、採購成本及運輸成本）為何？

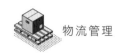
[備註：存貨持有數量通常假設為採購量的一半，開根號或相關計算，若遇有小數請四捨五入取最近整數計之]

（一）經銷商的每批次最佳採購數量

$$EOQ = \sqrt{(2 \times D \times S) \div H}$$

$$= \sqrt{(2 \times 900 \times 10) \div (100 \times 20\%)}$$

$$= \sqrt{18000 \div 20}$$

$$= \sqrt{900}$$

$$= 30$$

D：需求量 S：採購成本 H：儲存成本

（二）年採購之總成本（包括全年之存貨持有成本、採購成本及運輸成本）

1. 全年之存貨持有成本

   =900×20%

   =180

2. 全年之採購成本

   =(275×12+625×10)

   =3300+6250

   =9550

3. 全年之運輸成本

   =(300×3+600×2)

   =900+1200

   =2100

四、 請描述在國際物流體系中物流承攬業者(Freight Forwarder)、報關業者(Customs Broker)兩者，在進出口起訖運送流程所扮演的角色、所處理事務與文件，以及與運送人(Carrier)有何運作關係？在「貨交運送人」(Free Carrier, FCA)的交貨條件之下，賣方及買方所負責事務範圍為何？

（一）貨運承攬業者(Forwarder)主要包含航空貨運承攬及海運貨物承攬。其中，沒有船隊的海運貨物承攬業者被稱為無船舶運輸業者(Non-Vessel OperatingCommon Carrier; NVOCC)。貨運承攬業者的任務主要安排貨物進出口運送，將不同貨主的零星貨物併成整櫃，再交給實際的運輸業者（航空公司或船公司）運送。換句話說，貨運承攬業者乃是介於運輸業者和貨主之間，受貨主所委託，以自己的名義代為處理進出口貨物裝卸與水陸運輸業務，並收取運費及手續費為報酬。有些貨運承攬業者會負責報關業務，不一定會交由報關行(Customs Broker)負責。尤其是空運業者，因為時間緊迫，通常都會由空運承攬業者同時負責報關的動作。報關行是指經海關准予註冊登記接受進出口貨物收發貨人的委託，以進出口貨物收發貨人名義或者以自己的名義，向海關辦理代理報關業務，從事報關服務的境內企業法人。報關行有兩個主要功能：一是幫助貨物通過海關；二是處理隨同國際貨物的必要單據。

（二）FCA: Free Carrier(Named Place)貨交運送人條件（指定交貨地），係指賣方於指定地點，將貨物交付買方所指定運送人，即為賣方已為貨物之交付，貨物滅失或毀損之風險及相關之費用自此地點移轉給買方承擔。可是用於任何運送方式，包含陸運、海運、空運以及複合運送在內。

　　1. 賣方義務
　　　(1) 自負風險和費用，取得出口許可證或其他官方批准證件，在需要辦理海關手續時，辦理貨物出口所需的一切海關手續。
　　　(2) 在合同規定的時間、地點，將符合合同規定的貨物置於買方指定的承運人控制下，並及時通知買方。
　　　(3) 承擔將貨物交給承運人之前的一切費用和風險。
　　　(4) 根據買賣合同的規定受領貨物並支付貨款。

　　2. 買方義務
　　　(1) 自負風險和費用，取得進口許可證或其他官方證件，在需要辦理海關手續時，辦理貨物進口和經由他國過境的一切海關手續，並支付有關費用及過境費。

(2) 簽訂從指定地點承運貨物的合同，支付有關的運費，並將承運人名稱及有關情況及時通知賣方。

(3) 承擔貨物交給承運人之後所發生的一切費用和風險。

(4) 根據買賣合同的規定受領貨物並支付貨款。

memo

memo

memo

國家圖書館出版品預行編目資料

物流管理/張邦編著. -- 三版. -- 新北市：新文京開發
出版股份有限公司, 2021.08
　　面；　公分

ISBN　978-986-430-755-5（平裝）

1. 物流業　2. 物流管理

496.8　　　　　　　　　　　　　　　110012381

物流管理（第三版）　　　　　　（書號:H162e3）

編　著　者	張邦
出　版　者	新文京開發出版股份有限公司
地　　　址	新北市中和區中山路二段 362 號 9 樓
電　　　話	(02) 2244-8188（代表號）
Ｆ　Ａ　Ｘ	(02) 2244-8189
郵　　　撥	1958730-2
初　　　版	西元 2008 年 08 月 30 日
二　　　版	西元 2010 年 08 月 30 日
三　　　版	西元 2021 年 09 月 15 日

New Wun Ching Developmental Publishing Co., Ltd.

New Age · New Choice · The Best Selected Educational Publications — NEW WCDP

新文京開發出版股份有限公司
NEW
WCDP　新世紀・新視野・新文京 — 精選教科書・考試用書・專業參考書